适老环境设计师
Aging-in-Place
Specialist

居家适老化设计与评价

中国建材市场协会人居健康分会
中国建材市场协会适老产业分会　联合组编
中国健康管理协会标准化与评价分会

刘正权　胡国力　主　编

翟传明　戴仙艳　刘　杰　副主编

中国建材工业出版社

图书在版编目（CIP）数据

居家适老化设计与评价 / 刘正权，胡国力主编 . --
北京：中国建材工业出版社，2021.3
ISBN 978-7-5160-3116-2

Ⅰ. ①居… Ⅱ. ①刘… ②胡… Ⅲ. ①老年人住宅—室内装饰设计 Ⅳ. ① TU241.93

中国版本图书馆 CIP 数据核字（2020）第 232716 号

内容简介

随着我国的老龄化程度不断加快，老年宜居环境建设与人口快速老龄化的矛盾日益凸显。本书从多方面进行评估，识别居家养老风险和安全隐患，科学指导居家养老环境适老化设计和适老化改造，普及全民适老化知识，营造老年友好型的居住和生活环境。

本书可供居家养老环境设计、公共设施和居家适老化改造、居家养老环境评价等相关领域的专业人士阅读与参考。

居家适老化设计与评价
Jujia Shilaohua Sheji yu Pingjia
刘正权　胡国力　主编
翟传明　戴仙艳　刘　杰　副主编

出版发行：中国建材工业出版社
地　　址：北京市海淀区三里河路 1 号
邮政编码：100044
经　　销：全国各地新华书店
印　　刷：北京印刷集团有限责任公司
开　　本：889mm×1194mm　1/16
印　　张：16.5
字　　数：370 千字
版　　次：2021 年 3 月第 1 版
印　　次：2021 年 3 月第 1 次
定　　价：198.00 元

本社网址：www.jccbs.com，微信公众号：zgjcgycbs

指导委员会

张东壮　中国建材市场协会　会长
屈交胜　中国建材市场协会　副会长兼秘书长
刘剑君　中国疾病预防控制中心　副主任
鄂俊宇　中国建材市场协会适老产业分会　会长
何徐凌　中国建材市场协会适老产业分会　秘书长
蒋　荃　中国建材市场协会人居健康分会　会长
么鸿雁　中国健康管理协会标准化与评价分会　会长
李明义　中国老年保健协会　执行会长兼秘书长
魏　畅　中国健康管理协会　副秘书长
王　莹　中国老年保健协会老年基本与健康管理分会　副会长
汪光亮　全国卫生产业企业管理协会睡眠产业分会　执行会长兼秘书长

编写委员会

主　编：

刘正权　胡国力

副主编：

翟传明　戴仙艳　刘　杰

编　委：

郑文静　王娟娟　董升浩　黄小宏　葛　明　王小龙　谭疆宜
徐国英　张树胜　李佳婧　吕　帅　刘茂林　张　磊　张　静
刘理文　孙　凯　王　欣　杨团结　姚安琪　赵　萌

编写单位

中国疾病预防控制中心
北京人居健筑工程技术研究院
国家健康养老智能系统与装备质量监督检验中心
北京今朝装饰设计有限公司
当代绿色健康养老产业集团
云南城投康养产业研究有限责任公司
北京安馨养老产业投资有限公司
泰康之家燕园（北京）养老服务有限公司
北京首开寸草养老服务有限公司
首厚康健（北京）养老有限公司
优护万家（北京）养老服务有限公司
北京金隅天坛家具树胜适老工作室
北京建筑大学
清华大学美术学院
中国建筑科学研究院有限公司
中设筑邦（北京）建筑设计研究院有限公司
当代久运置业有限公司
中国建设科技集团《城市住宅》杂志社
济源市职业技术学院
天津医科大学
北京国富纵横文化科技咨询股份有限公司

序 PREFACE

“时间都去哪了，还没好好看看你，眼睛就花了，柴米油盐半辈子，转眼就只剩下满脸的皱纹了”，车上收音机里的歌曲又一次让人泪目。当我们每天忙于学习、工作和孩子的时候，是否留意父母两鬓的银丝皱纹春复秋增，是否留意他们逐渐步履蹒跚脊背驼下；当我们偶尔周末回家陪伴的时候，是否留意他们又一次忘记关掉烧干的炉灶，是否开始嫌弃他们身上的老人味道。终有一天，父母都将老去，到那时候，即使愿用我们的一切，换他们岁月长留，又有何用？不如现在问问自己，我们能为他们做些什么？

当我们不能长期陪伴的时候，给父母一个安全而温馨的家，也许是我们当下最应该做的。家是温暖的港湾，但是对于老年人而言，即使最熟悉的环境也可能危机四伏。据统计，我国约有 4000 万老年人每年至少发生一次跌倒，其中一半发生在家中，而导致跌倒的因素中，居家环境因素所占比率高达 85%。绝大多数老人的家里充满着种种不适老的障碍与风险，如浴室地面湿滑，如厕难以起身，室内存在高差，发生事故呼救困难，等等。消除居家安全隐患，给老年人一个安全、舒适、适老的居家养老环境，也给作为子女的我们一个安心。

适老化的居家环境是老年人居家养老的前提条件和必要保障，2020 年 7 月 15 日九部委联合颁布《关于加快实施老年人居家适老化改造的指导意见》明确把居家适老化改造作为居家养老提质扩容的重要抓手。中国建材市场协会适老产业分会联合人居健康分会、中国健康管理协会标准化与评价分会以及国内养老、建筑、设计、检测等领域的专家学者，组织编写了《居家适老化设计与评价》一书，对当前居家养老环境中影响老年人生活安全、便利和舒适性的因素进行识别、分析和评价，并给出适老化设计和改造意见，对于提升全民居家养老适老化环境建设意识，保障老年人居家安全，促进适老化社会环境创建都具有积极的作用。本书也将作为未来开展适老环境设计师相关职业资格评价与培训的重要教材，指导开展相关适老化评价、设计与改造工作。

“当你老了，走不动了，炉火旁打盹，回忆青春”，希望到时候我们都能老有所居，居有所宜。

中国建材市场协会适老产业分会会长

安馨养老创始人

2021 年 2 月 1 日于北京

目录 CONTENTS

01 我国老龄化现状与政策

02 理解老年人身体和心理的变化

03 老年人能力评价

04
老年人行为空间尺度

05
无障碍设计

06
防跌倒评估

07 室内管线管路

08 家具及电器

09 室内环境

10 养老辅具与智能系统

11 适老化设计与改造项目案例

我国老龄化现状与政策

1.1 国内外老龄化现状

1.1.1 世界老龄化现状

什么是老龄化社会？判断老龄化社会的国际通行标准有两个：第一，1956 年联合国认定，当一个国家或地区 65 岁以上老年人口数量占总人口比率超过 7% 时，就意味着这个国家或地区进入了老龄化社会；65 岁以上老年人达到总人口的 14% 即进入深度老龄化社会；达到 20% 为超级老龄化社会；第二，1982 年维也纳老龄问题世界大会认定，60 岁以上老年人口比率超过 10%，意味着进入老龄化社会。

20 世纪，人口寿命发生了巨大变化。平均预期寿命从 1950 年至 20 世纪末延长了 20 年，达到 66 岁，预计到 2050 年将再延长 10 年。人口结构方面的这一长足进展以及 21 世纪上半叶人口的迅速增长，意味着 60 岁以上老年人口将从 2000 年的大约 6 亿人增加到 2050 年的将近 20 亿人，预计全球划定为老年人口所占比率将从 1998 年的 10% 增加到 2025 年的 15% 以上。在发展中国家，这种增长幅度最大、速度最快，预计今后 50 年里，这些国家的老年人口将增长 4 倍。在亚洲和拉丁美洲，划定为老年人口的比率将从 1998 年的 8% 增加到 2025 年的 15%，但是在非洲，同一时期内这一比率预计仅从 5% 增加到 6%，但是到 2050 年这一比率将增加 1 倍。在撒哈拉以南的非洲地区，与艾滋病病毒的斗争以及与经济和社会贫困的斗争还在继续，因此这一比率将只达到上述水平的 1/2。在欧洲和北美洲，1998 年至 2025 年，划定为老年人的比率将分别从 20% 增加到 28%、从 16% 增加到 26%。这种全球人口的变化已经从各个方面对个人、社区、国家和国际生活产生深刻的影响。人类的各个方面——社会、经济、政治、文化、心理和精神上都将产生变化。

据《世界人口展望：2019 年修订版》的数据显示，到 2050 年，全世界每 6 人中就有 1 人年龄在 65 岁（16%）以上，而这一数字在 2019 年为 11 人（9%）；到 2050 年，在欧洲和北美洲，每 4 人中就有 1 人年龄在 65 岁以上。2018 年，全球 65 岁以上人口史无前例地超过了 5 岁以下人口数量。此外，预计 80 岁以上人口将增长 2 倍，从 2019 年的 1.43 亿人增至 2050 年的 4.26 亿人。

人口的规模和年龄结构由三大人口进程共同决定：生育率、死亡率和移徙率。自

1950年以来，所有区域的预期寿命都显著延长。随着出生时预期寿命的提高，老年人死亡率的降低对整体寿命延长的影响越来越大。生育率的降低和寿命的延长是影响全球人口老龄化的关键因素，而在某些国家和地区，国际移民也会影响人口年龄结构的变化。在经历大移民潮的国家中，国际移民至少会暂时减缓老龄化的进程，因为移民往往都是处于工作年龄的青年。但是，这些移民最终仍将成为老年人。

年龄中位数指将全体人口按年龄大小的自然顺序排列时居于中间位置的人的年龄数值，也称中位年龄或中数年龄。年龄中位数是一种位置的平均数，它将总人口分成两半，一半在中位数以上，一半在中位数以下，反映了人口年龄的分布状况和集中趋势。

国际上通常用年龄中位数指标作为划分人口年龄构成类型的标准。年龄中位数在20岁以下为年轻型人口；年龄中位数在20～30岁为成年型人口；年龄中位数在30岁以上为老年型人口。年龄中位数向上移动的轨迹反映人口总体逐渐老化的过程。《环球邮报》在2014年根据统计数据绘制了全球各个国家年龄中位数的分布图。年龄在15～24岁的人口为12亿人，世界上15个最年轻的国家都在非洲。非洲大陆的2亿年轻人中，约有7500万人失业。世界上最年轻的国家是尼日尔，中位年龄为15.1岁，乌干达以中位年龄15.5岁位居第二。日本和德国，中位年龄为46.1岁，位居世界最老国家第二；第一位是摩纳哥，中位年龄约为51.7岁。

2019年，根据CIA World Factbook统计的世界各大洲的年龄中位数分布：非洲是最年轻的洲，中位年龄约为18岁，预计到2100年，全球约有一半0～4岁的儿童生活在非洲；欧洲是最年老的洲，中位年龄42岁，其中平均年龄最大的国家摩洛哥的中位年龄已经达到了53.1岁；亚洲国家中日本中位年龄最大，为47.3岁。世界人口年龄最大和最年轻排名前五的国家如图1–1所示。世界各大洲15岁以下和65岁以上人口比率如图1–2所示。

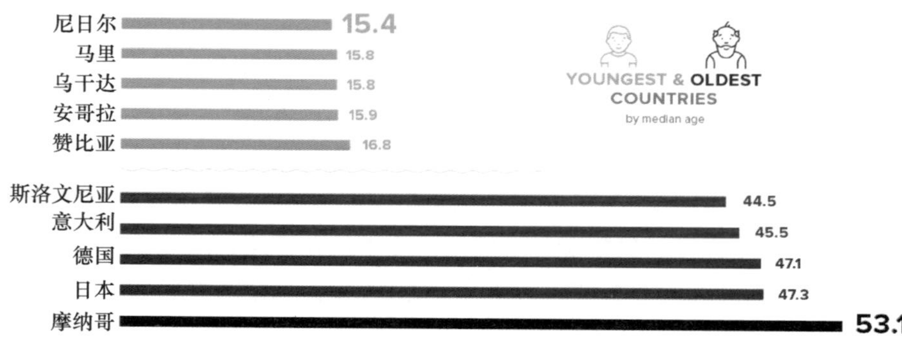

图1–1　世界人口年龄最大和最年轻排名前五的国家

全球人口正步入老龄化阶段。世界上几乎每个国家的老龄人口数量和比率都在增加。人口老龄化有可能成为21世纪最重要的社会趋势之一，几乎所有社会领域都受其影响，包括劳动力和金融市场，对住房、交通和社会保障等商品和服务的需求，家庭结构和代际关系。老年人日益被视为发展的贡献者，他们为改善自身及其社区状况而采取行动的能力应被纳入各级政策和方案。未来几十年，为适应与日俱增的老年人口，许多国家将面临与公共保健体系、养老金和社会保障相关的财政和政治压力。

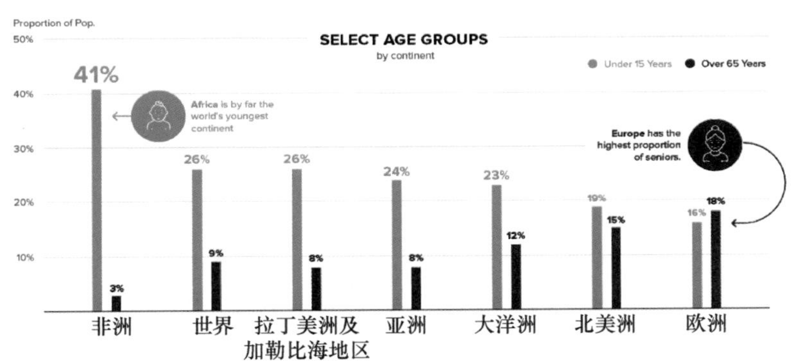

图 1-2　世界各大洲 15 岁以下和 65 岁以上人口比率

1982 年，联合国首次召开了老龄问题世界大会，开始着手处理这些问题，并产生了包含 62 项内容的《老龄问题维也纳国际行动计划》，呼吁在一些问题上采取具体行动，如健康和营养、保护老年消费者、住房和环境、家庭、社会福利、收入保障和就业、教育以及研究数据的收集和分析。

1991 年，联合国大会通过了《联合国老年人原则》，列举了 18 项有关独立、参与、照顾、自我充实和尊严等老年人应享权利。次年，老龄问题国际会议探讨了后续行动计划，并通过了《老龄问题宣言》。根据该会议提议，联合国大会还宣布 1999 年为国际老年人年，每年的 10 月 1 日为国际老年人日。

应对老龄化的行动在 2002 年得到继续，第二次老龄问题世界大会在马德里举行。为了制定出 21 世纪国际老龄问题的政策，会议通过了一项《政治宣言》和《马德里老龄问题国际行动计划》。该行动计划呼吁社会各阶层改变态度、政策和做法，在 21 世纪发挥老年人的巨大潜力。其对于行动的具体建议优先考虑老年人与发展，增进老年人的健康和福利，为老年人创造良好的环境。2002 年第二次老龄问题世界大会会标，如图 1–3 所示。

图 1–3　2002 年第二次老龄问题世界大会会标

1.1.2　我国老龄化现状

2000 年，我国 65 岁以上老年人口已达 8811 万人，占总人口的 6.96%；60 岁以上人口达 1.3 亿人，占总人口的 10.2%。以上比率按国际标准衡量，均已进入了老年化社会，各标准同时满足，我国已正式进入老龄化社会，迄今已 20 年。2015 年，我国 60 岁以上的人口就已经超过了 2.22 亿人，60 岁以上老年人口占总人口的比重达到了 16.15%。2019 年 1 月，国家统计局发布的我国人口统计数据表明，截至 2018 年年末中国内地总人口（包括 31 个省、自治区、直辖市和中国人民解放军现役军人，不包括香港、澳门特别行政区和台湾地区以及海外华侨人数）139538万人，60岁以上人口24949万人，占总人口的17.9%，与2017年相比增长了859万人，其中65岁以上人口16658万人，占总人口的11.9%，与2017年相比增加了827万人。2020年1月，国家最新发布的数据显示，截至2019年年末，60岁以上人口25388万人，占总人口的18.1%，其中65岁以上人口17603万人，占总人口的12.6%。2009—2019年，我国老龄化比率由2009年的12.5%增长至2019年的18.1%，老龄人口总数由2009年的16714万人增长至2019年的25388万人，增加了8674万老年人口。2009—2019年中国老龄人口增长趋势如图1–4所示。中国老龄人口结构统计如图1–5所示。

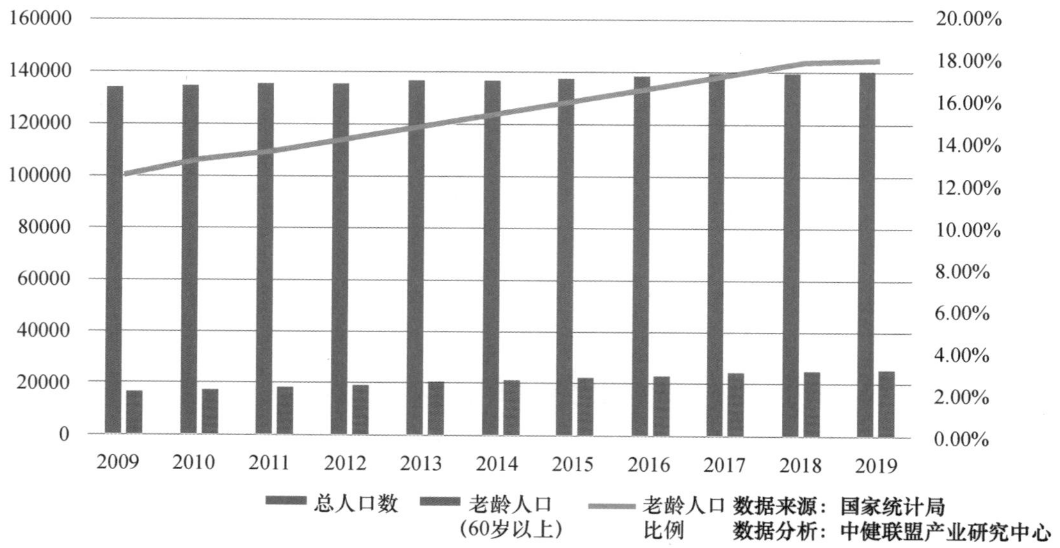

图1–4　2009—2019年中国老龄人口增长趋势

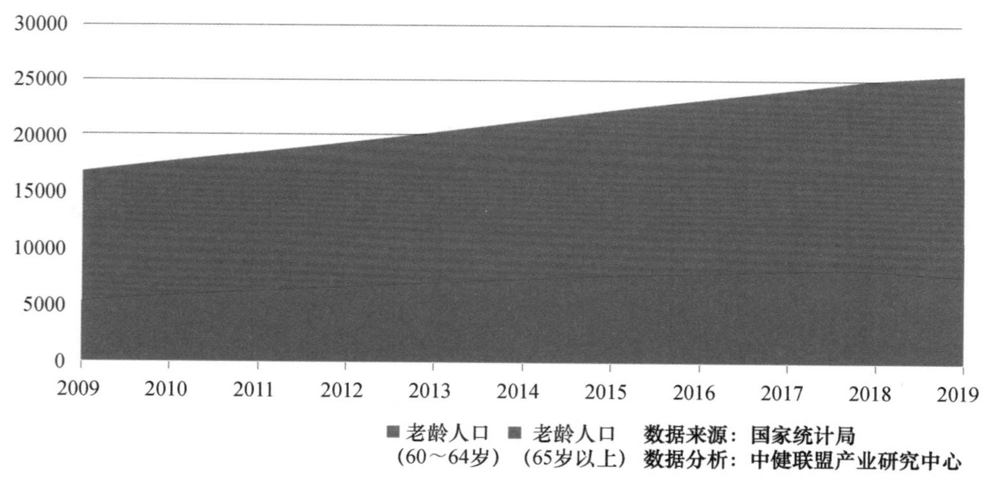

图1–5　中国老龄人口结构统计

65岁以上老龄人口增加高于全国老龄人口增长速度。2009年，我国65岁以上老年人口为11309万人，而2019年已增长至17603万人，增加了6294万人。65岁以上老年人口增速如图1–6所示。

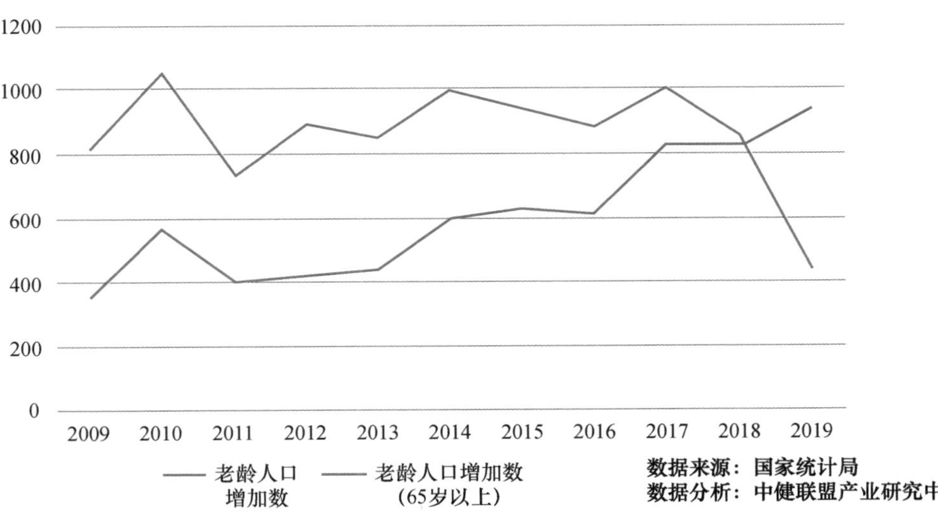

图 1-6　65 岁以上老年人口增速

2020 年，我国老年人口突破 2.5 亿人，60 岁以上人口占总人口的比重将达到 17.17%，其中 80 岁以上老年人口将达到 3067 万人。预计到 2025 年，60 岁以上的人口将突破 3 亿人，中国将成为超老年型国家。据测算，到 2040 我国人口老龄化进程将达到顶峰，然后老龄化进程进入减速期。可以看出，中国人口老龄化的问题已经迫在眉睫，老年人口占总人口的比重已经远远超过了国际通用的老龄化标准。

从人口年龄中位数的变化来看，我国人口年龄中位数到 2050 年预计达到 49 岁，中国、日本、韩国、德国将成为世界上人口老龄化最为严重的几个大国。我国与其他主要老龄化国家人口年龄中位数发展趋势对比如图 1–7 所示。

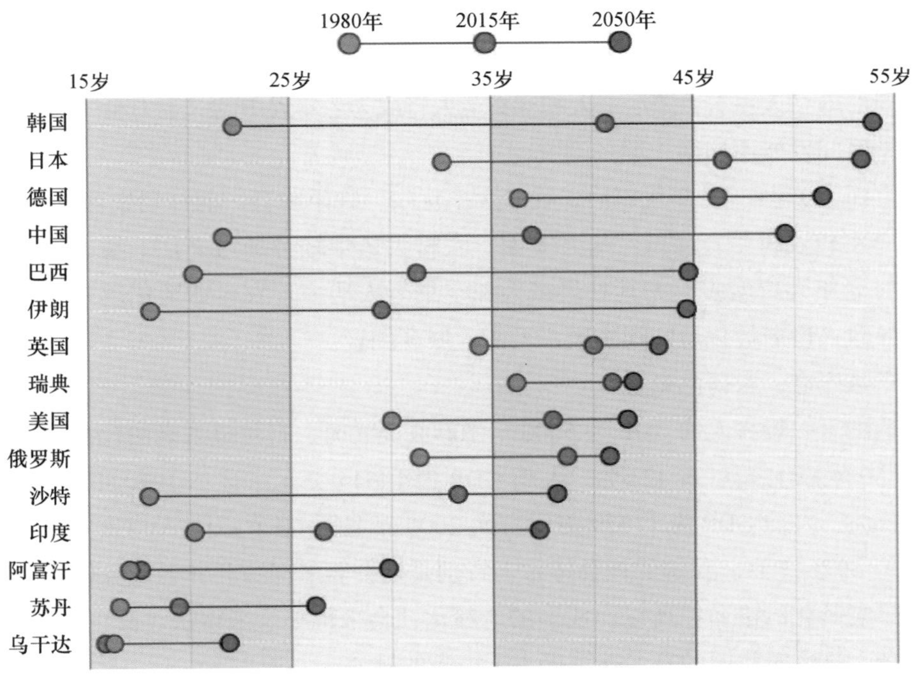

图 1–7　我国和世界主要老龄化国家人口年龄中位数的变化预测

通常，65 岁以上的人口比率超过总人口的 7% 被称为“老龄化社会”，而超过 14% 被称为“老龄社会”。中国在 2005 年达到了 7.6%。实际上中国在 2000 年就已开始进入老龄化社会。从老龄化社会到老龄社会，法国用了 115 年，英国用了 47 年，德国用了 40 年，而日本只用了 24 年，速度之快非常惊人。我国将在 2024 年至 2026 年前后进入老龄社会，速度与日本大体相同。老龄化一方面是指老年人口相对增多，在总人口中所占比率不断上升的过程；另一方面是指社会人口结构呈现老年状态，进入老龄化社会。

1.1.3 我国老龄化特征

我国老龄化有以下主要特征：

1. 我国老年人绝对数量大，发展态势迅猛

据调查显示，世界老年人口总数的 20% 被我国所占据，我国人口老龄化年均增长率约为总人口增长率的 5 倍，从 2011 年到 2015 年，全国 60 岁以上的老年人由 1.78 亿人增加到 2.21 亿人，老年人口的比重由 13.3% 增至 16%。如此巨大的老年人口增长速度和增长质量使我国较其他国家提前进入了老龄化社会。

2. 高龄化趋势加剧

据统计，我国目前现有 80 岁以上老人约 2900 万人，失能、半失能老人约 4200 万人。高龄老人的病残率较其他老人更高，需要的关心照顾较其他老人也更多，高龄老人是老年人中最为脆弱的群体，也是解决养老问题的重难点。

3. 独居老人和空巢老人增速加快，比重增高

随着我国城市化进程的不断加快，家庭模式中传统三世同堂越来越少，越来越多的家庭趋于小型化，加之城市生活节奏的加快，年轻子女陪伴父母的时间变少，使得我国传统的家庭养老功能正在逐渐弱化。据调查显示，截至 2020 年底，独居老人和空巢老人将增加到 1.18 亿人左右，独居老人和空巢老人将成为老年人中的“主力军”。

4. 地区间发展不均衡，城乡倒置

一方面，20 世纪 70 年代以后，受“少生优生，晚婚晚育”的计划生育政策的影响，城镇生育率较农村生育率低；另一方面，农村大量年轻劳动力去往一线、二线城市发展，农村老年人口增多，尤其独居老人和空巢老人居多，农村老龄化越来越严重。这些因素导致人口老龄化地区间发展不平衡，城乡倒置。

5. 未富先老，未备已老

发达国家一般在人均 GDP 为 5000 ～ 10000 美元时，自然进入老龄化社会，如美国 1950 年 60 岁以上人口占 12.5%，人均 GDP 为 10645 美元；日本 1970 年 60 岁以上人口占 10.6%，人均 GDP 为 11579 美元；而 2000 年我国 60 岁以上人口占 10.1%，人均 GDP 仅为 3976 美元。我国的社会体系，特别是社会养老保障和养老服务体系尚未做好应对人口老龄化的准备。所以，我国的老龄化社会来得早、来得快，真正是未富先老、未备已老，这也对我国的养老政策提出了极大的挑战。

6. 抚养比高

老年人口抚养比也称老年人口抚养系数，是指老年人口数与劳动年龄人口数之比。

通常用百分比表示，表明每100名劳动年龄人口要负担多少名老年人。老年人口抚养比是从经济角度反映人口老龄化社会后果的指标之一。2019年，我国老年人口抚养比为19.6%，较上一年度的16.8%增加2.8%，增幅为11年来最大，而2009年我国的老年人口抚养比仅为11.6%。11年来，我国老年人口抚养比增加了8%，并呈老年人口抚养比加速增长的趋势。到老龄化高峰期，我国的老年人口抚养比将达到78%，相当于3个劳动力要养2个老年人，可以预见，未来我国养老的形势将会非常严峻。

1.2 居住环境适老化

1.2.1 居家养老环境适老化现状

2017年3月28日国务院印发的《"十三五"国家老龄事业发展和养老体系建设规划》(国发〔2017〕13号)提出，到2020年，居家为基础、社区为依托、机构为补充、医养相结合的养老服务体系更加健全。目前，我国主要的养老模式有居家养老、机构养老和社区养老，再细分还有居家养老和社区服务相结合、医养结合、抱团式养老、候鸟式养老等养老模式。我国老年人口的数量、家庭结构和文化习俗决定了居家养老还是我国的主要养老方式。

我国60岁以上人口数量超过2.5亿人，高龄人口2900万人，失能、半失能老人约有4200万人。就全国范围而言，2011年至今，养老服务机构数量不断增加，截至2019年9月底，全国各类养老机构31997个，社区养老服务机构和设施14.34万个，养老服务床位合计754.598万张。我国的养老机构和床位数量远远满足不了需求，所以，机构养老只能作为我国养老模式的一个方面，大量的老人还需要居家养老。我国养老服务机构数量变化趋势和床位数量变化趋势如图1–8和图1–9所示。

2005年，上海在全国率先提出构建"9073养老服务格局"的目标，明确了上海养老公共资源配置的比重和养老公共服务投放的路径，以文件形式正式提出最早是在2007年1月24日颁布的《上海民政事业发展十一五规划》中。北京市2009年发布的《关于加快养老服务机构发展的意见》(京民福发〔2008〕543号)中提出了"9064"的养老设想，并于2015年在《北京市养老服务设施专项规划》中首次明确"9064"养老服务目标。

居家养老提出了居家环境的适老性要求，而我国的家庭居住环境现状并不都能很好地满足老人的需求。世界卫生组织已经将环境因素纳入健康老龄化政策体系的构建中，强调包括居住环境在内的老年友好环境对于个体功能的发挥具有重要作用。在我国，居家养老老年人的日常生活主要集中在社区内的居住环境中。据调查，城市老年人平均每天有21～22h是在居住环境中度过的。良好的居住环境是保障老年人居家养老的重要条件。有研究发现，居住环境与老年人的生活状态及生活满意度密切相关，住房及周围环境对提高老年人的生活质量至关重要。居住环境是否满足老年人的需要，会影响其身心健康及社区参与度，因此，居住环境已经成为老年人养老需求的重要组成部分。

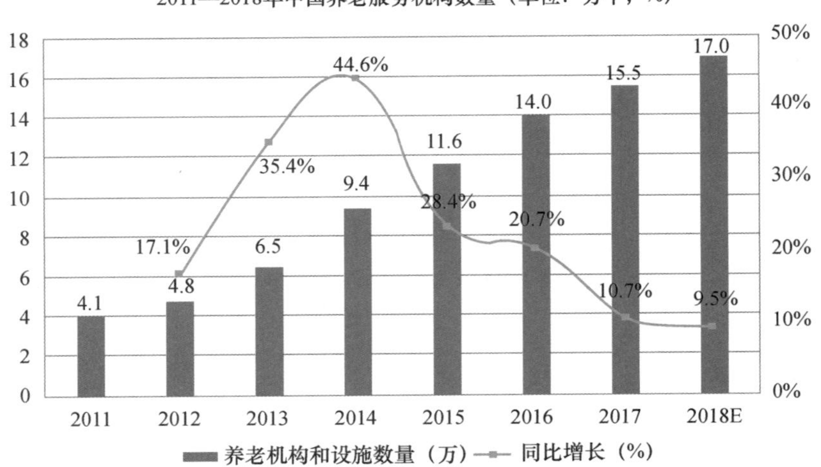

图 1-8　我国养老服务机构数量变化趋势

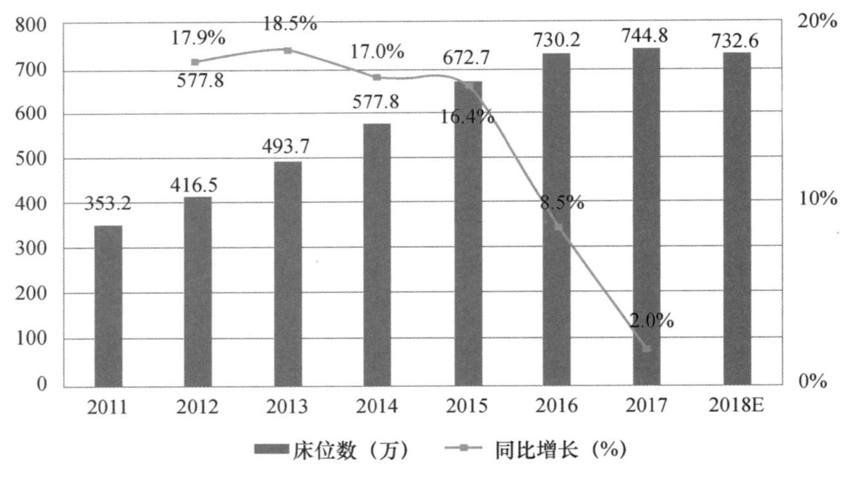

图 1-9　我国养老服务机构床位数量变化趋势

随着我国老龄人口的增加，已经建成的居住环境越来越不适应老人的需要。有调查结果显示，在我国城市老年人中，有一部分老年人居住在 20 世纪 90 年代之前建成的老旧房屋里，人均住房面积小，弧形设计不合理。还有一部分老年人认为住房存在不适老的问题，仅有 1/2 的老年人对自己的住房条件感到满意。楼房无障碍设施不完善，老年人对社区公共卫生间的满意率很低，对生活设施、指示牌（标识）及健身活动场所的满意率均不足 50%。在住宅内部，地面不防滑，卫生间地面高差过大等，给老年人的日常生活带来了诸多的安全隐患。此外，由于我国适老用品产业还处于萌芽阶段，市场上缺乏针对老年人生理特征设计制造的家具、电器等生活用品，对老年人日常生活造成了不便，也会影响老年人的生活质量和安全健康。

日本较早进入老龄化社会，在住宅适老化方面有着丰富的经验。日本 1994 年开始推行《关于建筑无障碍化特定建筑物的有关规定》(通常被称为《爱心建筑法》)，从老年人、残疾人、妇女、儿童的角度对建设管理部门提出了要求，目的就是“为了推动无障碍建筑的建设，以保障那些在日常或社会生活中身体功能受限的老年人和残疾人能够方便、顺利地使用”。通用住宅在日本称为“长寿住宅”，由于住宅要适应年龄的变化，尽可能满足人的一生的需求，因此在住宅设计和建造中将老年人的需求考虑进去。1995 年日本制定了《应对长寿社会的住宅设计指南》，以确保随着年龄增长而出现身体机能下降或残疾时，原住宅或稍加改造就可以满足老年人的需求。2001 年 4 月，日本开始实施《高龄者居住法》，保障高龄者安定居住，2011 年又对该项法律进行了修订。

2003 年，我国发布了《老年人居住建筑设计标准》(GB/T 50340—2003)，该标准于 2016 年进行了修订。2012 年，中国建筑标准设计院和清华大学、西安建筑科技大学共同编制了《老年人居住建筑》图集。2013 年，住房城乡建设部发布《养老设施建筑设计规范》(GB 50867—2013)。2018 年 3 月 30 日，住房城乡建设部发布行业标准《老年人照料设施建筑设计标准》(JGJ 450—2018)。全文强制性产品标准《无障碍及适老建筑产品基本技术要求》也列入了 2018 年工程建设规范和标准编制及相关工作计划，该标准于 2018 年 7 月 10 日在中国建筑标准设计研究院正式召开研编工作启动会。

在适老化产品方面，我国也开始研究制定相关的产品标准。2018 年 4 月 2 日京东商城在其北京总部召开了《适老电器》标准发布会，该标准由中国标准研究院和京东家电共同起草，为家电设计中如何考虑老年用户的特殊需求提出了明确的技术要求。符合该标准的产品，京东商城将在其平台上给予“适老电器”的标识，让消费者在选购时可以一目了然地知道哪一款家电产品更适合老年人使用。京东《适老电器》标准发布会及标识如图 1-10 所示。

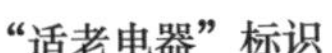
“适老电器”标识

标准发布会

图 1-10　京东《适老电器》标准发布会及标识

2020 年，中国建材市场协会和中国健康管理协会共同制定了《适老电动护理床技术要求》(T/CBMMAS 001—2019 T/CHAA 010—2019)，对适老电动护理床的高度、宽度和各开口尺寸都提出了具体的要求，确保老人及护理人员操作便利和安全可靠（图 1-11）。

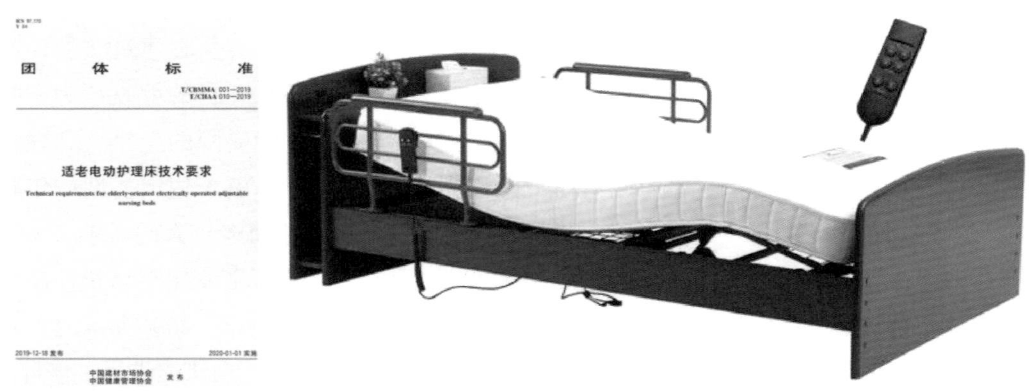

团 体 标 准

T/CBMMA 001—2019
T/CHAA 010—2019

适老电动护理床技术要求

Technical requirements for elderly-oriented electrically operated adjustable nursing beds

2019-12-18 发布　　2020-01-01 实施

中国建材市场协会
中国健康管理协会　发布

图 1-11　适老电动护理床团体标准

1.2.2　我国养老环境方面的相关政策和措施

为老年人提供安全、便利的无障碍设施，推进老年宜居环境建设，是完善以居家为基础、社区为依托、机构为补充、医养相结合的养老服务体系的重要工作。民政部联合相关部门积极推进无障碍环境建设，促进老年宜居环境有效改善，从专项法规政策、标准制定和统筹养老服务体系建设等方面加快推进老年人宜居环境建设[①]。

在法律法规制定方面，推动修订了《中华人民共和国老年人权益保障法》，明确提出涉及老年人的公共交通设施、居住区等设施和场所要符合无障碍环境建设相关政策、标准，并对无障碍设施的使用和管理做出了规定。相关法律条文明确提出国家采取措施推进宜居环境建设，为老年人提供安全、便捷和舒适的环境。

在规划制定方面，推动出台了《国家新型城镇化规划（2014—2020 年）》《中国老龄事业发展“十二五”规划》《社会养老服务体系建设规划（2011—2015 年）》和

① 资料来源于民政部对全国人大代表“加大居家养老环境改善方面的建议”的答复。http://www.mca.gov.cn/article/gk/jytabljggk/rddbjy/201911/20191100021112.shtml。

《国务院关于印发“十三五”国家老龄事业发展和养老体系建设规划的通知》（国发〔2017〕13 号），将老年宜居环境建设纳入统一规划，营造安全绿色生活环境。

在政策制定方面，推动出台了《国务院关于加快发展养老服务业的若干意见》（国发〔2013〕35 号）、《关于推进养老服务发展的意见》（国办发〔2019〕5 号），明确提出要实施社区无障碍环境改造，实施老年人居家适老化改造工程；民政部会同发展改革委下发《关于开展养老服务业综合改革试点工作的通知》（民办发〔2013〕23 号），提出要强化城市养老服务设施布局，实施无障碍设施改造，加强老年人宜居环境建设；民政部联合全国老龄办等部门出台了《关于进一步加强老年人优待工作的意见》（全国老龄办发〔2013〕97 号），要求交通场所和站点根据需要配备升降电梯、无障碍通道、无障碍洗手间等设施。此外，有关部门还印发了《关于加强老年人家庭及居住区公共设施无障碍改造工作的通知》（建标〔2014〕100 号）、《关于推进老年宜居环境建设工作的指导意见》（全国老龄办发〔2016〕73 号）等指导文件，解决老年人最不宜居、最不方便的环境问题，做好老旧城区、社区、楼房等设施无障碍改造，提高老年人生活便捷化水平。在 2020 年，民政部、国家发展改革委联合财政部、住房城乡建设部等 9 个部门联合发布《关于加快实施老年人居家适老化改造工程的指导意见》（民发〔2020〕86 号），进一步推动实施老年人居家适老化改造。

在标准制定方面，制定出台了《城市道路和建筑物无障碍设计规范》《无障碍设计规范》《无障碍建设指南》《社区老年人日间照料中心设施设备配置》《养老设施建筑设计规范》《养老机构安全管理》《养老机构基本规范》等标准，将老年人无障碍环境改造建设纳入标准内容。目前，住房城乡建设部正在推进研究编制全文强制《无障碍通用规范》《无障碍及适老建筑产品基本技术要求》等，形成了较为完善的无障碍建设标准体系。

在实践推动方面，民政部与住房城乡建设部、工业和信息化部等部门联合开展了创建全国无障碍环境市县工作。各地民政部门也积极推进无障碍环境建设，推进老年人家庭和居住区公共设施无障碍改造。城乡无障碍环境建设水平进一步提升，老年人和全体社会成员参与社会生活的环境更加便利。

在财政支持方面，自 2016 年起，民政部会同财政部开展全国居家和社区养老服务改革试点，五年共计安排 50 亿元，用于大力发展居家和社区养老服务，扶持社会力量提供居家和社区养老服务、发展居家和社区智慧养老、推进医养结合、适老化改造等领域，前三批共确定了 90 个试点地区。2019 年 4 月，住房城乡建设部、财政部、发展改革委印发《关于做好 2019 年老旧小区改造工作的通知》（建办城函〔2019〕243 号），明确小区内配套养老抚幼、无障碍设施等服务设施的建设、改造，有条件的居住建筑加装电梯等为老旧小区改造内容，属于中央补助支持范围。目前，各地 2019 年老旧小区改造调查摸底已经基本完成。下一步，将尽快分配下达专项资金，并督促地方抓紧开工。

在医养结合方面，2015 年，《卫生计生委等部门关于推进医疗卫生与养老服务相结合的指导意见的通知》（国办发〔2015〕84 号）明确了医养结合工作的目标、内容和任务，全面部署进一步推进医养结合工作。鼓励为社区高龄、重病、失能、部分失能及计划生育特殊家庭等行动不便或确有困难的老年人，提供定期体检、上门巡诊、家庭病床、社区护理、健康管理等基本服务。

《关于加快实施老年人居家适老化改造工程的指导意见》（民发〔2020〕86号）也指出，实施老年人居家适老化改造工程是《国务院办公厅关于推进养老服务发展的意见》（国办发〔2019〕5号）部署的重要任务，是巩固家庭养老基础地位、促进养老服务消费提升、推动居家养老服务提质扩容的重要抓手，对构建居家社区机构相协调、医养康养相结合的养老服务体系具有重要意义。

02

理解老年人身体和心理的变化

2.1 老年人生理变化

随着年龄增长，人的身体机能持续下降（图 2–1），这是人的正常生理变化，每个人都会经历的人生阶段，但是如果对生活环境不能按照这些变化进行一些改进，这种变化就会给人们的生活和工作带来一定程度的影响。

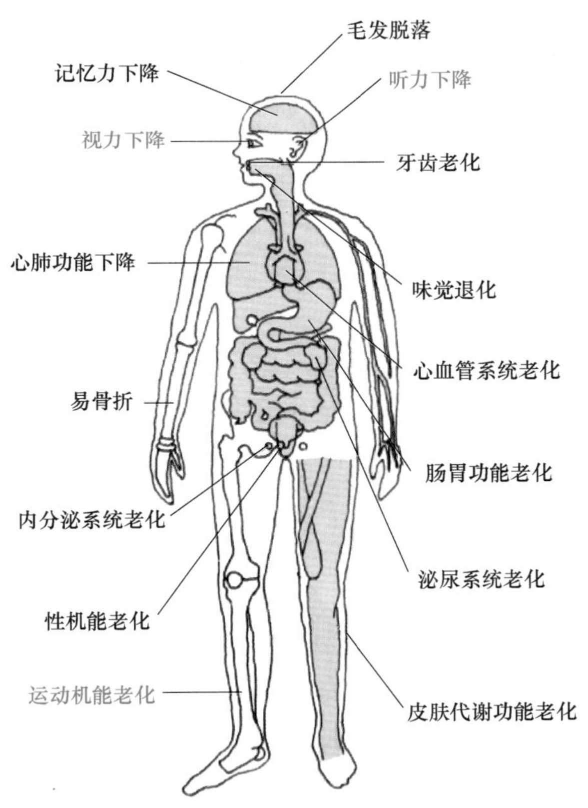

图 2–1　年龄增长后身体机能下降

对于老年人而言，随着年龄的逐渐增长，感觉器官功能减退，对于外界的感知能力下降，表现为视听力下降，四肢活动幅度减小、行为能力受限，生理机能受到影响。随着身体生理机能的变化，有的心理构造也会变得敏感，可接受事物更加有限。

评估居住环境的适老性，首先应了解老年人身体上发生的或者正在发生的变化，以更好地理解为什么要进行各种适老化设计或改造，因为一切的改变都是为了满足人的需求。

2.1.1 感觉系统

1. 皮肤

皮肤老化导致皮肤萎缩、弹性差、损伤代谢和修复能力减弱，皮肤变薄，真皮表皮连接变平，对剪切力的承受差，易受机械、物理、化学等刺激而损伤，长期卧床老人易出现压疮，去除胶布辅料时也可能导致损伤而出血。皮下脂肪少，感受外界环境的细胞数减少，体温调节功能下降，对冷、热、痛、触觉等反应迟钝，特别是下肢。皮肤腺萎缩，皮肤分泌减少或成分改变，使皮肤表面干燥、粗糙、无光泽，皮肤排泄功能和体温调节功能降低。

2. 眼和视觉

随着老化，眼部肌肉弹性减弱，眼眶周围脂肪减少，老年人会出现眼睑皮肤松弛，上眼睑下垂，下眼睑可能发生脂肪膨出及眼袋。泪腺、杯状细胞功能下降，眼泪产生减少，但是眼睛流泪现象并不少，主要因为组织萎缩导致泪点的移位和较少的有效排出。眼组织老化主要体现在以下方面：

（1）角膜的直径轻度变小或呈扁平化，使角膜的屈光率减退引起远视及散光。角膜表面的微绒毛显著减少，导致角膜干燥及角膜透明度减低。60 岁以后会在角膜边缘基质层因胆固醇酯、胆固醇、中性脂肪的沉积而形成一圈灰白色环状，称“老年人环”。

（2）晶状体老化调节功能逐渐减退，可出现“老视”。晶状体弹性降低和睫状肌的聚焦功能减弱，视近物能力下降，出现远视，即“老花眼”。晶状体中非水溶性蛋白增多而出现晶状体混浊，使晶状体的透光度减弱，增加了老年白内障的发病率。晶状体悬韧带张力降低，使晶状体前移，有可能使前房角关闭，影响房水回流，导致眼压增高。病理性眼压增高可引起视神经损伤和视力障碍，发生青光眼。

（3）玻璃体的老化主要表现为液化和玻璃体后脱离。随年龄增长，玻璃体液化区不断扩大。玻璃体后脱离可引起视网膜剥离，同时玻璃体因衰老而失水，色泽改变，包涵体增多，可引起“飞蚊症”。

（4）视网膜的老化主要是视网膜周边带变薄，出现老年性黄斑变性。另外，视网膜血管狭窄、硬化，甚至闭塞，色素上皮层细胞及其细胞内黑色素减少，脂褐质增多，使视力显著下降。由于视网膜色素上皮层变薄和玻璃体的牵引，增加了老年人视网膜玻璃的危险。

（5）由于老年期瞳孔括约肌的张力相对增强，瞳孔缩小，视野变窄。老年人对光照条件的改变适应较慢，主要由于瞳孔僵硬、晶状体不透明，光色素合成变慢，在低光条件下适应减弱，由明到暗时感觉视物困难，并可能诉说视物不明亮。同时，晶状体的改变增强了光散射，使老年人对强光特别敏感，到室外时往往感觉特别耀眼。

3. 耳和听觉

随着老化，耳廓表皮皱襞松弛、凹窝变浅，收集声波和辨别声音方向的能力降低。听觉高级神经中枢对音信号的分析减慢，反应迟钝，定位功能减退，造成在噪声环境中听力障碍明显。老年人耳垢干硬，堆积阻塞，容易形成中耳耳垢嵌塞，可造成传导性听力障碍。

4. 味觉

随着年龄的增长，味蕾逐渐萎缩，味觉功能减退。口腔黏膜细胞和唾液腺发生萎缩，唾液分泌减少，口腔干燥也会造成味觉功能减退，食欲缺乏，因而影响机体对营养物质的摄取，还可增加老年性便秘的可能性。为提高老年人对事物的敏感性，往往在烹饪时增加 2 ～ 3 倍的盐，但过量摄入盐会对患心血管疾病的老年人健康不利。

5. 嗅觉

随着年龄的增长，嗅神经数量减少、萎缩、变性，嗅觉敏感性下降是非常明显的，老年人识别熟悉的气味能力降低，对一些危险环境的分别能力下降，如变质的食物、有毒的气体如煤气等。老年人食欲的下降很大一部分是由于嗅觉的丧失，将影响机体对营养物质的摄取。

2.1.2 呼吸系统

1. 上呼吸道

老年人鼻黏膜变薄，腺体萎缩，分泌能力减退，分布于鼻黏膜表面的免疫球蛋白（IGA）减少；鼻道变宽，鼻黏膜的加温、加湿和防御功能下降。因此，老年人易患鼻窦炎及呼吸道感染，加上血管脆性增加，容易导致血管破裂而发生鼻出血。

2. 气管和支气管

老年人气管和支气管黏膜上皮和黏液腺退行性变，纤毛运动减弱，防御和清除能力下降，容易患支气管炎。细支气管黏膜萎缩、黏液分泌增加，可导致气管腔狭窄，增加气道阻力；同时细支气管壁弹性减退及其周围肺组织弹性牵引力减弱，在呼吸时阻力增高，使肺残气量增高，也可影响分泌物的排出，而易导致感染。

3. 肺

肺泡壁变薄，泡腔扩大，弹性降低，导致肺活量降低，残气量增多，咳嗽反射及纤毛运动功能退化，老年人咳嗽和反射机能减弱，使滞留在肺内的分泌物和异物增多，易感染。

4. 胸廓和呼吸肌

老年人大多易发生骨质疏松，造成椎体下陷，脊柱后弯，胸廓前凸，引起胸腔前后径增大，出现桶状胸。肋软骨钙化使胸骨顺应性变小，从而导致呼吸费力。胸壁肌肉弹性下降，肋间肌和膈肌弹性降低，会进一步影响胸廓运动，从而使肺通气和呼吸容量下降。因此，老年人在活动后易引起胸闷、气短、咳嗽，使痰液不易咳出，导致呼吸道阻塞，更易发生肺部感染，使肺功能进一步损害，甚至引起呼吸衰竭。

2.1.3 循环系统

1. 心脏

心脏增大，80 岁时左心室比 30 岁时增厚，心肌细胞纤维化，脂褐素沉积，胶原增多，淀粉样变，心肌的兴奋性、自律性、传导性均降低，心瓣膜退行性变和钙化，窦房结 P 细胞减少，纤维增多，房室结、房室束和束支都有不同程度的纤维化，导致心脏传道障碍。

2. 血管

随着年龄的增长，动脉内壁增厚，中层胶原纤维增加，造成大动脉扩张而屈曲，小动脉管腔变小，动脉粥样硬化。由于血管硬化，可扩张性小，易发生血压上升及体位性低血压。

2.1.4 消化系统

1. 口腔

牙龈萎缩，齿根外露，齿槽管被吸收，牙齿松动，牙釉质丧失，牙易磨损、过敏，舌和咬肌萎缩，咀嚼无力，碎食不良，食欲下降，唾液腺的分泌减少，加重下消化道负担。

2. 食管

肌肉萎缩，收缩力减弱，食管颤动变小，食物通过时间延长。

3. 胃

胃黏膜及腺细胞萎缩、退化，胃液分泌减少，造成胃黏膜的机械损伤，黏液碳酸氢盐屏障的形成障碍，致胃黏膜易被胃酸和胃蛋白酶破坏，减低胃蛋白酶的消化作用和灭菌作用，促胰液素的释放降低，使胃黏膜糜烂、溃疡、出血、营养被夺，加之内因子分泌功能部分或全部丧失，吸收维生素 B_{12} 的能力下降，致巨幼红细胞性贫血和造血障碍；平滑肌的萎缩使胃蠕动减弱，排空延迟，是引发便秘的原因之一。

4. 肠

小肠绒毛增宽而短，平滑肌层变薄，收缩、蠕动无力，吸收能力差，小肠分泌减少，各种消化酶水平下降，致小肠消化功能大大减退，结肠黏膜萎缩，肌层增厚，易产生憩室，肠蠕动缓慢无力，对水分的吸收无力，大肠充盈不足，不能引起膨胀感等，造成便秘。

5. 肝

肝细胞数目减少，变性，结缔组织增加，易造成肝纤维化和硬化，肝功能减退，合成蛋白能力下降，肝解毒功能下降，易引起药物性肝损害。由于老年人消化、吸收功能差，易引起蛋白质等营养缺乏，导致肝脂肪沉积。

6. 胆囊

胆囊及胆管变厚、弹性减低，因含大量胆固醇，易发生胆囊炎、胆石症。

7. 胰

胰腺萎缩，胰液分泌减少，酶量及活性下降，严重影响淀粉、蛋白、脂肪等的消化、吸收，胰岛细胞变性，胰岛素分泌减少，对葡萄糖的耐量减退，增加了发生胰岛素依赖型糖尿病的危险。

2.1.5 泌尿系统

1. 肾

肾质量减轻，间质纤维化增加，肾小球数量减少，且玻璃样变、硬化，基底膜增厚，肾小管细胞脂肪变性，弹性纤维增多，内膜增厚，透明变性，肾远端小管憩室数随年龄增长而增加，可扩大成肾囊肿。肾单位减少，70 岁以后可减少 1/2 ～ 1/3。肾功能衰减，出现少尿，尿素、肌酐清除率下降，肾血流量减少，肾浓缩、稀释功能降低，肾小管分泌与吸收功能随年龄增长而下降，肾小管内压增加，从而减少有效滤过，使肾小球滤过率进一步下降。肾调节酸碱平衡能力下降，肾的内分泌机能减退。

2. 输尿管

输尿管肌层变薄，支配肌肉活性的神经减少，输尿管驰缩力降低，使泵入膀胱的速度变慢，且易反流。

3. 膀胱

膀胱肌肉萎缩，纤维组织增生，易发生憩室，膀胱缩小，容量减少，残余尿增多，75 岁以上老年人残余尿量可达 100mL。随年龄增加膀胱括约肌萎缩，支配膀胱的自主神经系统功能障碍，致排尿反射减弱，缺乏随意控制能力，常出现尿频或尿意延迟，甚至尿失禁。

4. 尿道

老年人尿道肌萎缩，纤维化变硬，括约肌松弛，尿流变慢，排尿无力，致较多残余尿、尿失禁。由于尿道腺体分泌减少，男性前列腺增生，前列腺分泌减少，使尿道感染的发生率增高。

2.1.6 神经系统

1. 脑

随着年龄增长脑组织萎缩，脑细胞数目减少。一般认为，人出生后脑神经细胞即停止分裂，自 20 岁开始，每年丧失 0.8% 且随其种类、存在部位等的不同而选择性减少。60 岁时大脑皮质神经和细胞数减少 20% ～ 25%，小脑皮质神经减少 25%。70 岁以上老年人神经细胞总数减少可达 45%。

2. 脑室

老年人脑室扩大，脑膜增厚，脂褐素沉积增多，阻碍细胞的代谢，脑动脉硬化，血循环阻力增大，脑供血减少，耗氧量降低，致脑软化，约半数 65 岁以上的正常老年人的脑多种神经递质的能力下降，导致老年人健忘、智力减退、注意力不集中、睡眠不佳、精神性格改变、动作迟缓、运动震颤、痴呆等，脑神经突触数量减少发生退行性变，神经传导速度减慢，导致老年人对外界事物反应迟钝，动作协调能力下降。

2.1.7 内分泌系统

1. 下丘脑

下丘脑是体内自主神经中枢。一些学者认为“老化钟”位于下丘脑，其功能衰退是各种促激素释放激素分泌减少或作用降低，接受下丘脑调节的垂体及下属靶腺的功能也随之发生全面减退，从而引起衰老的发生与发展。随着年龄的增长，下丘脑的受体数减少，对糖皮质激素和血糖的反应均减弱。对负反馈抑制的阈值升高。

2. 垂体

随年龄增加垂体纤维组织和铁沉积增多，下丘脑－垂体轴的反馈受体敏感性降低。

3. 甲状腺

老年人甲状腺质量减轻，滤泡变小，同化碘的能力减弱，T3（三碘甲状腺原氨酸）水平降低，血清抗甲状腺自身抗体增高，甲状腺在外周组织的降解率降低，垂体前叶促甲状激素释放激素（TRH）刺激的反应性也降低。

4. 甲状旁腺

老年人的甲状旁腺细胞减少，结缔组织和脂肪细胞增厚，血管狭窄，PTH（甲状旁腺素）的活性下降，Ca^{2+} 运转减慢，血清总钙和离子钙均比年轻人低。老年女性由于缺乏能抑制 PTH 的雌激素，可引起骨代谢障碍。

5. 肾上腺

老年人的肾上腺皮质、髓质细胞均减少，无论性别，随年龄增长肾上腺皮质的雄激素都直线下降，使老年人保持内环境稳定的能力与应激能力降低。

6. 性腺

男性 50 岁以上，其睾丸间质的睾酮分泌下降，受体数目减少，或其敏感性降低，致使性功能逐渐减退。女性 35 ～ 40 岁雌激素急剧减少，60 岁降到最低水平，60 岁以后稳定于低水平。

7. 胰腺

老年人随着年龄增加胰岛功能减退，胰岛素分泌减少，细胞膜上胰岛素受体减少和对胰岛素的敏感性降低，致 65 岁以上老年人 43% 糖耐量降低，糖尿病发生率高。

8. 松果体

老年人垂体产生的胺类和肽类激素减少，使其调节功能减退，下丘脑敏感阈值升高，对应激反应延缓。

2.1.8 运动系统

1. 骨骼

老年人骨骼中有机物质含量逐渐减少，骨小梁数目减少，骨皮质变薄；肌纤维逐渐萎缩，肌力减退，弹性变差，因此老年人易发生骨质疏松及骨折，还易出现肌疲劳和腰酸腿痛等症状。此外，老年人还会出现骨老化。骨老化的总特征是骨质吸收超过骨质形成，皮质变薄，髓质增宽，胶质减少或消失，骨内水分增多，碳酸钙减少，骨密度减低，骨质疏松，脆性增加，易发生骨折、肋软骨钙化、易断、老年人骨质畸形，越活越矮。

2. 关节

老年人关节软骨含水率和亲水性黏多糖减少，软骨素也减少，关节囊滑膜沉积磷灰石钙盐或焦磷酸盐而僵硬；滑膜萎缩、变薄，基质减少，液体分泌减少，关节软骨和滑膜钙化、纤维化失去弹性；血管硬化，供血不足，加重变性，韧带、腱膜、关节素纤维化而僵硬，使关节活动受到严重影响，引起疼痛，骨质增生形成骨刺。

3. 肌肉

老年人随着年龄增长肌细胞水分减少，脂褐素沉积增多，肌纤维变细、质量减轻，肌肉韧带萎缩，耗氧量减少，肌力减低，易疲劳，加之脊髓和大脑功能衰退，活动减少，反应迟钝、笨拙。

2.2 常见老年性疾病

2.2.1 视力方面

随着年龄增长，身体机能逐渐退化。眼睛的老化从 40 岁左右开始，造成视力衰退和视觉障碍。视觉障碍是老年人定位、定向、平衡、行走障碍的最常见原因之一，也是老年人跌倒最常见的原因之一。随着年龄的逐步增大，老视会向更深方向发展，读书、看报需要借助老花镜（阅读镜）的帮助，这是一个正常的生理现象。

中老年人以视觉障碍为主的眼病非常突出，一类是退行性眼病，如同老了长白发是一个道理，年老体弱就会眼病丛生，如白内障、黄斑变性、玻璃体混浊等。另一类是全身血管系统疾病、代谢性疾病、免疫性疾病等引起的眼部并发症，如糖尿病性视网膜病变、长期高血压引起的视网膜动脉硬化，导致视网膜动脉阻塞、静脉阻塞、缺血性视乳头病变等。

1. 老花眼（老视）

老花眼即老视是一种生理现象，不是病理状态也不属于屈光不正，是人们步入中老年后必然出现的视觉问题，是身体开始衰老的信号之一。随着年龄增长，眼球晶状体逐渐硬化、增厚，而且眼部肌肉的调节能力也随之减退，导致变焦能力降低。因此，当看近物时，由于影像投射在视网膜时无法完全聚焦，近距离的物件就会变得模糊不清。正常视力和老花眼的聚焦区别如图 2–2 所示。

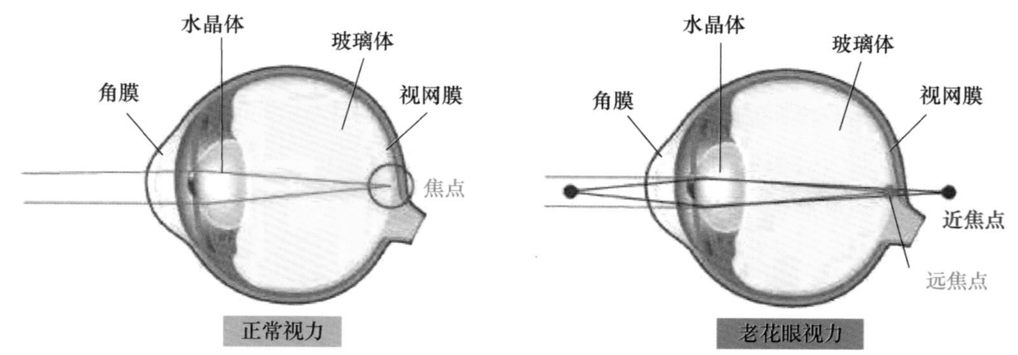

图 2–2 正常视力和老花眼的聚焦区别

老视的发生和发展与年龄直接相关，大多出现在45岁以后，其发生时间和严重程度还与其他因素有关，如原先的屈光不正状况、身高、阅读习惯、照明以及全身健康状况等。即使注意保护眼睛，眼睛老花的度数也会随着年龄增大而增加，一般是按照每5年加深50度的速度递增。根据年龄和眼睛老花度数的对应表，大多本身眼睛屈光状况良好，也就是无近视、远视的人，45岁时眼睛老花度数通常为100度，55岁提高到200度，到了60岁左右，度数会增至250～300度，此后眼睛老花度数一般不再加深。

老视的实质是眼的调节能力的减退，年龄则是影响调节力的一个最主要的因素，调节即眼的屈光力的增加是通过晶体的塑形、变凸来实现的。而晶体在一生中不断增大，因为赤道区上皮细胞不断形成新纤维，不断向晶体两侧添加新的皮质，并把老纤维挤向核区。于是随着年龄的增大，晶体密度逐渐增加，弹性逐渐下降。

老视的主要表现如下：

（1）视近困难。

会逐渐发现在往常习惯的工作距离阅读看不清楚小字体，看远相对清楚。患者会不自觉地将头后仰或者把书报拿到更远的地方才能把字看清，而且所需的阅读距离随着年龄的增大而增加。

（2）阅读需要更强的照明度。

开始时，晚上看书有些不舒适，因为晚上灯光较暗。照明不足不仅使视分辨阈值升高，还使瞳孔散大，在视网膜上形成较大的弥散圈，使老视眼的症状更加明显。随着年龄的增长，即使在白天从事近距离工作也易疲劳，所以老视眼的人，晚上看书喜欢用较亮的灯光。有时把灯光放在书本和眼的中间，这样不但可以增加书本与文字之间的对比度，还可以使瞳孔缩小。但是灯光放在眼前必然造成眩光的干扰，这种干扰光源越接近视轴，对视力的影响就越大，有些老人喜欢在阳光下看书，就是这个道理。在室内，老年人可用提高照明度来改善视力。阅读材料时，老年人对光亮对比度要求高，故应对老年人提供印刷清晰、字体较大、黑白分明的阅读材料，避免用蓝、绿、紫色为背景。

（3）视近不能持久。

调节不足就是近点逐渐变远，经过努力还可看清楚近处物体。如果这种努力超过限度则引起睫状体的紧张，再看远处物体时，由于睫状体的紧张不能马上放松而形成暂时近视，再看近处物体时又有短时间的模糊，此即调节反应迟钝的表现。当睫状肌的作用接近其功能极限，并且不能坚持工作时，就产生疲劳。因为调节力减退，患者要在接近双眼调节极限的状态下近距离工作，所以不能持久。同时由于调节集合的联动效应，过度调节会引起过度的集合，这也是产生不舒适的一个因素，因此看报易串行、字迹成双，最后无法阅读。某些患者甚至会出现眼胀、流泪头痛、眼部发痒等视疲劳症状。老视是中老年产生视疲劳的主要原因。

2. 老年黄斑变性（AMD）

年龄相关性黄斑变性，也称老年黄斑变性（AMD），大多发生于45岁以上，其患病率随着年龄的增长而增加，是当前中老年人致盲的重要疾病。黄斑变性通常是高龄退化的自然结果，随着年龄增加，视网膜组织退化、变薄，引起黄斑功能下降。

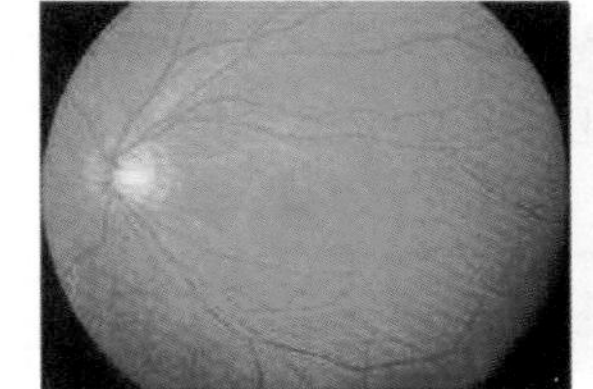
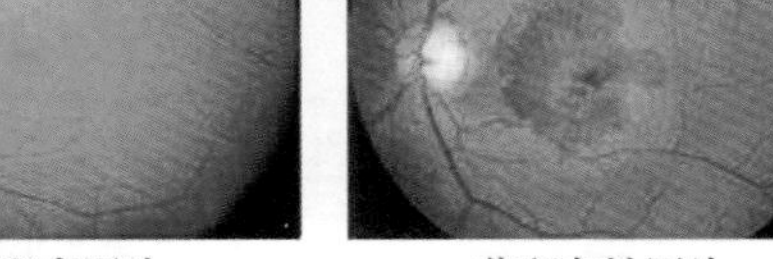

图 2-3　正常眼底与黄斑变性对比

在西方国家，黄斑变性是造成 50 岁以上人群失明的主要原因，在美国黄斑变性导致的失明比青光眼、白内障和糖尿性视网膜病变这三种常见病致盲人数总和还要多。在我国黄斑变性发病率也不低，60 ～ 69 岁发病率为 6.04% ～ 11.19%。随着我国人口老龄化的加快，该病有明显的上升趋势。正常眼底与黄斑变性对比如图 2-3 所示。

黄斑变性的主要症状为看东西时中心有暗点、对色彩的敏感度下降、视物变形。例如，看到斑马线变弯、窗框是歪的。其中，视物变形是与白内障最大的区别，需要加以警惕。黄斑变性对视力的影响如图 2-4 所示。

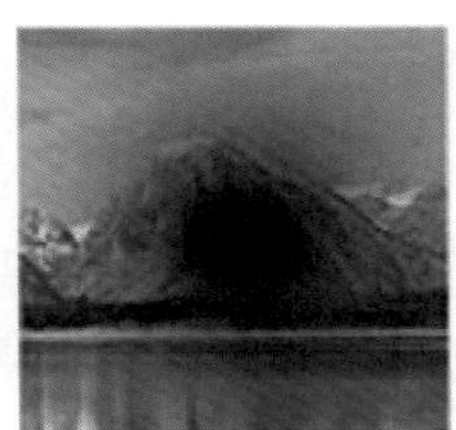

图 2-4　黄斑变性对视力的影响

阿姆斯勒表（Amsler 网格）是一种方便的筛查眼底病变的方法，是马克 · 阿姆斯勒在 1950 年发表的检测和跟踪黄斑病变的表格。由 10cm × 10cm 的表格包含 400 个方格和黑色背景下的白线组成，距离 30cm 时，约占 1 度视角。目前，至少有 7 种阿姆斯勒表格，较为常用的 2 种分别是原始的白线黑背景表格和黑线白背景表格。利用 Amsler 网格可以将患者的不适症状用表格检测出来，如视物变形时，患者可以在网格中发现线条不均匀或格子不正；小视症者（看到的物体比实际物体小）会发现在方格表中某些格子特别紧缩，仿佛所有的格子都向某一处收缩；而大视症者则发现某些格子不规则地扩大了。有相对性中心暗点者，发现某些格子的线条前好像有薄雾挡着，有时这些线条或格子甚至看不清楚或消失。相对中心暗点可能还有视物变形。

但是仅凭 Amsler 网格是不能确诊疾病的，看到格子变形，可以出现在老年黄斑变性、黄斑前膜或黄斑水肿等，所以它只是一种辅助性的检查手段。利用 Amsler 网格进行自查可以按以下步骤进行：

（1）把方格表放在视平线 30cm 的距离，光线要清晰及均匀；

（2）如果有老花或者近视人士，需要佩戴原有眼镜进行测试；

（3）用手盖着左眼，右眼凝视方格表中心白点；

（4）重复步骤（1）至（3）检查左眼。

Amsler 网格检测如图 2–5 所示，当凝视中心白点时，发现方格中心区出现空缺或曲线，可能为眼底问题。若出现这种情况，应及时去眼科就诊。

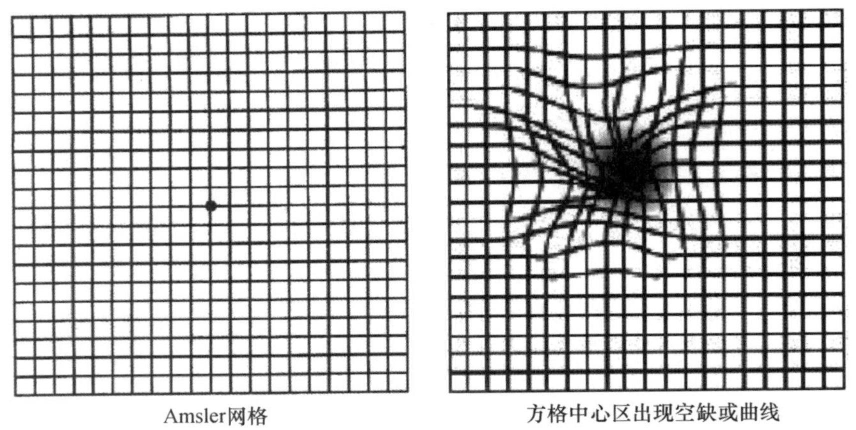

图 2–5　Amsler 网格检测

建议 45 岁以上者每年都要进行眼底检查，45 ～ 65 岁最好 1 年左右去眼科检查一次，超过 65 岁者半年到 1 年去眼科检查一次。此外，有高血压、糖尿病、高胆固醇血症的患者以及吸烟、有年龄相关性黄斑疾病家族史的人群，都应特别关注眼底黄斑部的情况。

3. 白内障

老化、遗传、局部营养障碍、免疫与代谢异常、外伤、中毒、辐射等都能引起晶状体代谢紊乱，导致晶状体蛋白质变性而发生混浊，称为白内障，此时光线被混浊晶状体阻扰无法投射在视网膜上，导致视物模糊。多见于 40 岁以上，且随着年龄增长而发病率增多。老年性白内障又称年龄相关性白内障，与多因素相关，如老年人代谢缓慢发生退行性病变有关，也有人认为与日光长期照射、内分泌紊乱、代谢障碍等因素有关。根据初发混浊的位置可分为核性与皮质性两大类。白内障的视觉表现如图 2–6 所示。

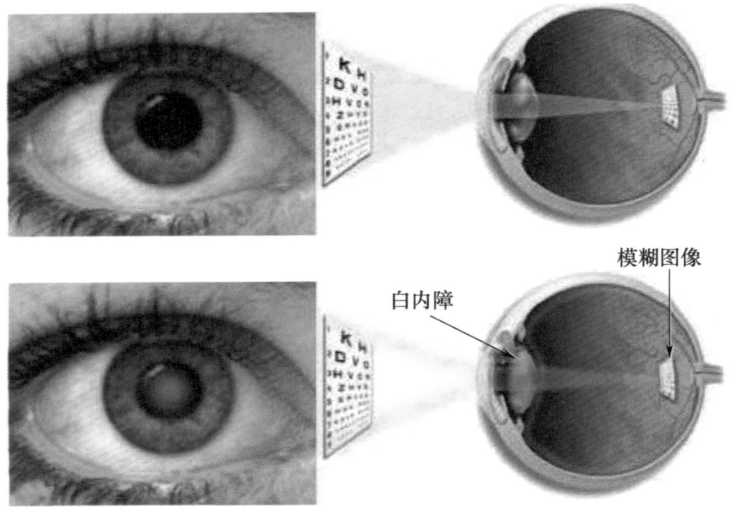

图 2–6　白内障的视觉表现

据不完全统计，我国60岁以上老人有75%左右患有白内障，70岁以上的比率达到80%，80岁以上的比率高达90%（图2–7）。白内障患者视力下降、视物模糊，对日常生活影响很大。而且有些老年人腿脚不便，再加上患白内障后视物不清，可能会磕碰、摔伤、跌倒，造成严重后果。白内障发展到晚期会彻底失明，而且可能引发其他并发症。

图2–7　我国老人患白内障的比率

白内障的症状（图2–8）：

（1）白内障刚开始时没有任何征兆，只是有时眼前会出现固定性的黑点；

图2–8　白内障的症状

（2）眼睛出现白内障时主要症状是视力减退和视物模糊，并出现逐渐加重的视力下降问题；

（3）阅读或看电视时眼睛很容易出现疲劳，而且视野中的物体出现变形或扭曲的情况；看到的事物有眩光感或视物呈双影，这种情况在白天尤为明显；

（4）随着眼睛晶体混浊程度的加重，会出现复视或多视的情况，视力也逐渐下降，白内障比较严重时会出现视物模糊、怕光、看物体颜色较暗或呈黄色等情况，这种情况如果得不到很好的治疗，任其发展，会导致视力逐渐降低甚至失明。

白内障与黄斑变性有明显的区别，白内障的主要症状是视力逐渐下降，看东西模糊；黄斑变性的主要症状是视力逐渐下降，看东西除模糊之外还会变形，视物内直线或边缘扭曲，中心和周边视野出现暗点。

4. 青光眼

病理性眼压增高是青光眼的主要危险因素。增高的眼压通过机械压迫和引起视神经缺血两种机制导致视神经损害。眼压增高持续时间越久，视功能损害越严重。青光眼眼压增高的原因是房水循环的动态平衡受到了破坏。少数由于房水分泌过多，但多数还是房水流出发生了障碍，如前房角狭窄甚至关闭、小梁硬化等。正常眼睛与青光眼的区别如图2–9所示。

青光眼的症状：

（1）眼压升高。

眼压是指眼球的硬度，当眼压超过本人可以承受的范围并持续上升时，就会造成视神经障碍。

一旦患有青光眼就会导致眼压升高，随之病情就会加重，危害患者的身体健康。因此，应适当地控制眼压。一般情况下，正常眼压范围为 10 ～ 21mmHg，用手指触按眼球富于弹性；当眼压上升到 25 ～ 40mmHg 时，用手指触按眼球好似打足气的球，比较硬。当眼压上升到 40 ～ 70mmHg 时，用手指触按眼球，硬得像石头一样。

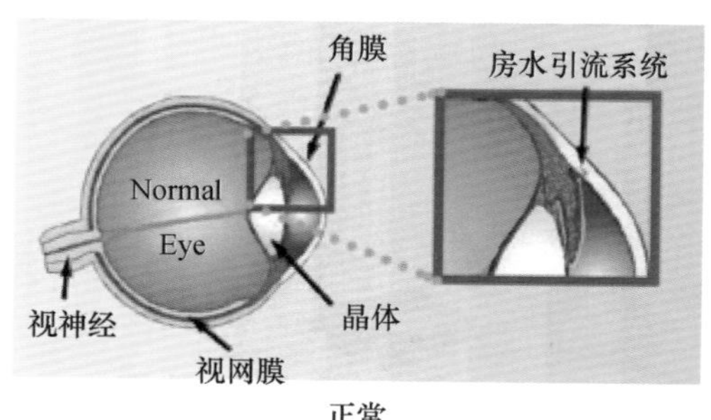

正常

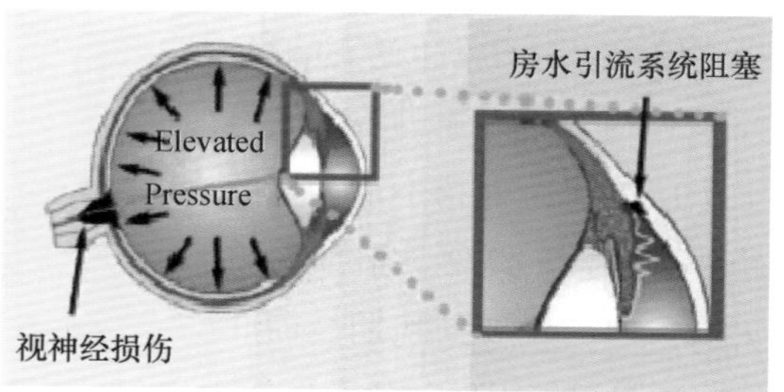

青光眼

图 2-9　正常眼睛与青光眼的区别

（2）视野变窄，视力减弱。

因眼压过高，视神经受到损害，早期多在夜间出现视力下降和雾视，第二天早晨消失。

（3）头痛眼胀。

青光眼的症状有很多，头痛眼胀是其中一种。由于眼压急剧上升，三叉神经末梢受到刺激，反射性地引起三叉神经分布区域的疼痛，患者常感到有偏头痛和眼睛胀痛。

（4）恶心呕吐。

有些人患上青光眼后会出现恶心呕吐的症状。原因是眼压升高可反射性地引起迷走神经及呕吐神经中枢的兴奋，出现严重的恶心呕吐。

（5）虹视症。

晚间看灯光出现五彩缤纷的晕圈，好比雨后天空出现彩虹一样，医学上称虹视。这是由于眼压上升，角膜水肿而造成角膜折光改变所致。这是青光眼发病时的一个很特殊的症状，应引起重视。虹视症的视觉表现如图 2-10 所示。

图 2-10　虹视症的视觉表现

青光眼是由于视神经障碍造成视野越来越狭窄的疾病。一旦患上青光眼，可视范围就会一点点变窄。在发病初期并没有特殊症状，故难以发现，然而如果耽误治疗就可能发展成失明，青光眼是成年人失明的首要原因。不同程度青光眼可视范围的变化如图 2-11 所示。

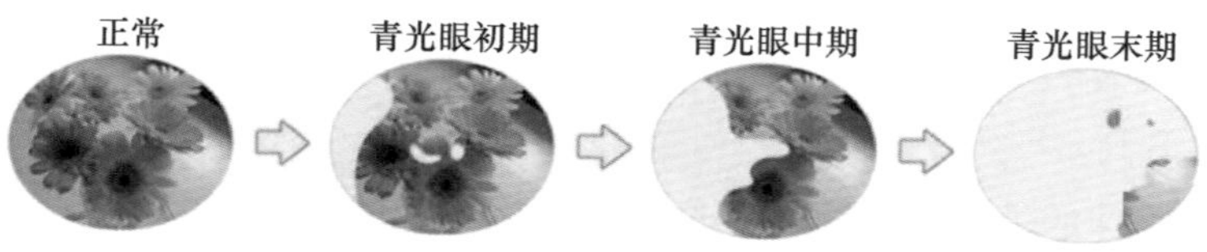

图 2-11　不同程度青光眼可视范围的变化

5. 玻璃体混浊

玻璃体混浊又称飞蚊症，是一种自然老化现象，即随着年龄老化，玻璃体会“液化”，产生一些混浊物。正常的玻璃体是一个透明的凝胶体，随着年龄的增长有发生变性的倾向，主要表现为凝缩和液化，是黏多糖解聚的结果。玻璃体混浊的眼睛表现如图 2–12 所示。

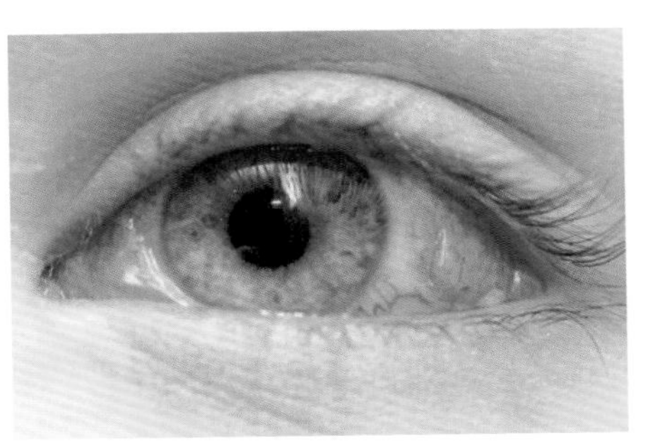

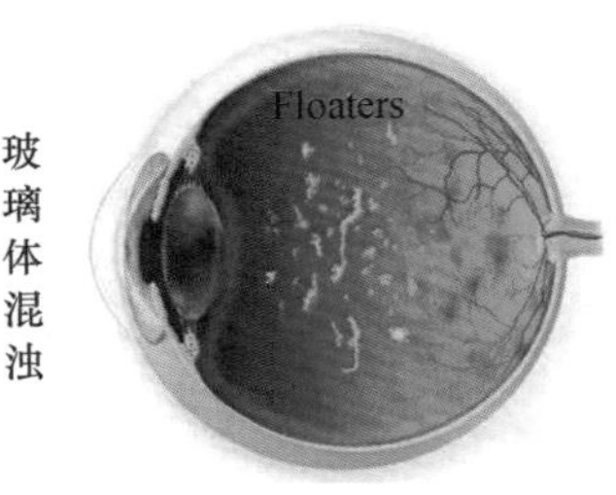

图 2–12　玻璃体混浊的眼睛表现

先天残留于玻璃体内的胚胎细胞或组织、视网膜或葡萄膜的出血侵入玻璃体内，高血压、糖尿病、葡萄膜炎的出血或渗出物侵入玻璃体内，老年人高度近视眼的玻璃体变性，均可导致玻璃体液化而浑浊。其他如眼外伤、眼内异物存留久、寄生虫或肿瘤等也可发生玻璃体混浊。年龄增长、近视度数高等都会导致玻璃体产生生理性改变。玻璃体里的胶状物质一旦出现病变，就会有漂浮物的感觉。一般情况下，漂浮物呈半透明状态，患者只有在抬头看天或者看白色墙壁时才有感觉。

玻璃体混浊的症状主要是产生飞蚊症。飞蚊症常发生在 40 岁以上的中老年人中，高度近视眼患者以及动过白内障手术者，其他如眼内发炎或视网膜血管病变患者，也易患此病。大多数的飞蚊症是良性的，或称“生理性飞蚊症”，只有少数会对眼球发生严重威胁。“眼前好像老有蚊子在飞，但总也抓不到、打不着”，患者眼前会出现黑点，并且随着眼球的转动飞来飞去，好像飞蚊一般，其形状有圆形、椭圆形、点状、线状等。常见的情况是，当患者在看蓝色天空、白色墙壁等较为亮丽的背景时，更容易发现它的存在。飞蚊症视觉和正常视觉对比如图 2–13 所示；飞蚊症的视觉表现如图 2–14 所示。

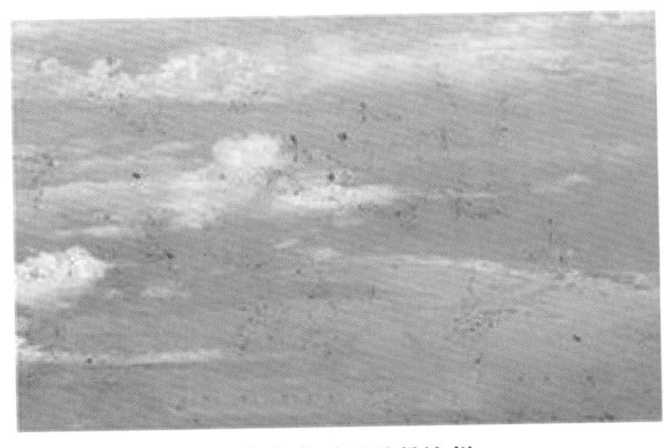

飞蚊症患者看到的是这样

而现实是这样的

图 2–13　飞蚊症视觉和正常视觉对比

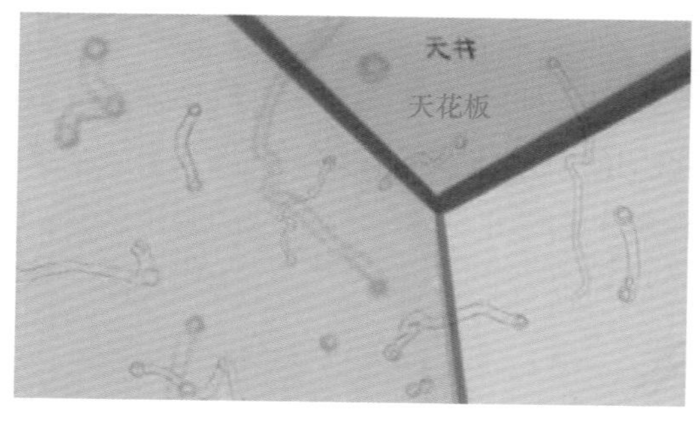

图 2-14　飞蚊症的视觉表现

6. 糖尿病视网膜病变

糖尿病视网膜病变（Diabetic Retinopathy，DR）是常见的糖尿病慢性并发症之一，是指糖尿病导致的视网膜微血管损害所引起的一系列典型病变，是一种影响视力甚至致盲的慢性进行性疾病。

糖尿病在全球的患病率很高，且处于快速增长阶段。据国际糖尿病联盟（International Diabetes Federation，IDF）统计，2013 年全球有 3.82 亿例糖尿病患者，中国是全球 20 ～ 79 岁糖尿病患者最多的国家，达 9800 万人。糖尿病视网膜病变因国家、地区、种族而异，发展中国家较发达国家患病率低。在许多国家，糖尿病视网膜病变是成年人中可预防性失明的最常见的原因。来自我国的研究显示，中国糖尿病人群糖尿病视网膜病变患病率为 23%，增生型糖尿病视网膜病变患病率为 2.8%，非增生性糖尿病视网膜病变患病率为 19.1%；农村高于城市，北方高于南方和东部。正常眼底与糖尿病视网膜病变的眼底如图 2-15 所示。

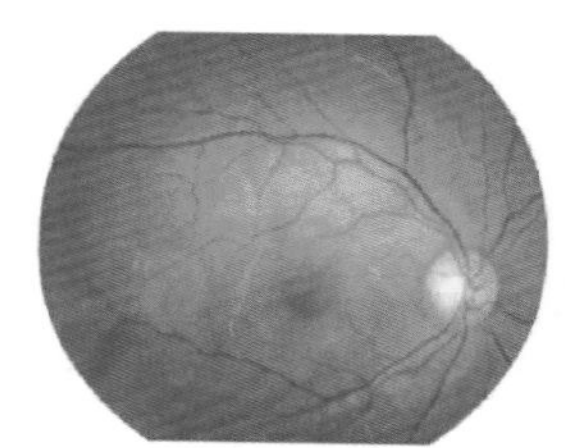

图 2-15　正常眼底与糖尿病视网膜病变的眼底

糖尿病视网膜病变按照严重程度可分为两大类：非增生型糖尿病视网膜病变（Non-Proliferative Diabetic Retinopathy，NPDR）与增生型糖尿病视网膜病变（Proliferative Diabetic Retinopathy，PDR）。

非增生型糖尿病视网膜病变可分为：

Ⅰ期（轻度非增生期，mild NPDR）；

Ⅱ期（中度非增生期，moderate NPDR）；

Ⅲ期（重度非增生期，severe NPDR）。

增生型糖尿病视网膜病变可分为：

Ⅳ期（增生早期，early PDR）；

Ⅴ期（纤维增生期，fibrous proliferation）；

Ⅵ期（增生晚期，advanced PDR）。

不同时期的糖尿病视网膜病变表现如图 2-16 所示。

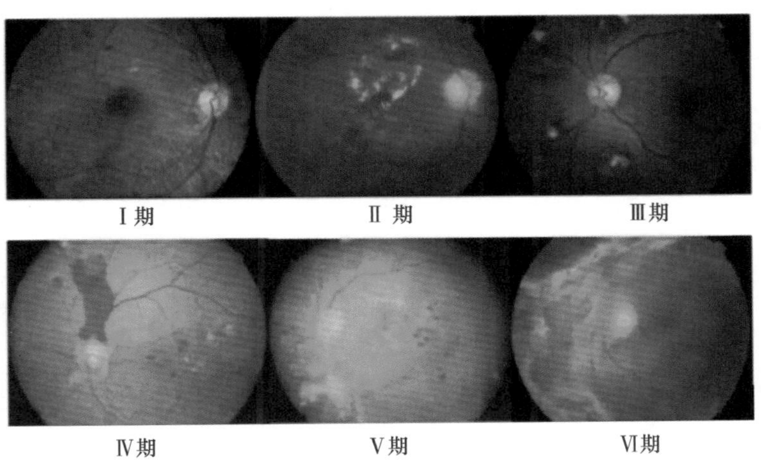

图 2-16　不同时期的糖尿病视网膜病变表现

糖尿病是以糖代谢紊乱为主的全身常见病，我国人群的发病率约为 1%。糖尿病老年人视网膜病变是糖尿病的严重并发症之一。在糖尿病患者中，发生糖尿病视网膜病变者达 50% 以上。老年人视网膜病变是糖尿病人最严重的微血管并发症之一，也是导致患者失明的主要原因。糖尿病性老年人视网膜病变是由于糖尿病引起的，除全身症状以多饮、多食、多尿及尿糖、血糖升高为特征外，还有双眼视网膜出现鲜红色毛细血管瘤，火焰状出血，后期有灰白色渗出，鲜红色新生血管形成，易发生玻璃体红色积血为主要特征的眼底改变，对于诊断和估计预后有意义。年龄越大，病程越长，眼底发病率越高。与糖尿病相关的眼部疾病如图 2-17 所示。

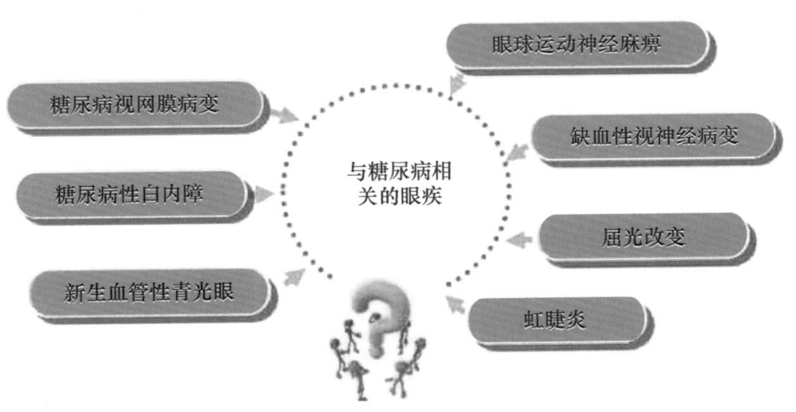

图 2-17　与糖尿病相关的眼部疾病

糖尿病视网膜病变的症状主要表现为视力下降。病变早期常无自觉症状，后期会出现视力下降，严重者会出现失明。这种病变在眼底可以表现为视网膜微血管瘤，出血斑，渗出，黄斑病变，新生血管，纤维增殖，最严重者导致视网膜脱离。一般情况下，糖尿病患者应每年进行一次眼底检查。一旦发现有视网膜病变，应缩短复查的间隔时间。虽然对于糖尿病性视网膜病变至今尚无特效治疗法予以预防和根治，但还是有一些方法可以有效地阻止病情的发展和恶化。

2.2.2 听力方面

老年后出现的听力系统问题主要是老年性听力损失（耳聋、耳背）。随着年龄的增长，人的大脑听觉中枢开始退化，脑皮质逐渐萎缩，耳蜗的基底膜、听觉细胞及听神经也开始老化，这些原因导致老年人的听力下降，有的出现耳聋，称为“老年性听力损失”或“老年性耳聋”。据有关资料显示，我国65岁以上的人群中，老年性耳聋的发病率为30%～50%，老年性耳聋是一种正常的生理现象，是人体衰老在听觉上的反应。

临床上将老年开始出现的、双耳对称的、渐进性的神经性耳聋称为老年性耳聋，人体随着年龄增长会出现一系列衰老现象，老年性耳聋是因为听觉系统衰老而引发的听觉功能障碍。根据听力学的研究，男性约从45岁以后开始出现听力衰退现象，女性稍晚。随着人类寿命的延长、老龄人口的增多，老年人耳聋的发病率有所增加。

导致老年性耳聋的因素很多，大致可分成两大类：一类是内在因素，包括遗传因素和全身因素（情绪紧张；某些慢性病，如高血压、高血脂、冠心病、糖尿病、肝肾功能不全等）；另一类是外在因素，如环境噪声、高脂肪饮食、吸烟酗酒、接触耳毒性药物或化学试剂、感染等，这些因素均会引发或加重老年性耳聋的发生和发展。

1. 老年性耳聋的症状

（1）双侧感音神经性耳聋。

老年性耳聋大多是双侧感音神经性耳聋，双侧耳聋程度基本一致，呈缓慢进行性加重。

（2）高频听力下降为主。

听力下降多以高频听力下降为主，老年人首先对门铃声、电话铃声、鸟叫声等高频声响不敏感，逐渐对所有声音敏感性降低。

（3）言语分辨率降低。

有些老年人表现为言语分辨率降低，主要症状是虽然听得见声音，但分辨很困难，理解能力下降，这一症状开始仅出现在特殊环境中，如公共场合有很多人同时谈话时，但症状逐渐加重引起与他人交谈困难，老年人逐渐不愿讲话出现孤独现象。在相对复杂的环境下，言语理解能力急剧下降，所以常听到老年人抱怨：“我在家和一个人说话时没有问题，但几个人一起说话，或在菜场很吵的地方，听起来就很困难。”

（4）重振现象。

部分老年人可出现重振现象，即小声讲话时听不清，大声讲话时又嫌吵，他们对声源的判断能力下降，有时会用视觉进行补偿，如在与他人讲话时会特别注视对方的面部及嘴唇。许多老年人都有这样的体会，低声说话时喜欢用手拢在耳后倾听，但当别人大声讨论时，又觉得太响而难以忍受。

（5）耳鸣。

多数老年人伴有一定程度的耳鸣，多为高调性，开始时仅在夜深人静时出现，以后会逐渐加重，持续终日。

2. 老年性听力损失的危害

（1）沟通障碍。

听觉是人们感知周围环境、获得外界信息的重要功能，也是与他人交流的基本工具。当出现听力损失并逐渐加重时，就会导致沟通障碍，而听力损失造成的危害主要原因是因为沟通障碍而造成的各种不良后果。由于无法正常感知外界、获取信息，听力损失患者感觉逐渐被隔离于社会之外，就像被罩在玻璃瓶子里，能够看到外面的世界，却无法与外界进行交流。

（2）心理健康。

世界卫生组织（WHO）对判断老年人的心理健康提出了 8 项指标：安全感、稳定感、适应感、自主感、幸福感、认同感、信任感、舒适感。而听力损失会使老年人的“八感”受到强烈的冲击。有听力损失的人因长时间无法正常与他人交流，会变得偏执、孤僻、抑郁、多疑，容易走极端，并逐渐避开他人，甚至封闭自我。部分患者最终因听力损失而导致精神崩溃。此外，听不见周围的声音会令人失去安全感。例如，在夜间行走时，稍大的声音会引起人们的警觉，但环境过于寂静会使人们极度紧张，不安全的感觉会加重。

（3）老年痴呆。

许多老年人听力下降后不愿意佩戴助听器，不愿倾吐苦衷，怕影响子女的工作与生活。听不清别人说话，会增加老年人的心理压力，不愿与他人交往，变得孤僻多疑；许多与听觉或交流相关的娱乐活动也受到影响，可做的事越来越少，久之易诱发老年痴呆症。老年痴呆症的发病没有社会经济分界，勤学习、勤用脑是预防老年痴呆症最好的方法，家庭成员的沟通和关爱也是预防老年痴呆症的良方。从老年人自身来说，多关心时事，多与他人交往，多参加各类社会活动，都能充实精神，锻炼心智。

1999 年，中国残疾人联合会、卫生部、教育部、民政部、中华全国妇女联合会、国家计划生育委员会、国家质量技术监督局、国家药品监督管理局、国家广播电影电视总局、中国老龄协会等十部委局共同确定每年的 3 月 3 日为“爱耳日”。

2.2.3 骨骼和关节方面

骨骼具有支持保护脏器的功能。骨骼肌附着于骨，受神经系统支配，可使肌肉收缩和舒张并牵动骨，通过骨连接产生运动。运动系统复杂的生理功能与神经、循环、内分泌系统相关。老年人运动系统的改变和疾病的影响，如肌肉痉挛、关节僵硬、活动减少，会给老年人带来许多健康问题。

1. 骨质疏松

骨质疏松是一种代谢性骨病，主要是由于骨量丢失与降低、骨组织微结构破坏、骨脆性增加，导致患者容易出现骨折的全身代谢性骨病。骨质疏松症的发病与年龄息息相关，已经成为影响中老年生活质量的重要原因。2016 年，我国 60 岁以上老年人骨质疏松患病率为 36%，也就是说平均每 10 人中就有将近 4 例骨质疏松症患者。其中男性发病率为 23%，女性发病率为 49%。骨折则是骨质疏松后的严重后果。2010 年，我国因骨质疏松导致骨折的人数达到 233 万人，其中脊柱椎体骨折患者 111 万人，骨盆部位骨折患者36万人。预计未来几十年，骨质疏松症及其导致的骨折发病率依然呈上升趋势。

原发性骨质疏松症是老年人常见病和多发病，分为两种类型，即妇女绝经后骨质疏松和老年人退行性骨质疏松。病因和危险因素主要为影响骨吸收的因素和骨形成因素。性激素缺乏、活性维生素D缺乏和PTH增高，细胞因子表达紊乱影响骨的吸收；峰值骨量降低，骨重建功能衰退影响骨形成。骨质疏松的病理改变如图2–18所示。

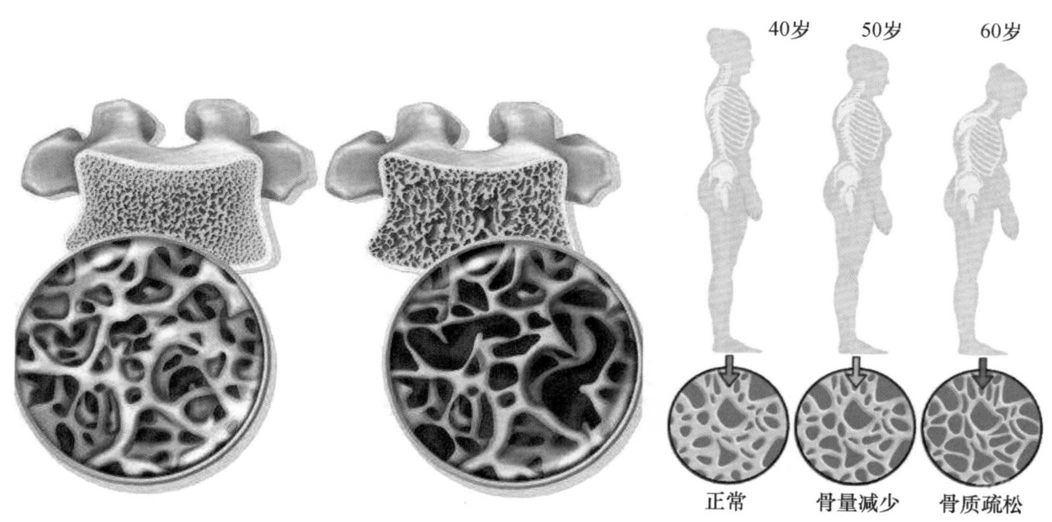

图2–18　骨质疏松的病理改变

随着年龄增长，血钙越来越多来源于骨的重吸收，而不是食物的吸收。甲状旁腺对钙的敏感性降低、肾脏对甲状旁腺激素反应性降低、肠道对骨化三醇的反应性降低，这些因素共同导致衰老时血清甲状旁腺激素水平增加。因此，骨的吸收增加，血钙随之增加。血钙来自骨，故骨中矿盐量减少，从而导致骨质疏松发生。血中降钙素可使血钙降低，骨的矿盐增加，女性在绝经期后降钙素的分泌降低比男性多，因此更容易发生骨质疏松症。性腺激素和肾上腺皮质激素正常时处于动态平衡，衰老时，性腺激素减少相对多于肾上腺皮质激素减少，两者动态平衡遭到破坏，骨吸收加快。此外，由于老年人活动少，接触阳光少，饮食中缺乏蛋白质、维生素C、钙，长期服用糖皮质激素、肝素等，因此，老年人骨质减少或丢失，骨脱钙并转移到血流中。骨量减少，骨组织的微细结构破坏，导致骨骼强度降低。骨质疏松、骨密度降低，致使骨骼变脆。骨丢失女性比男性更突出。骨结构发生变化，使骨骼容易发生变形和骨折；有时，即使轻轻地跌倒也可能发生骨折。老年人常见的骨折部位是腰椎、股骨颈及桡骨下端。随着年龄增长，骨的修复与再生能力逐渐减退，骨折愈合时间更长，骨折不愈合的比率明显增加。长期卧床增加了褥疮、肺炎和肺栓塞等并发症的风险。

由于胶原细胞的形成减少，关节发生退行性变，关节的弹性及伸缩性均减低。变化最多的是关节软骨，软骨出现退行性变及钙化。随着年龄增长，逐渐发生软骨变性与骨质增生，使关节灵活性和活动度降低，造成明显的关节活动范围减小。尤其是肩关节的后伸、外旋，肘关节的伸展，前臂的旋后，髋关节的旋转及膝关节伸展等，活动明显受限。韧带弹性丧失，关节更不稳定，所以，运动对于老年人是极为困难的。

骨质疏松性骨折不仅严重，而且发生率也会随着年龄的增长而逐渐增加。骨质疏松性骨折之所以严重，是因为骨质疏松型骨折容易导致合并症的发生，甚至死亡。

发生跌倒时，如果老人是跌坐在地上，那么骨折大多会发生在胸腰相接处，造成脊椎骨压迫性骨折，即胸椎最下面第十一、十二节，胸椎开始第一、二节处；若老人跌倒时是两手撑地，则很可能会造成桡骨远端骨折，危害同样不容小觑。

2. 退行性膝关节炎

退行性骨关节病又称骨关节炎、退行性关节炎、老年性关节炎、肥大性关节炎，是一种退行性病变，是由于增龄、肥胖、劳损、创伤、关节先天性异常、关节畸形等诸多因素引起的关节软骨退化损伤、关节边缘和软骨下骨反应性增生。多见于中老年人群，好发于负重关节及活动量较多的关节（如颈椎、腰椎、膝关节、髋关节等）。过度负重或使用这些关节，均可促进退行性变化的发生。临床表现为缓慢发展的关节疼痛、压痛、僵硬、关节肿胀、活动受限和关节畸形等。骨关节炎是中老年人最常见的关节疾病之一，60 岁以上人群患病率高达 50%，75 岁以上人群患病高达 80%。每年的 10 月 12 日为“国际关节炎日”，已经引起越来越多人群的注意。

膝关节属于人体较大的关节，且结构相对复杂，位置表浅，每天的活动量很大，而且还要背负身体的质量，很容易出现磨损，这些因素使得膝关节极易受到损害，造成退行性膝关节炎。正常膝关节（左侧）和退行性膝关节（右侧）如图 2–19 所示。

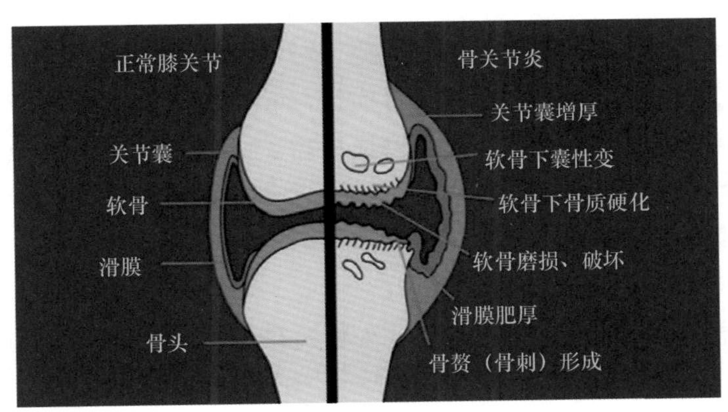

图 2–19　正常膝关节（左侧）和退行性膝关节（右侧）

退行性膝关节炎的主要症状：

膝关节疼痛是退行性膝关节的主要症状，表现为钝痛，晨起或关节处于某一位置过久后，疼痛最为明显，稍加活动即可减轻。但活动过多时，由于膝关节摩擦又感疼痛，气候变化时疼痛加重。患者感到膝关节不灵活，休息后更觉明显。膝关节出现僵硬状态，活动时膝关节可发出粗糙的摩擦声。这些症状可随着病理变化的加剧而加重。除疼痛外，局部地区肿胀、有渗液，肌肉萎缩，甚至出现关节畸形，活动受限。

膝关节退行性关节炎好发于中老年人负重大关节，故对于中老年人应做好：

（1）控制体重或减肥。

肥胖是该病发生的重要原因，故中老年人应控制体重，防止肥胖。一旦超过标准体重，那么毫无疑问，减肥最重要。体重下降后能够防止或减轻关节的损害，并能减轻患病关节所承受的压力，有助于该病的治疗。

（2）避免长时间站立及长距离行走。

长时间站立或长距离行走会增加关节承受力及加速关节退变。在日常生活中，不要长时间处于一种姿势，更不要盲目地做反复屈伸膝关节、揉按髌骨、抖晃膝关节等运动。另外，还要特别注意避免关节的机械性损伤，尽量减少关节的负重和磨损，如膝、踝关节的退行性关节炎患者平日里尽量避免上、下楼梯，长时间下蹲、站立、跪坐、爬山及远途跋涉等较剧烈的对关节有损伤的运动，尤其是在关节肿胀时更应避免。为了达到锻炼身体的目的，患者可以选择游泳、骑车、做体操等关节负重较轻的运动，也可利用把手、手杖、护膝、步行器、楔形鞋垫或其他辅助设施来辅助关节运动。

（3）及时和妥善治疗关节外伤、感染、代谢异常、骨质疏松等原发病。

（4）补钙。

3. 中老年颈椎病

在我国中老年人当中，有将近 1/3 的中老年有比较严重的颈椎病，平常走路经常会感觉到腰酸背痛，还有部分甚至出现了背部开始畸形的情况。另外 1/3 的老年人有轻微的颈椎病，平时干完活后觉得背部有轻微的酸痛感。颈椎病有蔓延的趋势，许多人都成为颈椎病患者，尤其是中老年人。颈椎病会严重影响人的正常生活，尤其是一些行动本来就不便的中老年人，更是因颈椎病而不能下地干活，整天只能待在家里。

颈椎病由于慢性劳损、外伤、不良姿势、先天因素、年龄增长等因素造成，主要呈现颈背僵硬、疼痛、上肢放射性疼痛等症状。年龄要素是颈椎病的病因之一，人到中年，随着年龄的增长，人体各器官的磨损日益增加，椎骨以及椎骨间的各种韧带会发生各种退行性病变。

老年颈椎病的主要危害：

（1）吞咽障碍。

吞咽时有梗阻感、食管内有异物感，少数人有恶心、呕吐、声音嘶哑、干咳、胸闷等症状。

（2）视力障碍。

表现为视力下降、眼胀痛、怕光、流泪、瞳孔大小不等，甚至出现视野缩小和视力锐减，个别人还会失明。

（3）颈心综合征。

表现为心前区疼痛、胸闷、心律失常（如早搏等）及心电图 ST 段改变，易被误诊为冠心病。

（4）高血压颈椎病。

可引起血压升高或降低，其中以血压升高为多，称为“颈性高血压”。由于颈椎病和高血压病皆为中老年人的常见病，因此两者常常并存。

（5）胸部疼痛。

表现为起病缓慢的顽固性的单侧胸大肌和乳房疼痛，检查时有胸大肌压痛。

（6）下肢瘫痪。

早期表现为下肢麻木、疼痛、跛行，有的走路时有如踏棉花的感觉，个别还可伴有排便、排尿障碍，如尿频、尿急、排尿不畅或大小便失禁等。

4. 中老年腰椎病

由于年龄的增长，导致髓核的水分部分丢失，弹性明显下降，椎间隙变窄，椎体如不稳，在椎体边缘产生骨刺，导致疼痛。另外，长期腰部活动量以及负荷过大、姿势不良都是其诱因。

中老年腰椎病病因：

（1）脊柱退行性病变。

中老年人经常被腰腿痛困扰，很多中老年人是由于脊柱退行性病变引发腰椎病的。随着年龄的增长，脊柱出现退变，出现肥大性脊柱炎，腰椎失稳性降低，很容易导致腰椎病。临床上脊柱退变中腰椎间盘退变比较常见，腰椎间盘的退行性改变会导致椎间盘缺乏血液供给，时间一长其修复功能减弱，易使椎间盘的组织——髓核、纤维环、软骨板逐渐老化，导致腰椎疾病——腰椎间盘突出。

（2）腰椎承受的负荷大。

腰椎活动量比较大，其承受的负荷也过大，这会造成髓核的水分丢失，影响腰椎椎间盘的弹性，还会影响其稳定性，导致腰椎病变。

（3）内分泌紊乱。

生活中很多中老年人都存在内分泌紊乱。内分泌紊乱影响骨的代谢，会导致腰椎韧带及关节囊松弛，导致腰椎病的发作。

（4）体形改变。

生活中很多中老年人发生体形改变。正常人的脊柱有 4 个生理曲度——颈、腰椎向前凸，胸、骶椎向后凸。中老年人体胖或长期久坐，都会影响脊柱的生理曲度，诱发腰椎病。

中老年腰椎病的主要症状：

（1）腰背疼痛。

腰部和背部疼痛，疼痛持续数天或数年。感觉疼痛的部位较深，活动时加重，卧床休息后减轻。

（2）大脚趾麻木。

穿鞋时一般靠大脚趾用力，于是出现穿鞋、走路时用不上力，甚至脚尖拖地，有时还会出现脚背麻或脚掌麻等症状。

（3）腿疼。

表现为一条腿（少数人是两条腿）疼、麻、凉、热胀，约有 98% 的腰椎间盘突出者出现腿疼的症状。

（4）腰容易扭伤。

腰很容易被扭到，只是弯腰拿点东西或洗脸、起床叠被就发生腰痛，这很可能是腰椎间盘发出的信号。

（5）脊柱侧弯。

如果发现脊柱变得左右扭曲，即使没有腰痛的症状，也可能是腰椎病变的前期症状。

中老年腰椎病的危害：

（1）腰椎病引起头痛、眩晕、耳鸣、视物模糊、记忆力差、反应迟钝等。

（2）一系列退行性病变，如颈肩疼痛、酸胀，腰腿疼痛、麻木无力，下肢放射性疼痛，疼痛持续数天或数年。感觉疼痛的部位较深，活动时加重，卧床休息后减轻。

（3）患者会由于受到结核病菌的侵蚀而出现剧烈的腰部疼痛，还会出现不能弯腰捡东西的现象。此外，患者还会出现发热、乏力、消瘦、盗汗和食欲下降的症状。

（4）腰椎病引起心慌、胸闷、气短、呃逆、心律失常、房颤等。

5. 中老年腰椎间盘突出

腰椎间盘突出是脊柱外科常见病和多发病，是引起下腰痛和腰腿痛的最常见原因。发病原因是因腰椎间盘（由髓核、纤维环及软骨板组成）的退变，同时纤维环部分或全部破裂，髓核突出刺激或压迫神经根、马尾神经所引起的一种综合征，也是临床上常见的一种脊柱退行性疾病。主要表现为腰疼、坐骨神经痛、下肢麻木及马尾综合征等症状。

中老年腰椎间盘突出的病因：

（1）过度负重。

从事重体力劳动和举重活动常因过分负荷造成椎间盘早期退变。脊椎负重 100kg 时，正常的椎间盘隙变窄 1.0mm，向侧方膨出 0.5mm。而当椎间盘退变时，负同样的重量，椎间隙变窄 1.5 ～ 2mm，向侧方膨出 1mm。

（2）外伤。

腰椎是人体容易产生劳损与外伤的部位，很容易受到损害。挫伤、扭伤、椎间盘突出、腰椎管狭窄等都会使髓核从纤维环的裂隙突出到椎管内，一定要引起重视。

（3）退行性变化。

人在 20 岁以后，椎间盘即开始退变，髓核的含水率逐渐减少，椎间盘的弹性和抗负荷能力也随之减退。其中纤维环、软骨终板、髓核均产生病理性退变。

（4）脊柱的畸形。

先天性及继发性脊柱畸形患者，纤维环不同部位所承受的压力不一样，并且常存在扭转，容易加速椎间盘的退化。

中老年腰椎间盘突出的症状：

（1）肢体麻木。

多伴发，单纯表现为麻木而无疼痛者仅占 5% 左右。这主要是由于脊神经根内的本体感觉和触觉纤维受刺激的原因。其范围与部位取决于受累神经根序列数。

（2）肢体冷感。

有少数病例（5% ～ 10%）自觉肢体发冷、发凉，主要是由于椎管内的交感神经纤维受刺激的原因。临床上常可发现手术后当天患者主诉肢体发热的病例，与此为同一机制。

（3）患肢皮温较低。

与肢体冷感相似，也因患肢疼痛反射性地引起交感神经性血管收缩，或是由于激惹了椎旁的交感神经纤维，引发坐骨神经痛并小腿及足趾皮温降低，尤以足趾为著。此种皮温减低的现象，骶 1 神经根受压者较腰 5 神经根受压者更为明显。髓核摘除术后，肢体即出现发热感。

（4）肌肉麻痹。

因腰椎间盘突（脱）出症造成瘫痪者十分罕见，而多是因根性受损致使所支配肌肉出现程度不同的麻痹症。轻者肌力减弱，重者该肌失去功能。临床上以腰 5 脊神经所支配的胫前肌、腓骨长短肌、趾长伸肌及姆长伸肌等受累引起的足下垂症为多见，其次为股四头肌（腰 3 ～ 4 脊神经支配）和腓肠肌（骶 1 脊神经支配）等。

（5）间歇性跛行。

其产生机制及临床表现与腰椎椎管狭窄者相似，主要原因是在髓核突出的情况下，可出现继发性腰椎椎管狭窄症的病理和生理学基础。

中老年腰椎间盘突出的危害：

（1）腰椎不稳。

在进行腰椎间盘突出切除术的一部分患者中，坐骨神经痛消失而腰痛持续存在，其中原因之一是由于腰椎不稳，表现为腰椎前屈时出现活动异常。这是腰椎间盘突出的危害表现之一。

（2）感染。

感染是较为严重的腰椎间盘突出的危害表现，尤其是椎间隙感染给腰椎间盘突出患者带来的痛苦很大，恢复时间长。

（3）血管损伤和脏器损伤。

这也是常见的腰椎间盘突出的危害之一。血管损伤主要是在经后路手术摘除椎间盘突出时发生。摘除腰椎间盘突出时，单纯脏器损伤少见，几乎均是血管损伤时伴有其他脏器损伤，如输尿管、膀胱、回肠、阑尾等。

6. 中老年骨质增生

骨质增生的病因多归属于老年性退行性病变的范畴，关于其病因机理假说甚多，如机械说、机能说、血管障碍说、新陈代谢障碍说、内分泌障碍说等。

骨质增生的症状表现：

（1）颈椎骨质增生。

以颈椎 4、5、6 椎体最为常见。骨质增生如果是发生在颈椎，骨刺压迫血管直接影响血液循环，症状表现多种多样，主要有颈背疼痛、上肢无力、手指发麻、头晕、恶心甚至视物模糊、吞咽困难。如果骨刺伸向椎管内压迫了脊髓，还可导致走路不稳、瘫痪、四肢麻木、大小便失禁等严重后果。

（2）腰椎骨质增生。

以腰 3、4、5 椎体最为常见。临床上常出现腰椎及腰部软组织酸痛、胀痛、僵硬与疲乏感，甚至弯腰受限。如邻近的神经根受压，可引起相应的症状，出现局部疼痛、发僵、后根神经痛、麻木等。如压迫坐骨神经，可引发臀部、大腿后侧、小腿后外侧和脚外侧面的疼痛，出现患肢剧烈麻痛、灼痛、抽痛、串痛、向整个下肢放射。

（3）神经根型。

颈、肩、臀、腕部出现疼痛和放射痛，且范围与颈脊神经所支配的区域相一致。严重的可出现颈部活动受限，尤其是后伸和旋转时最为明显。

（4）脊髓型。

四肢麻木、酸胀、烧灼，行走时感觉像踩棉花一样，身体重心不稳定，极易摔倒。

（5）椎动脉型。

眩晕、偏头痛、视力障碍、发音障碍、耳鸣、耳聋和猝倒。

（6）食管型。

出现咽喉不适、异物感、吞咽困难等。

（7）交感神经型。

眼裂一侧大一侧小，瞳孔不等大，视力模糊，半边颜面部干燥，出汗少等。

（8）膝关节骨质增生。

初期，起病缓慢者膝关节疼痛不严重，有可持续性隐痛，与气候变化有关，气温降低时疼痛加重，晨起后开始活动、长时间行走、剧烈运动或久坐起立开始走路时膝关节疼痛、僵硬，稍活动后好转，上、下楼困难，下楼时膝关节发软、易摔倒。蹲起时疼痛、僵硬，严重时，关节酸痛胀痛、跛行走，合并风湿病者关节红肿、畸形、功能受限、伸屈活动有弹响声，部分患者可见关节积液，局部有明显肿胀、压缩现象。

中老年骨质增生的危害：

（1）腰椎僵直。

随着骨刺的逐渐增大，脊椎骨之间的活动度减少甚至僵直，增加邻近脊椎骨之间的活动度，使其椎间盘及椎骨间关节退变程度加重。

（2）腰神经受压。

腰椎椎体后缘的骨刺，连同膨出的椎间盘的纤维环、后纵韧带和创伤反应所引起的水肿或者纤维化组织，在椎间盘的节段平面形成一个向后方或侧后方突出的混合物，结合后方肥厚的黄韧带，对局部的腰神经根形成直接的刺激压迫。

（3）腰椎管狭窄症。

腰椎椎体前缘的骨刺一般不出现什么症状；腰椎关节突关节的骨刺，结合黄韧带肥厚、椎间盘突出，以及椎体之间的不稳定，可导致腰椎管狭窄症的症状，严重者甚至出现腰椎的退变性滑脱。

（4）腰椎间盘退变，椎间隙狭窄等。

久而久之，在劳损因素的进一步作用下，整个腰椎就可能出现广泛的椎间盘膨出或突出、椎间隙狭窄、椎体缘骨刺形成、关节突增生肥大、黄韧带肥厚、脊椎骨之间不稳定等表现。

2.2.4 神经系统方面

1. 帕金森病

帕金森病（Parkinson's Disease，PD），又称为“震颤麻痹”，是一种常见的老年神经系统退行性疾病，具有特征性运动症状，包括静止性震颤、运动迟缓、肌强直和姿势平衡障碍等，还会伴有非运动症状，包括便秘、嗅觉障碍、睡眠障碍、自主神经功能障碍及精神、认知障碍等。近年来的调查数据表明，在我国65岁以上人群中，每10万人中有1700名患者。50岁之前的人较少患病，平均患病年龄约为60岁。同时，随着年龄增长而显著升高，男性稍高于女性。

帕金森病的确切病因至今未明。遗传因素、环境因素、年龄老化、氧化应激等均可能参与PD多巴胺能神经元的变性死亡过程。帕金森病的主要发病原因：

（1）年龄老化。

PD的发病率和患病率均随年龄的增长而增加。PD多在60岁以上发病，这提示衰老与发病有关。资料表明，随着年龄增长，正常成年人脑内黑质多巴胺能神经元会渐进性减少。但65岁以上老年人中PD的患病率并不高，因此，年龄老化只是PD发病的危险因素之一。

（2）遗传因素。

遗传因素在PD发病机制中的作用越来越受到学者们的重视。自20世纪90年代后期第一个帕金森病致病基因 α－突触核蛋白（α-synuclein，PARK1）的发现以来，目前至少有6个致病基因与家族性帕金森病相关。但帕金森病中仅5%～10%有家族史，大部分还是散发病例。遗传因素也只是PD发病的因素之一。

（3）环境因素。

20世纪80年代，美国学者Langston等发现一些吸毒者会快速出现典型的帕金森病样症状，且对左旋多巴制剂有效。研究发现，吸毒者吸食的合成海洛因中含有一种1-甲基-4苯基-1，2，3，6-四氢吡啶（MPTP）的嗜神经毒性物质。该物质在脑内转化为高毒性的1-甲基-4苯基-吡啶离子MPP^+，并选择性地进入黑质多巴胺能神经元内，抑制线粒体呼吸链复合物Ⅰ活性，促发氧化应激反应，导致多巴胺能神经元的变性死亡。由此学者们提出，线粒体功能障碍可能是PD的致病因素之一。在后续的研究中也证实了原发性PD患者线粒体呼吸链复合物Ⅰ活性在黑质内有选择性地下降。一些除草剂、杀虫剂的化学结构与MPTP相似。随着MPTP的发现，人们意识到环境中一些类似MPTP的化学物质有可能是PD的致病因素之一。但是在众多暴露于MPTP的吸毒者中仅少数发病，提示PD可能是多种因素共同作用下的结果。

（4）其他。

除了年龄老化、遗传因素外，脑外伤、吸烟、饮咖啡等因素也可能增加或降低罹患PD的危险性。吸烟与PD的发生呈负相关，这在多项研究中均得到了一致的结论。咖啡因也具有类似的保护作用。严重的脑外伤则可能增加患PD的风险。

总之，帕金森病可能是多个基因和环境因素相互作用的结果。

帕金森病的典型症状：

（1）静止性震颤。

此类症状常为首发症状，大多开始于一侧上肢远端部位，静止体位时出现或症状明显。发病时拇指与屈曲的食指间呈“搓丸样”动作。

（2）肌强直。

患者肢体可出现类似弯曲软铅管的状态，称为“铅管样强直”；在有静止性震颤的患者中，可出现断续停顿样的震颤，如同转动齿轮，称为“齿轮样强直”。严重时患者可出现特殊的屈曲体位或姿势，甚至生活不能自理。

（3）运动迟缓。

早期可以观察到患者手指精细动作缓慢，如解纽扣或扣纽扣、系鞋带等动作尤为明显。

（4）姿势平衡障碍。

在疾病的中晚期出现，表现为患者起立困难和容易向后跌倒。有时患者迈步后，以极小的步伐越走越快，不能及时止步，称为前冲步态或慌张步态。

（5）感觉障碍。

早期可能出现嗅觉减退，疾病的中晚期伴有肢体麻木、疼痛。

（6）睡眠障碍。

夜间多梦，伴大声喊叫和肢体舞动。

（7）自主神经功能障碍。

可能伴有便秘、多汗、排尿障碍、体位性低血压等。

（8）精神障碍。

约有 50% 的患者伴有抑郁，也常常伴有焦虑情绪。在疾病晚期，15% ～ 30% 的患者出现认知障碍，甚至痴呆。最常见的精神障碍是视觉出现幻觉，即幻视。

2. 阿尔茨海默病

阿尔茨海默病（AD）是一种起病隐匿的进行性发展的神经系统退行性疾病（图 2–20）。临床上以记忆障碍、失语、失用、失认、视空间技能损害、执行功能障碍以及人格和行为改变等全面性痴呆表现为特征，病因迄今未明。65 岁以前发病者称早老性痴呆，65 岁以后发病者称老年性痴呆。

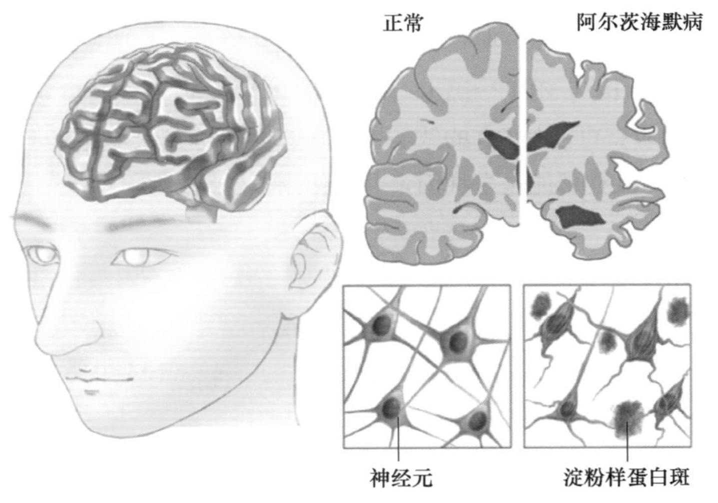

图 2–20　阿尔茨海默病病理

阿尔茨海默病是老年期最为常见的一种痴呆类型，也是老年期最常见的慢性疾病之一，占到老年期痴呆的 50% ～ 70%。2016 年的一份调查显示，全球共有约 4000 万人罹患阿尔茨海默病，而这个数字预计将每20年增长1倍。发展中国家老龄人口比例低于欧美发达国家，但患阿尔茨海默病的比例却比西欧和美国高。流行病学调查还显示，阿尔茨海默病在65岁以上的老年人群中的患病率在发达国家为4%～8%。我国学者贾建平教授团队研究报道为3%～7%，女性患病率高于男性，我国目前有600万～800万名阿尔茨海默病患者。随着年龄的增长，阿尔茨海默病患症率逐渐上升，年龄平均每增加6.1岁，其患病率升高1倍，至85岁以后，患病率可高达20%～30%。年龄增长是阿尔茨海默病已知的最大危险因素。阿尔茨海默病不是正常衰老的表现，但随着年龄的增长，患阿尔茨海默病的概率逐年增加。

阿尔茨海默病的主要病因：

（1）家族史。

绝大部分的流行病学研究提示，家族史是该病的危险因素。某些患者的家属成员中患同样疾病者高于一般人群，此外还发现先天愚型患病危险性增加。进一步的遗传学研究证实，该病可能是常染色体显性基因所致。最近通过基因定位研究，发现脑内淀粉样蛋白的病理基因位于第21对染色体。可见痴呆与遗传有关是比较肯定的。

（2）一些躯体疾病。

如甲状腺疾病、免疫系统疾病、癫痫等，曾被作为该病的危险因素研究。有甲状腺功能减退史者，患该病的相对危险度高。该病发病前有癫痫发作史较多。偏头痛或严重头痛史与该病无关。不少研究发现，抑郁症史，特别是老年期抑郁症史是该病的危险因素。最近的一项病例对照研究认为，除抑郁症外，其他功能性精神障碍如精神分裂症和偏执性精神病也有关。曾经作为该病危险因素研究的化学物质有重金属盐、有机溶剂、杀虫剂、药品等。铝的作用一直令人关注，因为动物实验显示铝盐对学习和记忆有影响。流行病学研究提示，痴呆的患病率与饮水中铝的含量有关，可能由于铝或硅等神经毒素在体内的蓄积加速了衰老过程。

（3）头部外伤。

头部外伤指伴有意识障碍的头部外伤，脑外伤作为该病危险因素已有较多报道。临床和流行病学研究提示，严重脑外伤可能是该病的病因之一。

（4）其他。

免疫系统的进行性衰竭、机体解毒功能削弱及慢病毒感染等，以及丧偶、独居、经济困难、生活颠簸等社会心理因素可成为发病诱因。

阿尔茨海默病的典型症状：

阿尔茨海默病通常隐匿起病，持续进行性发展，主要表现为认知功能减退和非认知性神经精神症状。医学上将其分为痴呆前阶段和痴呆阶段，主要区别在于患者的生活能力是否已经下降。

（1）痴呆前阶段。

a. 记忆力轻度受损；

b. 学习和保存新知识的能力下降；

c. 其他认知能力，如注意力、执行能力、语言能力和视空间能力可出现轻度受损；

d. 不影响基本日常生活，达不到痴呆的程度。

（2）痴呆阶段。

这一阶段是传统意义上的阿尔茨海默病，此阶段患者认知功能损害导致日常生活能力下降，按认知损害的程度可以分为轻、中、重三期。

轻度痴呆：

a. 首先出现的是近事记忆减退，常将日常所做的事和常用的一些物品遗忘；

b. 随着病情的发展，可出现远期记忆减退，即对发生已久的事情和人物的遗忘；

c. 部分患者出现视空间障碍，外出后找不到回家的路，不能精确地临摹立体图；

d. 面对生疏和复杂的事物容易出现疲乏、焦虑和消极情绪；

e. 表现出人格方面的障碍，如不爱清洁、不修边幅、暴躁、易怒、自私、多疑。

中度痴呆：

a. 记忆障碍继续加重；

b. 工作、学习新知识和社会接触能力减退，特别是原已掌握的知识和技巧出现明显的衰退；

c. 出现逻辑思维、综合分析能力减退，言语重复、计算力下降，明显的视空间障碍，如在家中找不到自己的房间；

d. 可出现失语、失用、失认等；

e. 有些患者还可出现癫痫、强直－少动综合征；

f. 患者常有较明显的行为和精神异常，性格内向的患者变得易激惹、兴奋欣快、言语增多，而原来性格外向的患者则可能变得沉默寡言，对任何事情都提不起兴趣；

g. 出现明显的人格改变，甚至做出一些丧失羞耻感（如随地大小便等）的行为。

重度痴呆：

a. 上述各项症状逐渐加重；

b. 情感淡漠、哭笑无常、言语能力丧失，以致不能完成日常简单的生活事项，如穿衣、进食；

c. 终日无语而卧床，与外界（包括亲友）逐渐丧失接触能力；

d. 四肢出现强直或屈曲瘫痪，括约肌功能障碍；

e. 常可并发全身系统疾病的症状，如肺部及尿路感染、压疮以及全身性衰竭症状等，最终因并发症而死亡。

评估认知需要从记忆功能、言语功能、定向力应用能力、注意力、知觉（视、听、感知）和执行功能七个领域进行。老年人常用的认知功能评估工具见表 2–1。

表 2–1　老年人常用的认知功能评估工具

分类	名称
总体评定量表	简易精神状况量表（MMSE）
	蒙特利尔认知测验（MoCA）
	阿尔茨海默病认知功能评价量表（ADAS-cog）
	认知能力筛查量表（CASI）

续表

分类	名称
分级量表	临床痴呆评定量表（CDR）
	总体衰退量表（GDS）
精神行为评定量表	汉密尔顿抑郁量表（HAMD）
	神经精神问卷（NPI）
用于鉴别的量表	Hachinski 缺血量表

2.3 老年人心理变化

老年人的生活状况变化、身体状况变化和社会关系变化，都会对老年人产生很大的影响。很多老年人会产生自卑、无价值感、不安全感等心理，这些心理如果不能及时得到疏导，就会产生一定的抑郁或者焦虑情况。2019 年 3 月，国家卫健委印发了《关于实施老年人心理关爱项目的通知》，决定 2019 年到 2020 年在全国选取 1600 个城市社区和 320 个农村行政村，实施老年人心理关爱项目，覆盖全国每个省区，项目目的是了解和掌握老年人心理健康的状况和需求，同时提高基层工作人员心理健康服务技能水平，增强常见的心理行为问题和精神障碍早期的识别能力。另外，通过宣传教育，增强老年人自我保健、自我防卫、自我心理调适的能力，提高老年人的心理健康水平。

2.3.1 消极变化

1. 产生衰老感

人们经常听见一些老年人发出这样的感慨：“我已经老了，不中用了啊！”这是老年人主观上产生的衰老感，即自己意识到自己老了。老年人产生衰老感的原因有很多。

首先是身心状态的变化，感知能力下降。如头发由青丝变成花白，健步如飞变成步履蹒跚，精神饱满变成气力衰弱等。其次是生活、工作及社会环境的改变。例如，退休赋闲，与子女分居，亲人朋友的离世等。还有就是周围的人把自己奉为老人，处处被当作老年人看待，衰老感便在他人的“老同志”“老师傅”“老先生”的叫声中产生。

衰老感的产生是一个人精神衰老，失去生活的动力和积极性的开始。因为衰老感无形中致使人的意志衰退、情绪消沉，甚至使老年人生理衰老、心理功能降低，或是出现新的疾病。

2. 心理孤独

造成老年人孤独的最普遍原因是：退休在家，离开了工作岗位和长期相处的同事，终日无所事事，孤寂凄凉之情油然而生。儿女分开居住，寡朋少友，缺少社交活动。

丧偶或离婚，老来孑然一生。老年人最怕孤独，因为孤独使老人处于孤独无援的境地，很容易产生一种被遗弃感，继而使老人对自身存在的价值表示怀疑，抑郁、绝望。

3. 心理空虚

这种问题多见于退休不久或对退休缺乏足够思想准备的老人。他们从长期紧张、有序的工作与生活状态突然转入到松散、无规律的生活状态，一时很难适应，可能会像无头苍蝇一样，东碰碰、西靠靠，使他们感到时间过得很慢，难以打发。伴随空虚感而导致的问题往往是情绪的低沉或烦躁不安，这种恶劣的心境如果旷日持久，甚易加速衰老，有时达到使人想死的程度，对老年人的身心健康威胁很大。

4. 情绪变化

老年期是人生旅途的最后一段，也是人生的丧失期，如丧失工作、丧失权力和地位、丧失金钱、丧失亲人、丧失健康等。一般而言，老年人的情感趋于低沉，这与他们的以往经历和现实境遇是分不开的。另外，由于大脑和机体的衰老，老年人往往产生不同程度的性情改变，如说话啰唆、情绪易波动、主观固执等，少数老人则变得很难接受和适应新生事物，怀恋过去，甚至对现实抱有对立情绪。老年人的性情改变，常常加大了他们与后辈、与现实生活的距离，导致社会适应能力的缺陷。

5. 记忆力减退

不少老年人都时常为自己的记忆力不好而深感苦恼，如出门忘记带钥匙，炒菜忘了放盐，刚才介绍过的客人转眼便叫不出人家的名字，一会儿找不到手表，一会儿找不到眼镜。老年人记忆力减退的特点是对新近接触的事物忘得很快（医学上称近事遗忘），而对过去的往事却记忆犹新。记忆力减退是大脑细胞衰老、退变的常见现象，过于严重则可能是老年痴呆的一种表现。

6. 黄昏心理

因为丧偶、子女离家工作、自身年老体弱或罹患疾病，感到生活失去乐趣，对未来丧失信心，甚至对生活前景感到悲观等，对任何人和事都怀有一种消极、否定的灰色心理。

7. 牢骚自卑心理

由于退休后经济收入减少、社会地位下降，感到不再受人尊敬和重视而产生失落感和自卑心理，可表现为发牢骚、埋怨，指责子女或过去的同事和下属，或是自暴自弃。

人老经历广、经验足，容易产生倚老卖老心理，常使同辈及晚辈不服气。晚辈若能尊重老年人，就能使他们心理平衡。人到了一定的岁数就会变得喜欢唠叨，总爱怀旧，而且还更加“立场坚定”。老年人由于精力有限，对许多事情是心有余而力不足，于是他们只好借助语言来表达自己以引起他人的注意，求得心理的平衡，有时为了维护自己的尊严而不听他人之言；老年人岁数大了，能做的事情少了，子女很少在身边，为了排除寂寞，也只能借助于唠叨；老年人总是喜欢谈论陈年旧事，炫耀以往的辉煌，也是为了得到心理上的慰藉，以填补现实生活的空虚；还有就是老年人虽然都说生老病死是人生的自然规律，但他们还是在不停地唠叨，以向死神证明自己顽强的生命力。老年人的这种唠叨、言语混乱是其思维方式和思维过程混乱的表现。作为老年人应尽量控制自己，当然年轻人更应该予以谅解。

8. 无价值感

对退休后的无所事事不能适应，认为自己成了家庭和社会的累赘，失去存在的价值，对自己评价过低。

9. 不安全感

有些老年人对外界社会反感、有偏见，从而封闭自己，很少与人交往，同时也产生孤独无助的感觉，变得恐惧外面的世界。

10. 希望受到尊重的心理

老年人并不仅仅满足于有饭吃、有衣穿，更希望能得到小辈们的尊重以及与其进行思想沟通和感情交流。否则，老年人在心理上便会产生孤独、压抑和自卑感。

11. 陪伴需要

人到老年，闲居在家时间多，外出活动机会少，生活显得单调、孤独，此时很需要子女在工作之余或节假日能回家看看、与他们聊聊。这样，他们会高兴，甚至比子女单纯送给礼物更高兴。

12. 好奇心理

人到老年，好奇心增加，爱打听小道新闻，喜欢热闹，爱谈话，爱串门。当然，这些心理也与外向性格有关。晚辈应尽量满足老人的这种心理要求。

2.3.2 积极变化

1. 开阔豁达

健康的一半是心理，心理平衡是健康的基础。孔子的“三十而立，四十不惑，五十知天命”是中国人多少年信奉的人生准则，而后面两句“六十而耳顺，七十而从心所欲，不逾矩”则是人在老年阶段应有的心理状态，60 岁能听得进不同的意见，到了 70 岁能达到随心所欲，想做什么便做什么，但是也不会超出规矩。年轻人热血，中年人沉稳，老年人豁达。有着几十年工作经验和丰富社会阅历的老年人，对正确与错误、善与恶、名与利，以及生活真谛的认识和理解更加深入、透彻，凡是都应该能够放得下、看得开、想得通，不比得失，知足常乐，微笑面对生活，遇事冷静，坦然面对身体、家庭和社会关系的变化，保持开朗的心态、宏观开阔的视野和豁达的胸襟，对于老年人的健康是至关重要的。

2. 忘龄忘老

生老病死是自然规律，如行云流水，来自自然，归返自然，忘记年龄，正视衰老和疾病，也就不恐惧变老和死亡了。没有任何人能够无视自己在慢慢变老，问题在于对这种自然规律应该有什么样的心理反应。很多老年人挂在嘴边的话都是“岁月不饶人啊！”一句话就给岁月定了性；要么就是“老了不中用了！”，仿佛老了的结果就一定是不中用了。如何看待衰老，直接关系着老年人的晚年生活状态，应该调整好心态，从精神上愉悦地接受衰老，老是一种财富。

行至忘龄时，还余半生未，忘龄才能够“乐龄”。“无龄感”的生活与积极向上的态度，对老人的晚年生活起着至关重要的作用，应该热情地去拥抱新知识，接受新鲜事物，保持与年轻人一致的步调，紧随时代的步伐。此外，老年人还应以“无龄感”的态度结识更多志同道合的朋友，与各个年龄段的人交往，感受外面精彩的世界。

当然，忘龄不是鼓励一味地逞强，做一些力所不能及的事，凡事要根据自己身体、心理、生活环境及经济状况等多方面因素综合考虑，在安全的前提下做到不计较年龄的问题。

3. 自我价值肯定

有的老年人退休以后还能根据自己的客观条件，凭借自己的能力，采取适当的方法和寻找适当的机会，继续关心着国内外大事，关心着国家及单位的建设和发展，关心着同事、家人及亲朋好友的事业及健康。他们注重的是荣誉感而不是利益的获得。不少老年人凭借自己的知识、经验和技能继续为社会服务，从他人的尊重中感受到莫大的欣慰，而对于报酬的多少并不过多计较。老年知识分子仍然继续不断地从事研究和热情地关心、帮助年轻人进步，也是为了将自己的研究成果和宝贵经验奉献给人类社会并获得社会的承认和人们的尊重，反映出老年人较强烈的荣誉感的需求。

4. 培养兴趣爱好

退休以后，老年人时间上多数相对变得充裕，孩子上了大学或大学毕业，养育的责任减轻，老年人可以有更多的时间、精力和经济条件干自己喜欢的事情，这是一种无法被夺走的自由与快乐。可以读万卷书、行万里路，这种有钱有闲的生活正是无数年轻人奋斗的目标。培养一些年轻时想做而又没有时间做的兴趣爱好或特长，书画、养花、养鸟、钓鱼、摄影、太极拳、收藏等都是适合老年人的不错的选择。在精神上保留某种信念和追求，或者树立起新的目标，这种心理在一定范围内是十分积极的，它可以有效地延缓老年人的大脑及躯体衰老的进展，有利于老年人的身心健康。

5. 坚持运动

一般刚进入老年阶段的老人比较重视运动健身，如跳舞、慢跑、太极、打球、广场舞等，适量的体育运动除了对于老年人的身体有益外，对于老年人的心理健康也有很好的促进作用。参加群体性体育运动，增加与周围朋友的沟通和交流机会，展示自己年轻不老的心态和形态，能够树立健康自信的心理。选择体育运动项目时，应该综合考虑自身的身体条件，不攀比、不逞强，循序渐进。

6. 建立自己的朋友圈

与外界环境保持接触，一方面可以丰富自己的精神生活，另一方面可以及时调整自己的行为，以便更好地适应环境。与外界环境保持接触包括三个方面，即与自然、社会和人的接触。老年人退休在家，有过多的空闲时间，常常产生抑郁或焦虑情绪。如今的老年活动中心、老年文化活动站以及老年大学为老年人与外界环境接触提供了条件。还可以参与专门为老人打造的“爸妈游”等，做一个与社会不脱节的“新老年人”。

03

老年人能力评价

3.1 常见能力评价方法

3.1.1 WHO《国际功能、残疾和健康分类》(ICF)

1980年，世界卫生组织(WHO)发布了“国际病损－失能－残障分类”(International Classification of Impairments，Disabilities and Handicaps，ICIDH)，它从病损、失能和残障三个层次反映身体、个体及社会水平的功能损害程度。随着康复医学的发展，WHO对ICIDH做了进一步改进，以更好地描述功能和残疾状态，表述健康的概念，并于1996年修订为ICIDH-2。2001年5月22日举行的第54届世界卫生大会正式通过《国际功能、残疾和健康分类》(International Classification of Functioning，Disability and Health，ICF)。该分类系统提供了能统一和标准地反映所有与人体健康有关的功能和失能的状态分类，作为一个重要的健康指标，广泛应用于卫生保健、预防、人口调查、保险、社会安全、劳动、教育、经济、社会政策、一般法律的制定等方面。

《国际功能、残疾和健康分类》(ICF)将残疾定义为损伤、活动受限以及参与限制的总称。残疾是疾病患者(如脑瘫、唐氏综合征和抑郁)与个人及环境因素(如消极态度、不方便残疾人使用的交通工具和公共建筑，以及有限的社会支持)之间的相互作用。

ICF由两大部分组成，第一部分是功能和残疾，包括身体功能(Body Functions，以字母“b”表示)和身体结构(Body Structures，以字母“s”表示)、活动和参与(Activities and Participation，以字母“d”表示)；第二部分是背景性因素，主要指环境因素(Environmental Factors，以字母“e”表示)。ICF运用了一种字母数字编码系统，因而可以对广泛的有关健康的信息进行编码(如诊断、功能和残疾状态等)，为临床提供一种统一、标准的语言和框架来描述患者的健康状况和与健康有关的状况；同时，运用这种标准化的通用语言可以使全世界不同学科和领域能够相互进行交流(图3-1)。

1. 身体功能和结构(Body Function and Structure)

身体功能指身体各系统的生理或心理功能。身体结构指身体的解剖部位，如器官、肢体及其组成部分。身体功能和身体结构是两个不同但又平行的部分，它们各自的特征不能相互取代。

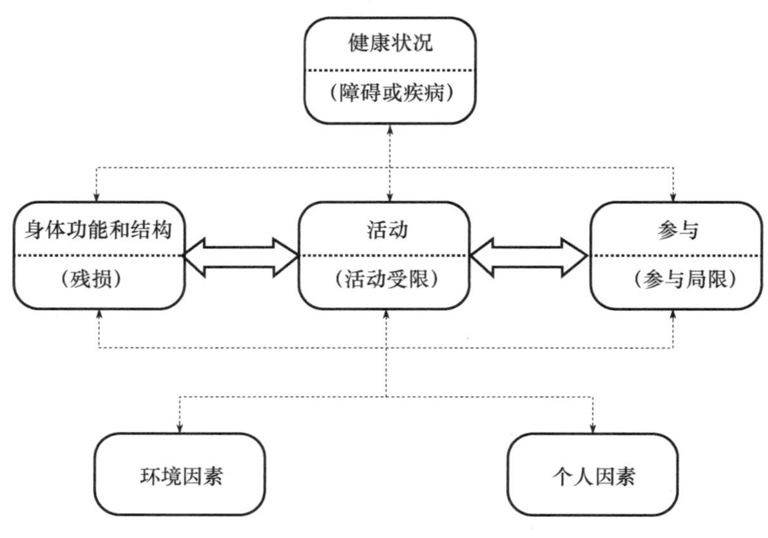

图 3-1 ICF 理论模型

2. 活动（Activity）

活动是由个体执行一项任务或行动。活动受限指个体在完成活动时可能遇到的困难，这里指的是个体整体水平的功能障碍（如学习和应用知识的能力、完成一般任务和要求的能力、交流的能力、个体的活动能力、生活自理能力等）。

3. 参与（Participation）

参与是个体参与他人相关的社会活动（家庭生活、人际交往和联系、接受教育和工作就业等主要生活领域，参与社会、社区和公民生活的能力等）。参与限制是指个体的社会功能障碍。

功能、健康和残疾之间相互独立又彼此关联，当考虑患者的“功能”“残疾”“健康状态”或“疾病后果”时，应从“身体—活动—参与”这 3 个水平分别进行评定和处理。ICF 还列出了与这些概念有相互作用的背景因素，包括环境因素和个人因素。环境因素包括某些产品、工具和辅助技术；其他人的支持和帮助；社会、经济和政策的支持力度；社会文化；等等。有障碍或缺乏有利因素的环境将限制个体的活动表现；有促进作用的环境则可以提高其活动表现。个人因素包括性别、种族、年龄、健康情况、生活方式、习惯、教养、应对方式、社会背景、教育、职业、过去和现在的经验、总的行为方式、个体的心理优势和其他特征等。

ICF 应用字母数字编码系统对每一项进行编码，字母 b、s、d 和 e 分别代表身体功能、身体结构、活动和参与以及环境因素。ICF 每一项可以逐级分类，级别数越高（如第三或第四级别），分类越具体，共有 1454 项条目。例如，第二级 ICF 水平“b730 肌力功能”是“b7 神经肌肉系统和运动相关功能”的成分之一；而“b7 神经肌肉系统和运动相关功能”是 ICF 组成成分之一“b 身体功能”的一部分。个人因素由于其特异性原因，至今尚未分类。

ICF 定量分级（表 3-1）采用 0 ～ 4 分的分级方法表述问题的严重程度，但是分级范围不是平均分配。

0—没有问题（无、缺乏、可以忽视等，0% ～ 4%）。

1—轻度问题（轻、低等，5% ~ 24%）。

2—中度问题（中等、较好等，25% ~ 49%）。

3—严重问题（高、极端等，50% ~ 95%）。

4—全部问题（最严重、全部受累等，96% ~ 100%）。

8—未特指（当前信息无法确定问题的严重程度）。

9—不适用（不恰当或不可能使用）。

表 3–1　ICF 定量分级

限定值	身体功能	身体结构			活动与参与局限		情景性因素	
		一级（损伤程度）	二级（变化的性质）	三级（指出部位）	一级（活动受限程度）	二级（无辅助时参与局限程度）	障碍因素	有利因素
0	没有问题	没有损伤	结构没有改变	多于一个部位	无困难	无困难	无	
1	轻度问题	轻度损伤	完全缺失	右侧	轻度困难	轻度困难	轻度	轻度
2	中度问题	中度损伤	部分缺失	左侧	中度困难	中度困难	中度	中度
3	严重问题	严重损伤	附属部位	两侧	重度困难	重度困难	重度	重度
4	全部问题	完全损伤	异常维度	前端	完全困难	完全困难	完全	完全
5	—	—	不连贯性	后端	—	—	—	—
6	—	—	偏离位置	近端	—	—	—	—
7	—	—	结构性质改变（包括积液）	远端	—	—	—	—
8	未特指	未特指	未特指	未特指	未特指	未特指	—	—
9	不适用	不适用	不适用	不适用	不适用	不适用	—	—

ICF 的目标是提供统一、标准的语言和框架描述健康和与健康有关的状况。它从概念上把以前侧重的“疾病结局”分类转变为现在的“健康成分”分类，可以应用于医院管理和质量控制体系、康复医疗评估体系、医疗保险评价体系、社会工作评价体系等。

3.1.2 日常生活活动能力评价（ADLs）

1. ADL 定义、范围及评定目的

日常生活活动能力（Activities of Daily Living，ADL）是指人们在每日生活中，为了照料自己的衣、食 、住、行，保持个人卫生整洁和进行独立的社区活动所必需的一系列基本活动。ADL 是人们为了维持生存及适应环境而每天必须反复进行的、最基本的、最具有共性的活动。

日常生活活动包括运动、自理、交流及家务活动等。运动方面有床上运动、轮椅上运动和转移、室内或室外行走、公共或私人交通工具的使用。自理方面有更衣、进食、入厕、洗漱、修饰（梳头、刮脸、化妆）等。交流方面有打电话、阅读、书写、使用计算机、识别环境标志等。家务劳动方面有购物、备餐、洗衣、使用家具及环境控制器（电源开关、水龙头、钥匙等）。

医护人员经常将个人的能力或无能力执行 ADL 作为衡量个人功能状态的一种方法，尤其是老年人或残疾人的功能状态。ADL 的评定对确定能否独立及独立的程度、判定预后、制订和修订治疗计划、评定治疗效果、安排返家或就业都十分重要。

2. ADL 的分类（表 3–2）

基本或躯体 ADL（Basic or Physical ADL，BADL or PADL）是指每日生活中与穿衣、进食、保持个人卫生等自理活动和坐、站、行走等身体活动有关的基本活动。

工具性 ADL（Instrumental ADL，IADL）是指人们在社区中独立生活所需的关键性的较高级的技能，如家务杂事、炊事、采购、骑车或驾车、处理个人事务等，大多需借助工具进行。BADL 和 IADL 评定所含项目，见表 3–3。

表 3–2　ADL 的分类

分类	基础性 ADL（Physical or Basic ADL，P ADL or BADL）	工具性 ADL（Instrumental ADL，IADL）
基本概念	每日所需的基本运动和自理活动	人们在社区中独立生活所需的高级技能
活动举例	进食、梳妆、洗漱、洗澡	交流和家务劳动等常需要使用各种工具
评价意义	反映较粗大运动、基本功能	反映精细运动、复杂功能
适用范围	适用于较重的残疾，一般在医疗机构内使用	适用于较轻的残疾，常用于调查，也会应用于社区人群

表 3–3　BADL 和 IADL 评定所含项目

BADL				IADL	
自理活动		功能移动性活动			
进食	从碗里取食；用杯子、吸管喝水；切食品；使用餐具；咬断、咀嚼；吞咽	床上移动	体位翻身；坐起	做饭	使用器皿餐具；使用炉灶
卫生	刷牙；梳头；剃须；化妆；修剪指甲	转移	床椅；浴盆；淋浴室；小汽车	打扫卫生	

续表

<table>
<tr><th colspan="4">BADL</th><th colspan="2" rowspan="2">IADL</th></tr>
<tr><th colspan="2">自理活动</th><th colspan="2">功能移动性活动</th></tr>
<tr><td>洗澡</td><td>上身（手、脸、上肢、躯干）；下身（臀部、大腿、小腿、脚）</td><td>坐站行走</td><td>平地；斜坡；台阶；楼梯</td><td>财务</td><td>找零钱；存取钱；记账</td></tr>
<tr><td>如厕</td><td>穿脱衣；清洁；冲洗厕所；控制排尿、便</td><td rowspan="7">社区活动</td><td rowspan="7">进出公寓；过马路；去车站</td><td>购物</td><td>食物；衣物；日常用品</td></tr>
<tr><td rowspan="6">交流</td><td rowspan="6">理解口语、书面语、手语；表达基本需要（说、写、手势）</td><td>打电话</td><td>找电话号码；拨号；留言；记录留言</td></tr>
<tr><td>服药</td><td>开瓶盖；按医嘱服药</td></tr>
<tr><td>洗衣</td><td>洗衣服、熨衣服</td></tr>
<tr><td>时间安排</td><td>计划、组织；准时赴约</td></tr>
<tr><td>交通</td><td>开车、搭乘公交车</td></tr>
</table>

ADLs 包括个体在家庭、工作机构、社区里自己管理自己的能力，还包括与他人交往的能力，以及在经济上、社会上和职业上合理安排自己生活方式的能力。

3. ADL 评定方法

ADL 提出至今已出现大量的评定方法，主要如下：

（1）直接观察法。

ADL 的评定可让患者在实际生活环境中进行，评定人员观察患者完成实际生活中的动作情况，以评定其能力。也可以在 ADL 专项评定中进行，评定活动地点在 ADL 功能评定训练室，在此环境中指令患者完成动作，较其他环境更易取得准确结果，且评定后也可根据患者的功能障碍在此环境中进行训练。此法结果准确，但费时较长，有时需分次进行。

（2）间接评定法。

有些不便完成或不易完成的动作，可以通过询问患者本人或家属的方式取得结果。如患者的大小便控制、个人卫生管理等。此法简单，但欠准确。

（3）量表评定法。

常用的标准化的 PADL 评定方法有 Barthel 指数、Katz 指数、PULSES、修订的 Kenny 自理评定、功能独立性评定（FIM）、儿童 ADLs 评定量表、Wee FIM、中国康复研究中心儿童 ADL 评定量表等。

1）Barthel 指数评定

Barthel 指数评定（Barthel Index of ADL）是美国巴尔地摩 Baltimore 市州立医院的

物理治疗师巴希尔 Barthel 于 1955 年开始使用在测量住院复健病患的进展状况，1965 年发表，自此 Barthel 指数（也称“巴氏量表”）被广泛使用于复健、老年病患的领域，用来测量病患的治疗效果及退化的情形。Barthel 指数不仅可使用于失智症患者，也常用以评估如中风、精神异常等需要长期照护病患的失能程度。Barthel 指数评定简单，可信度高，灵敏度也高，使用广泛，而且可用于预测治疗效果、住院时间和预后。

巴氏量表共评量十项：自我照顾能力七项有进食、修饰 / 个人卫生、如厕、洗澡、穿脱衣服、大便控制、小便控制功能及行动能力：移位 / 轮椅与床上之间转位、步行 / 平地上行走、上下楼梯。每项皆有完全独立、需要协助及完全依赖的等级（自理、稍依赖、较大依赖、完全依赖），依据各项评估结果计算总分。Barthel 指数评定内容及记分见表 3–4。

表 3–4 Barthel 指数评定内容及记分

项目		分数	内容
一	进食	10	自己在合理的时间内（约 10s 吃一口）。可用筷子取食眼前食物。若需使用进食辅具，会自行取用，穿脱不需要协助
		5	需要别人协助取用或切好食物或穿脱进食辅具
		0	无法自行取食
二	移位（包含由床上平躺到坐起，并可由床移位至轮椅）	15	可自行坐起，且由床移位至椅子或轮椅，不需要协助，包括轮椅刹车及移开脚踏板，且没有安全上的顾虑
		10	在上述移位过程中，需要稍微协助（如予以轻扶以保持平衡）或提醒。或有安全上的顾虑
		5	可自行坐起但需要别人协助才能移位至椅子
		0	需要别人协助才能坐起，或需要两人帮忙方可移位
三	个人卫生（包含刷牙、洗脸、洗手及梳头发和刮胡子）	5	可自行刷牙、洗脸、洗手及梳头发和刮胡子
		0	需要别人协助才能完成上述盥洗项目
四	如厕（包含穿脱衣物、擦拭、冲水）	10	可自行上下马桶，便后清洁，不会弄脏衣裤，且没有安全上的顾虑。倘使用便盆，可自行取放并清洗干净
		5	在上述如厕过程中须协助保持平衡，整理衣物或使用卫生纸
		0	无法自行完成如厕过程
五	洗澡	5	可自行完成盆浴或淋浴
		0	须别人协助才能完成盆浴或淋浴

续表

项目		分数	内容
六	平地走动	15	使用或不使用辅具（包括穿支架义肢或无轮子的助行器）皆可独立行走 50m 以上
		10	需要稍微扶持或口头教导方可行走 50m 以上
		5	虽无法行走，但可独立操作轮椅或电动轮椅（包含转弯、进门及接近桌子、床沿）并可推行 50m 以上
		0	需要别人帮忙
七	上下楼梯	10	可自行上下楼梯（可抓扶手或用拐杖）
		5	需要稍微扶持或口头指导
		0	无法上下楼梯
八	穿脱衣裤鞋袜	10	可自行穿脱衣裤鞋袜，必要时使用辅具
		5	在别人帮忙下，可自行完成 1/2 以上动作
		0	需要别人完全帮忙
九	大便控制	10	不会失禁，必要时会自行使用塞剂
		5	偶尔会失禁（每周不超过一次），使用塞剂时需要别人帮忙
		0	失禁或需要灌肠
十	小便控制	10	日夜皆不会尿失禁，必要时会自行使用并清理尿布尿套
		5	偶尔会失禁（每周不超过一次），使用尿布尿套时需要别人帮忙
		0	失禁或需要导尿
总分		分	（总分须大写并不得有涂改情形，否则无效）

Barthel 指数评分结果：正常总分 100 分，60 分以上的为良，生活基本自理；60 ～ 40 分的为中度功能障碍，生活需要帮助；40 ～ 20 分的为重度功能障碍，生活依赖明显；20 分以下的为完全残疾，生活完全依赖。Barthel 指数 40 分以上的康复治疗效益最大。

2）Katz 指数评定

Katz 日常生活活动独立指数通常称为 Katz ADL 指数，是由美国医师 Sidney Katz MD 在研究了 18 个月的时间段内的 64 例髋部骨折患者后制定的。研究表明，具有一定独立性的患者可以执行特定的基本活动，而具有较低独立性的患者则可以执行较少的相同活动——从最复杂的洗澡到最简单的自我喂养。通过使用这些数据，Katz 开发了一个量表来评估个人的独立生活能力。

Katz ADL 指数在以下六个功能或活动中对表现的熟练程度进行排名：进食、穿衣、大小便控制、用厕、床椅转移、洗澡。每项活动的完成情况分为独立完成或需要帮助，根据每项活动完成结果将被评价者的 ADL 能力分为 A、B、C、D、E、F、G 七级。如果在患者身体健康时进行了基准测量，则该指数效果最佳，然后可以将定期或后续措施与此基准进行比较，以表明损害何时开始或恶化。

3）PULSES ADL 功能评定法

PULSES ADL 功能评定法代表了六项功能的情况，包括：

P—身体状况（physical condition）；

U—上肢功能（upper limb function）；

L—下肢功能（lower limb function）；

S—感觉器官（sensory components）；

E—排泄功能（excretory function）；

S—社会活动功能（situational factors）。

4）功能独立性评定（FIM）

功能独立性评定（FIM）包括自我照顾、括约肌控制、功能性转移、运动能力、交流能力、认知能力六大方面 18 子项，18 子项中的每一项又按照 7 分制进行评分。FIM 最终得分：最低分 18 分，说明功能状态最差；最高分 126 分，表示患者功能状态完好。FIM 反映残疾水平或需要帮助的量比，Barthel 指数更详细、精确、敏感，是判断疗效的有力指标。必要时，需要 PT、OT、ST 治疗师共同完成。

5）功能性独立测量（Wee FIM）

功能性独立测量（Wee FIM）评价自理、移动、认知三方面，适合 6 个月～7 岁患儿功能能力的独立状况，也可用于 6 个月至 21 岁的发育障碍者。

6）中国康复研究中心儿童 ADL 评定量表

中国康复研究中心儿童 ADL 评定量表专用于脑瘫患儿能力状况。其评定内容：个人卫生动作、进食动作、更衣动作、排便动作、器具使用、认知交流动作、床上运动、移动动作、步行动作九类。

7）IADL 标准化测量表

常用 IADL 标准化测量表有快速残疾评定量表（Rapid Disability Rating Scale, RDRS-2）、Frenchay 活动量表、IADL 量表、功能活动问卷（the Functional Questionnaire, FAQ）等。执行 IADL 的困难可能预示着早期痴呆症和阿尔茨海默病。IADL 的评估用于进行诊断评估，并影响老年人可能需要的护理类型的决策。

快速残疾评定量表（Rapid Disability Rating Scale, RDRS）的第一版发布于 1967 年，1982 年发布了第二版的 RDRS-2，用于描述患有慢性病的老年人的功能能力和精神状态。这两个版本的区别在于，1967 年的版本包含 16 个项目，而 RDRS-2 包含 18 个项目（另外 3 个项目描述了流动性，厕所和适应性生活任务，以代替从 RDRS 中删除的一项安全监管项目）。RDRS-2 包含 8 个有关日常生活活动（ADL）的问题、3 个有关感官能力、3 个有关心理能力的问题，以及 1 个有关饮食变化、节制、卧床和服药的问题。

Frenchay 活动量表的评定内容和评分标准见表 3-5，根据评分结果可将社会生活能力做出下述的区分：

47 分完全正常；

30 ～ 44 分接近正常；

15 ～ 29 分中度障碍；

1 ～ 14 分重度；

0 分完全丧失。

表 3-5　Frenchay 活动量表

评定内容	评分标准
Ⅰ. 在最近 3 个月 1. 做饭 2. 梳理 3. 洗衣 4. 轻度家务活	0= 不能 1 < 1 次 / 周 2=1 ～ 2 次 / 周 3= 几乎每天
Ⅱ. 5. 重度家务活 6. 当地商场购物 7. 偶尔的社交活动 8. 外出散步 > 15min 9. 能进行喜爱的活动 10. 开车或坐车旅行	0= 不能 1=1 ～ 2 次 /3 个月内 2=3 ～ 12 次 /3 个月内 3= 至少每周 1 次
Ⅲ. 最近 6 个月 11. 旅游 / 开车或骑车	0= 不能 1=1 ～ 2 次 /6 个月内 2=3 ～ 12 次 /6 个月内 3= 至少每周 1 次
Ⅳ. 12. 整理花园 13. 家庭 / 汽车卫生	0= 不能 1= 轻度的 2= 中度的 3= 全部的
Ⅴ. 14. 读书	0= 不能 1=6 个月 1 次 2 < 1 次 /2 周 3 > 1 次 /2 周
Ⅵ. 15. 上班	0= 不能 1=10h/ 周 2=10 ～ 30h/ 周 3 > 30h/ 周

8）工具性日常生活活动能力量表（IADLs）

工具性日常生活活动能力量表（Instrumental activities of daily living scale，IADLs）（表 3-6）也称为 Lawton IADLs 量表，1969 年由美国的 Lawton 和 Brody 共同制定，用于评估工具性日常生活功能，分为上街购物、外出活动、食物烹调、家务维持、洗衣服、使用电话的能力、服用药物、处理财务能力八项。

表 3-6 工具性日常生活活动能力量表

工具性日常生活活动能力（以最近 1 个月的表现为准）	
一、上街购物【☐不适用（勾选“不适用”者，此项分数视为满分）】 ☐ 3. 独立完成所有购物需求 ☐ 2. 独立购买日常生活用品 ☐ 1. 每一次上街购物都需要有人陪同 ☐ 0. 完全不会上街购物	勾选 1. 或 0. 者，列为失能项目
二、外出活动【☐不适用（勾选“不适用”者，此项分数视为满分）】 ☐ 4. 能够自己开车、骑车 ☐ 3. 能够自己搭乘大众运输工具 ☐ 2. 能够自己搭乘出租车但不会搭乘大众运输工具 ☐ 1. 当有人陪同可搭出租车或大众运输工具 ☐ 0. 完全不能出门	勾选 1. 或 0. 者，列为失能项目
三、食物烹调【☐不适用（勾选“不适用”者，此项分数视为满分）】 ☐ 3. 能独立计划、烹煮和摆设一顿适当的饭菜 ☐ 2. 如果准备好一切佐料，会做一顿适当的饭菜 ☐ 1. 会将已做好的饭菜加热 ☐ 0. 需要别人把饭菜煮好、摆好	勾选 0. 者，列为失能项目
四、家务维持【☐不适用（勾选“不适用”者，此项分数视为满分）】 ☐ 4. 能做较繁重的家事或需偶尔家事协助（如搬动沙发、擦地板、洗窗户） ☐ 3. 能做较简单的家事，如洗碗、铺床、叠被 ☐ 2. 能做家事，但不能达到可被接受的整洁程度 ☐ 1. 所有的家事都需要别人协助 ☐ 0. 完全不会做家事	勾选 1. 或 0. 者，列为失能项目
五、洗衣服【☐不适用（勾选“不适用”者，此项分数视为满分）】 ☐ 2. 自己清洗所有衣物 ☐ 1. 只清洗小件衣物 ☐ 0. 完全依赖他人	勾选 0. 者，列为失能项目
六、使用电话的能力【☐不适用（勾选“不适用”者，此项分数视为满分）】 ☐ 3. 独立使用电话，含查电话簿、拨号等 ☐ 2. 仅可拨熟悉的电话号码 ☐ 1. 仅会接电话，不会拨电话 ☐ 0. 完全不会使用电话	勾选 1. 或 0. 者，列为失能项目

续表

工具性日常生活活动能力（以最近 1 个月的表现为准）	
七、服用药物【☐不适用（勾选“不适用”者，此项分数视为满分）】 ☐ 3. 能自己负责在正确的时间用正确的药物 ☐ 2. 需要提醒或少许协助 ☐ 1. 如果事先准备好服用的药物分量，可自行服用 ☐ 0. 不能自己服用药物	勾选 1. 或 0. 者，列为失能项目
八、处理财务能力【☐不适用（勾选“不适用”者，此项分数视为满分）】 ☐ 2. 可以独立处理财务 ☐ 1. 可以处理日常的购买，但需要别人协助与银行往来或大宗买卖 ☐ 0. 不能处理钱财	勾选 0. 者，列为失能项目
注：上街购物、外出活动、食物烹调、家务维持、洗衣服等五项中有三项以上需要协助者即为轻度失能	

3.1.3 简易智能精神状态检查表（MMSE）

简易智能精神状态检查表（Mini–Mental State Examination，MMSE）（表 3–7）由 Folstein 在 1975 年编制，MMSE 是目前临床上最常用的认知功能评估工具。MMSE 共有 11 个评估项目，包括时间与地方定向能力、注意力与算术能力、立即记忆与短期记忆、语言（包括读、写、命名、理解与操作）能力、视觉空间能力等认知功能，测试只需 5 ～ 10min。

最高得分 30 分，得分越高，表示能力越好。国际标准 24 分为分界值，18 ～ 24 分为轻度痴呆，16 ～ 17 分为中度痴呆，≤ 15 分为重度痴呆。我国发现因教育程度不同分界值也不同；文盲为 17 分，小学（教育年限≤ 6 年）为 20 分，中学及以上为 24 分。MMSE 虽简而易做，但它并非用来检测情绪、人格、行为的量表。对于早期失智症、失语症、高教育或低教育的人员，其应用则仍需由专业人员诠释分数。

表 3–7 简易智能精神状态检查表（MMSE）

项目	题号	题目	错误	正确
1. 时间定向	（01）	今年是哪一年?	0	1
	（02）	现在是什么季节?	0	1
	（03）	今天是几号?	0	1
	（04）	今天是星期几?	0	1
	（05）	现在是哪一个月份?	0	1

续表

项目	题号	题目	错误	正确
2. 地点定向	（06）	我们现在是在哪一个省?	0	1
	（07）	我们现在是在哪一个县、市?	0	1
	（08）	这间医院（诊所）的名称是什么?	0	1
	（09）	现在我们是在几楼?	0	1
	（10）	这里是哪一层?	0	1
3. 立即记忆	（11）	（说出三个不相关的词，如“蓝色，悲伤，火车”，请重复这三个名称，按第一次复述结果计分。重复练习直至记住，记录练习次数） 蓝色	0	1
		悲伤	0	1
		火车	0	1
4. 注意力与算术能力	（12）	请从 100 开始连续减 7，一直减 7 直到说停为止。（每减对一次得 1 分） 93__；86__；79__；72__；65__；	0	0～5
5. 短期记忆	（13）	（约 5min 以后，请说出刚才请你记住的三样东西，每对一项得 1 分，不论顺序） 蓝色	0	1
		悲伤	0	1
		火车	0	1
6. 语言能力（命名）	（14）	（拿出手表）这是什么?	0	1
	（15）	（拿出铅笔）这是什么?	0	1
7. 语言能力（重复）	（16）	请跟着念一句话“白纸真正写黑字”	0	1
8. 语言能力（读与学）	（17）	请念一遍并做做看“请闭上眼睛”	0	1
9. 语言能力（指令）	（18）	请用左 / 右手（非患侧手）拿这张纸 （三步骤指令，每对一步骤得 1 分）	0	1
		把它折成对半	0	1
		然后置于大腿上面	0	1
10. 语言能力（写）	（19）	请在纸上写一句语意完整的句子。（含主词动词且语意完整的句子）	0	1

续表

项目	题号	题目	错误	正确
11. 视觉空间能力	(20)	这里有一个图形，请在旁边画出一个相同的图形。 (注意：画出的图形应是两个五边形的图案，交叉处形成一个四边形)	0	1

3.1.4 简易心智状态问卷（SPMSQ）

简易心智状态问卷（Short Portable Mental State Questionnaire，SPMSQ）（表 3-8），总共有简单的 10 个小问题，可以用来快速检测家中的长辈是否有失智的风险。

表 3-8　简易心智状态问卷（SPMSQ）

问题		注意事项
1	今天是哪年几月几日？	年、月、日都对才算正确
2	今天是星期几？	星期对才算正确
3	你现在所在地方是何处？	对所在地有任何描述都算正确，如说“我的家”，或正确说出城镇、医院或机构名称都可接受
4	你的电话号码是多少？	经确认后证实无误即算正确；或在会谈时，能在两次间隔较长时间内重复相同的号码即算正确
5	你今年几岁？	年龄与出生年月日符合才算正确
6	你的出生年月日（或生肖）	年、月、日都对才算正确
7	现任总统是谁？	姓氏正确即可
8	前任总统是谁？	姓氏正确即可
9	你的母亲姓什么？	不需要特别证实，只需长辈说出一个与他不同的女性姓名即可
10	20 − 3 = ? − 3 =? − 3 = ? − 3 =? − 3 = ?	其间如有出现任何错误或无法继续进行即算错误

3.1.5 临床失智评估量表（CDR）

临床失智评估量表（Clinical Dementia Rating Scale，CDR）包含六个不同面向的测量标准，用以评估总体疾病的严重度。CDR 会根据病患的记忆力、定向力、判断与解决问题的能力、社会事物处理能力、家居与爱好、自我照料能力来评估（表 3-9）。每个面向有五个不同级分，以所有面向的总分来评估结果。

表 3-9　临床失智评定量表（CDR）

得分	记忆力	定向感	判断与解决问题的能力	社会事物处理能力	家居与爱好	自我照料
无（0）	没有记忆力减退或稍微减退，没有经常性健忘	完全能定向	日常问题（包括财务及商业性的事务）都能处理很好；和以前的表现比较，判断力良好	和平常一样能独立处理相关工作、购物、业务、财务、参加义工及社团的事务	家居生活、嗜好、知性兴趣都维持良好	完全能自我照料
可疑（0.5）	经常性的轻度遗忘，事情只能部分想起："良性"健忘症	完全能定向，但涉及时间关联性时稍有困难	处理问题时，在分析类似性及差异性时稍有困难	这些活动稍有障碍	家居生活、嗜好、知性兴趣稍有障碍	完全能自我照料
轻度（1）	中度记忆力减退；对最近的事尤其不容易记得；会影响日常生活	涉及时间关联性时有中度困难。检查时，对地点仍有定向力，但在某些场合可能仍有地理定向力的障碍	处理问题时，在分析类似性及差异性时有中度困难；社会价值的判断力通常还能维持	虽然还能从事某些活动，但无法单独参与，对一般偶尔的检查，外观上还似正常	居家生活确已出现轻度的障碍，较困难的家事已经不做；比较复杂的嗜好及兴趣都已放弃	需要旁人督促或提醒
中度（2）	严重记忆力减退，只有高度重复学过的事物才会记得，新学的东西都很快会忘记	涉及时间关联性时有严重困难；时间及地点都会有定向力的障碍	处理问题时，在分析类似性及差异性时，有严重障碍；社会价值的判断力已受影响	不会掩饰自己无力独自处理工作、购物等活动的窘境。被带出来外面活动时，外观还似正常	只有简单家事还能做，兴趣很少，也很难维持	穿衣、个人卫生、及个人事务的料理，都需要帮忙

续表

得分	记忆力	定向感	判断与解决问题的能力	社会事物处理能力	家居与爱好	自我照料
严重（3）	记忆力严重减退，只能记得片段	只能维持对人的定向力	不能作判断或解决问题	不会掩饰自己无力独自处理工作、购物等活动的窘境。外观上明显可知病情严重，无法在外活动	无法做家事	个人照料仰赖别人给予很大的帮忙。经常大小便失禁
小项计分						
临床失智评估量表第3级以上的失智症认定标准虽然还没有制定出来，但对严重的失智障碍程度时，可以参考以下规则：						
深度（4）	说话通常令人费解或毫无关联。不能遵照简单指示或不能了解指令。偶尔只能认出其配偶或照顾他的人。吃饭只会用手指头不太会用餐具，还需要旁人协助。即使有人协助或加以训练，还是经常大小便失禁。在旁人协助下虽然勉强能走几步，但通常都需坐轮椅。极少到户外去，且经常会有无目的的动作					
末期（5）	没有反应或毫无理解力。认不出人。需旁人喂食，可能需用鼻胃管。吞食困难。大小便完全失禁。长期躺在床上，不能坐也不能站，全身关节挛缩					

1. 评分标准

（1）记忆（M）是主要项目，其他是次要项目。

（2）如果至少3个次要项目计分与记忆计分相同，则CDR=M。

（3）当3个或以上次要项目计分高于或低于记忆计分时，则CDR=多数次要项目的分值。

（4）当3个次要项目计分在M的一侧，2个次要项目计分在M的另一侧时，则CDR=M。

（5）当M=0.5时，如果至少有3个其他项目计分为1或以上，则CDR=1。

（6）如果M=0.5，CDR不能为0，只能是0.5或1。

（7）如果M=0，CDR=0，除非在2个或以上次要项目存在损害（0.5或以上），这时CDR=0.5。

2. 特殊情况

（1）次要项目集中在M一侧时，选择离M最近的计分为CDR得分（如M和1个

次要项目 =3，2 个次要项目 =2，2 个次要项目 =1，则 CDR=2）。

（2）当只有 1 个或 2 个次要项目与 M 分值相同时，只要不超过 2 个次要项目在 M 的另一边，则 CDR=M。

（3）当 M=1 或以上，CDR 不能为 0；在这种情况下，当次要项目的大多数为 0 时，则 CDR= 0.5。

3.1.6 瑞秋认知功能等级（RLCF）

瑞秋认知功能等级（表 3–10）是美国加州医院研究出来的，常用来评估描述如脑外伤复健期认知与行为恢复状态，分为 8 个等级。

表 3–10 瑞秋认知功能等级

认知能力等级	可以或可能会的表现
Ⅰ. 无反应	对声音、影像、触摸或动作没有反应
Ⅱ. 全身性/未分化的反应	开始对声音、影像、触摸或动作有反应，反应缓慢，前后矛盾或迟缓。对听到、看到或感觉到的东西的反应是相同的。这些反应包括咀嚼、流汗、呼吸加快、呻吟、身体的动作，以及血压上升
Ⅲ. 局部性反应	比从前有较多动作；对见到、听到或感觉到的东西有更明确的反应。例如，可能会转向某一种声音，躲避疼痛，以及尝试注视一个在房间里走动的人。 反应缓慢及前后矛盾。 开始识别家人及朋友。 跟从一些简单的指令如“看着我”或“紧握我的手”。 开始对简单的问题以点头回应“是”或“不是”，其回应却是前后不一的。 对熟悉的人的回应会比较一致
Ⅳ. 混乱；激动，狂躁不安的	不明白他们的感觉或在他们周围所发生的事情。 对所见、所听或所感觉到的东西反应过度，表现为打人或打其他东西，用暴戾的言语喊叫，或剧烈扭动、跳动，或翻来覆去。有时需要束缚他们，以防其伤害自己或他人。专注于基本需要，如进食、减轻疼痛、躺在床上休息或回家。 可能不明白其他人在帮助他们。 不能专注，或集中精神不能超过几秒的时间。 难以跟从指示。 有时会认得家人或朋友；在别人的帮助下，可以做一些日常活动，如进食、穿衣服或说话

续表

认知能力等级	可以或可能会的表现
Ⅴ.混乱；反应不恰当，不激动	混乱，对周围环境的认知有困难。 不知道日期，也不知道自己在哪里或为什么会在医院里。 就算体能上可以，也仍需要一步一步地指示他们应当怎样开始或完成日常活动，如刷牙。 当感到疲倦或有太多人在旁时，会感到受不了，焦燥不安。 记忆力不好。对意外发生前的事的记忆比受损伤后的事记忆得（如日常活动或新的资料）更好。 会虚构一些故事来填塞不记得的东西。 可能会卡在某一个思想或活动中，需要人帮助他们走下一步。 专注于基本的需要，如进食、减轻疼痛、躺到床上或回家
Ⅵ.混乱；反应恰当	因记忆及思想问题引致某些混乱。可记得谈话的重点，却会忘记细节及予以混淆。例如，他们可能记得早上曾有访客，但却忘记谈话的内容。 只需要一点帮助，便能按日程安排作息，但日常活动的改变会使他们感到混乱。 除非有严重的记忆问题，他们会知道所在的年份及月份。 可以维持注意力 30min，但当环境嘈杂或所做的活动包括多个步骤时，集中注意力便有困难。例如，过马路时，他们不能同时从路边走下，看着来往车辆及交通信号灯，一边行走一边说话。 若有人帮助，可以自己刷牙、穿衣服、进食等；知道自己何时需要上厕所。 做事或说话太快，没有想到可能有的结果。 知道自己因伤住院，但不是所有的问题都能明白。 更多的是认知到身体上的问题，很少认知到智能上的问题。常以为自己的问题与留在医院有关，认为如果能回家便会好了
Ⅶ.自主的；反应恰当	若体能上可以，能够照顾自己的日常生活，而不需要他人帮助。例如，可以自己穿衣服或进食。 面对新处境时会有问题，可能会有挫折感或没有想清楚就去做。 对计划，开始和完成活动有困难。 在使人分心或有压力的处境下，不能集中注意力。例如，家庭聚会、工作场所、学校、教会、体育活动等。 不知道他们思想和记忆上的问题会怎样影响将来的计划和目标，所以，他们可能认为很快便可恢复从前的生活方式或工作。 仍然需要督导，因为他们对安全的警觉性和判断力已降低。他们仍不了解他们体能上或思想上的问题所产生的影响。 在有压力的处境下，思维会更缓慢，缺乏弹性或僵硬，也可表现为固执。这些行为在脑损伤后是常见的。 可以讲一些他们想做的事情，但要真正实行时便有困难

续表

认知能力等级	可以或可能会的表现
Ⅷ.有目标的；恰当的	开始对他们的问题作补偿；思想上比较有弹性，没有以前僵硬。例如，可能想到一种解决问题的方法。 准备好可以接受开车或工作上的评估。 可以用较慢的速度学习新的东西。 在困难、压力大、不断改变及紧急的情况下，仍感到应付不了。 遇到新的情况判断力较差，可能需要帮助。 在作决定时需要一些指引。 有一些思维和能力上的问题，但这些问题对那些在他受伤前不认识的人看来并不明显

面对认知障碍，家人及朋友可以做些什么呢？

Ⅰ.无反应

（1）保持房间安静。

（2）说话及问问题时要简短。

（3）用平静的语气解释所需要做的事情。

Ⅱ.全身性 / 未分化的反应

方法与等级Ⅰ相同。

Ⅲ.局部性反应

（1）限制每次访客人数为2～3人。

（2）让患者有多一点时间来回应，但不要期望答案一定是正确的。

（3）让患者有休息的机会。

（4）问患者你是谁？在哪里？为什么会住在医院里？今天是星期几？

（5）把家人的照片以及患者喜欢的物品带来。

（6）让患者做一些熟悉的活动，如听音乐，跟家人及朋友聊天，读书给他听，看电视，替他梳头，涂润肤膏等。

Ⅳ.混乱；激动，狂躁不安的

（1）让患者在安全的情况下尽量活动。

（2）让患者选择活动，在安全范围内让他作主导。

（3）不要强逼患者做活动或做事情。

（4）让患者有休息的机会以及可经常改变活动，特别是在他很分心、不安或很激动时。

（5）保持房间安静。例如，关上电视机和收音机，讲话不要太多，说话时语气平静。

（6）限制每次访客人数为2～3人。

（7）尝试找一些熟悉的、能使患者平静的活动，如听音乐、吃东西等。

（8）从家里带来家庭照片和患者的个人物品，让他感到更舒服。

（9）告诉患者他在哪里，并让他确定他是安全的。

（10）若患者使用轮椅，推他出去走走。如他能行走，带他在一个安全的环境里走一段短的路程。

Ⅴ. 混乱；反应不恰当，不激动

（1）按需要重复问题或意见。不要以为患者会记得从前告诉他的东西。

（2）在你刚来时以及你离开之前，告诉患者那天的日期、是星期几，医院的名字及地点，以及为什么他会在医院里。

（3）准备好一个日历和一张访客名单，以便随时使用。

（4）所提出的问题和意见，务必简短。

（5）帮助患者组织并开始某一项活动。

（6）限制访客人数，每次 2 ～ 3 个人。

（7）当患者不能集中注意力时，让他休息。

（8）限制问题的数目，不可用问很多问题的方式来“考验”病人。

（9）帮助患者把所记起的事情跟现在家人、朋友所发生的事情，以及他所喜爱的活动联系起来。

（10）从家里带来一些家庭照片及患者的个人物品。

（11）回忆一些过去熟悉以及有趣的事情。

Ⅵ. 混乱；反应恰当

（1）重复说。讨论日间发生的事，帮助改进患者的记忆力，让他能更多地回忆所做过和学过的东西。

（2）鼓励患者重复说他需要或想要记忆的东西。

（3）给患者提示，帮助他开始和继续他的活动。

（4）鼓励患者用熟悉的视像和书写的信息来帮助他的记忆（如日历）。

（5）鼓励患者参与所有的复健治疗。患者不会完全明白自己的病情，也不会明白复健治疗的益处。

（6）鼓励患者每天记录一些他做过的事情。

Ⅶ. 自主的；反应恰当

等级Ⅶ及Ⅷ的方法是相同的：

（1）当患者作决定时，对待他如正常人，但同时需提供引导和帮助。他们的意见应被尊重，他们的感觉应被肯定。

（2）与患者交谈时当他是正常人，用自然、尊重的语气和态度。你可能需要限制谈话的内容（每次不能太多）和使用词汇的复杂性（用较浅易的词汇），但不能以轻视的态度对待他。

（3）当讲笑话或用方言俚语时要小心，因为对方可能会从字面来理解而引起误会。另外，要小心不可取笑患者。

（4）询问医生有关患者在开车、工作和其他活动中的限制。不要只依赖脑损伤的患者告诉你这些信息，因为他可能感到自己已准备好恢复从前的生活方式。

（5）帮助患者参与家庭活动。当他开始看到他在思维、解决问题以及记忆方面有一些问题时，跟他说怎样可以应付那些问题，但不要批评他。跟他确定这些问题是脑损伤导致的。

（6）鼓励患者继续复健治疗，以增强他们的体能、思维和记忆力。患者可能感觉自己完全正常，但是他仍在康复中，也可能在后续的治疗中得益。

Ⅷ. 有目标的；恰当的

（1）劝告患者不要喝酒或用毒品，因为可引起并发症。如果患者有滥用药物或毒品的问题，请劝告他寻求他人的帮助。

（2）鼓励患者用笔记的方式来帮助解决其他学习上的困难。

（3）鼓励患者尽量独立地自理以及做其他日常活动。

（4）跟患者讨论在什么情况下会令他生气以及在哪些情况下他可以怎样做。

（5）跟患者谈及他的感受。

（6）在患者做任何事情之前，帮助他先想想应当怎样做；在实际做之前先做练习。之后，讲一下他做得怎么样和他下一次可怎样改进。

（7）咨询社工和心理学部门。学会面对脑损伤是困难的，可能需要患者及患者家人长时间去适应。

3.1.7 中风控制评估量表（PASSP）

中风病患姿势控制评估量表（表3-11）主要用来评估中风病人的姿势控制与平衡能力，分为维持姿势（包含静态与动态平衡）和变换姿势（躺姿、坐姿、站姿的转换）。

表 3-11 中风病患姿势控制评估量表

A. 维持姿势				
1. 无扶持下坐立 ［病人坐在50cm高的检查桌缘（如Bobath床），脚须踩在地板上］	0 无法坐立	1 需稍微扶持才能坐立	2 没有扶持下，可以坐立超过10s	3 没有扶持下，可以坐立超过5min
2. 扶持下站立 （不论脚的摆位是否良好，只要站稳即可，且无orthosis等辅具）	0 扶持下，仍无法站立	1 两人用力扶持下，可站立	2 一人中度扶持下，可站立	3 单手扶持下，可站立
3. 无扶持下站立 （不论脚的摆位是否良好，只要站稳即可，且无orthosis等辅具）	0 没有扶持下，无法站立	1 没有扶持下，可站立超过10s或身体明显地偏向一侧	2 没有扶持下，可站立超过1min或身体有稍微不对称	3 没有扶持下，可站立超过1min，同时手臂可在超过肩膀的高度下活动

续表

A. 维持姿势				
4. 健侧脚站立	0 无法站立	1 站立数秒	2 站立超过 5s	3 站立超过 10s
5. 患侧脚站立	0 无法站立	1 站立数秒	2 站立超过 5s	3 站立超过 10s
B. 变换姿势 （第 6 ～ 11 项，病人在 50cm 高床上接受评估；9 ～ 12 项需在病人能独立坐立或站立时才予以评估）				
	无法从事	很多协助	一点协助	不需协助
6. 从平躺翻身到患侧（或左侧）	0	1	2	3
7. 从平躺翻身到健侧（或右侧）	0	1	2	3
8. 从平躺到坐	0	1	2	3
9. 从坐到平躺	0	1	2	3
10. 从坐到站	0	1	2	3
11. 从站到坐	0	1	2	3
12. 站立时，捡起地上的铅笔	0	1	2	3

3.2 评价指标

2013 年 7 月 30 日，我国民政部印发《关于推进养老服务评估工作的指导意见》（民发〔2013〕127 号），并于 8 月发布了《老年人能力评估标准》（MZ/T 039—2013）行业标准，推动建立统一规范的养老服务评估制度。此后，全国各地相继制定发布老年人健康评估服务规范或相关管理办法，开展老年人能力评估工作。

根据《WHO 国际功能、残疾和健康分类（ICF）》《日常生活活动能力评分量表（ADLs）》《工具性日常生活活动能力量表（IADLs）》《简易智能精神状态检查表（MMSE）》《临床失智评估量表（CDR）》《Bathel 指数评定量表》《护理分级》和《老年人能力评估》等，结合我国老年人护理特点和部分省市地方实践经验制定出评价指标。

老年人能力评价指标包括一级指标和二级指标（表 3-12）。一级指标包括日常生活活动能力、感知觉与沟通能力、精神状态、认知功能、社会参与能力、身体健康水平六个方面。

表 3–12　老年人能力评价指标

序号	一级指标	二级指标
1	日常生活活动能力	1. 独立坐起 2. 卧位状态左右翻身 3. 床椅转移 4. 平地步行 5. 非步行移动 6. 活动耐力 7. 上下楼梯 8. 预备膳食 9. 进食 10. 修饰（包括刷牙、漱口、洗脸、洗手、梳头） 11. 穿 / 脱上衣 12. 穿 / 脱裤子 13. 洗澡 14. 使用厕所 15. 小便控制 16. 大便控制 17. 服用药物 18. 料理家务 19. 洗衣 20. 外出 21. 使用电话 22. 财务管理
2	感知觉与沟通能力	1. 意识水平 2. 视力 3. 听力 4. 饥饱感 5. 疼痛感 6. 自我表达能力 7. 理解能力
3	精神状态	1. 攻击或自伤行为 2. 抑郁症状 3. 强迫行为 4. 外表与行为 5. 言谈与思维 6. 昏乱症指征 7. 异常的行为征状

续表

序号	一级指标	二级指标
4	认知功能	1. 记忆力 2. 定向能力 3. 解决问题能力 4. 社会活动能力 5. 语言沟通能力
5	社会参与能力	1. 生活能力 2. 工作能力 3. 空间定向 4. 人物定向 5. 社会交往能力 6. 运动参与能力
6	身体健康水平	1. 一般和慢性疾病 2. 重大疾病 3. 痴呆 4. 精神疾病

3.2.1 日常生活活动能力

日常生活活动能力评价见表 3-13。

表 3-13　日常生活活动能力评价表

评估项目	具体评价指标及分值	分值
1. 独立坐起	0 分，可独立坐起	
	1 分，手扶膝盖可独立坐起	
	2 分，需部分帮助（借助扶手或拐杖）	
	3 分，需极大帮助，自身只是配合	
	4 分，完全依赖他人	
2. 卧位状态左右翻身	0 分，不需要帮助	
	1 分，在他人的语言指导下或照看下能够完成	
	2 分，需要他人动手帮助，但以自身完成为主	
	3 分，主要靠帮助，自身只是配合	
	4 分，完全需要帮助，或更严重的情况	

续表

评估项目	具体评价指标及分值	分值
3. 床椅转移	0 分，可以独立地完成床椅转移	
	1 分，在床椅转移时需要他人监护或指导	
	2 分，在床椅转移时需要他人小量接触式帮助	
	3 分，在床椅转移时需要他人大量接触式帮助	
	4 分，在床椅转移时完全依赖他人	
4. 平地步行	0 分，能独立平地步行 50m 左右，且无摔倒风险	
	1 分，能独立平地步行 50m 左右，但存在摔倒风险，需要他人监护，或使用拐杖、助行器等辅助工具	
	2 分，在步行时需要他人小量扶持帮助	
	3 分，在步行时需要他人大量扶持帮助	
	4 分，无法步行，完全依赖他人	
5. 非步行移动	0 分，能够独立地使用轮椅（或电动车）从 A 地移动到 B 地	
	1 分，使用轮椅（或电动车）从 A 地移动到 B 地时需要监护或指导	
	2 分，使用轮椅（或电动车）从 A 地移动到 B 地时需要小量接触式帮助	
	3 分，使用轮椅（或电动车）从 A 地移动到 B 地时需要大量接触式帮助	
	4 分，使用轮椅（或电动车）时完全依赖他人	
6. 活动耐力	0 分，正常完成日常活动，无疲劳	
	1 分，正常完成日常活动轻度费力，有疲劳感	
	2 分，完成日常活动比较费力，经常疲劳	
	3 分，完成日常活动十分费力，绝大多数时候都很疲劳	
	4 分，不能完成日常活动，极易疲劳	
7. 上下楼梯	0 分，不需要帮助	
	1 分，在他人的语言指导下或照看下能够完成	
	2 分，需要他人动手帮助，但以自身完成为主	
	3 分，主要靠帮助，自身只是配合	
	4 分，完全需要帮助，或更严重的情况	

续表

评估项目	具体评价指标及分值	分值
8. 预备膳食	0 分，能自行处理	
	1 分，若提供材料，能自行处理	
	2 分，可准备或自购食物但食物不合适	
	3 分，在他人协助下，可准备或自购食物	
	4 分，身体或精神上不能自理	
9. 进食	0 分，不需要帮助	
	1 分，在他人的语言指导下或照看下能够完成	
	2 分，使用餐具有些困难，但以自身完成为主	
	3 分，需要喂食，喂食量超过 1/2	
	4 分，完全需要帮助，或更严重的情况	
10. 修饰（包括刷牙、漱口、洗脸、洗手、梳头）	0 分，不需要帮助	
	1 分，在他人的语言指导下或照看下能够完成	
	2 分，需要他人动手帮助，但以自身完成为主	
	3 分，主要靠帮助，自身只是配合	
	4 分，完全需要帮助，或更严重的情况	
11. 穿 / 脱上衣	0 分，不需要帮助	
	1 分，在他人的语言指导下或照看下能够完成	
	2 分，需要他人动手帮助，但以自身完成为主	
	3 分，主要靠帮助，自身只是配合	
	4 分，完全需要帮助，或更严重的情况	
12. 穿 / 脱裤子	0 分，不需要帮助	
	1 分，在他人的语言指导下或照看下能够完成	
	2 分，需要他人动手帮助，但以自身完成为主	
	3 分，主要靠帮助，自身只是配合	
	4 分，完全需要帮助，或更严重的情况	
13. 洗澡	0 分，不需要帮助	
	1 分，在他人的语言指导下或照看下能够完成	
	2 分，需要他人动手帮助，但以自身完成为主	
	3 分，主要靠帮助，自身只是配合	
	4 分，完全需要帮助，或更严重的情况	

续表

评估项目	具体评价指标及分值	分值
14. 使用厕所	0 分，不需要帮助	
	1 分，在他人的语言指导下或照看下能够完成	
	2 分，需要他人动手帮助，但以自身完成为主	
	3 分，主要靠帮助，自身只是配合	
	4 分，完全需要帮助，或更严重的情况	
15. 小便控制	0 分，每次都能不失控	
	1 分，每月失控 1 ～ 3 次	
	2 分，每周失控 1 次左右	
	3 分，每天失控 1 次左右	
	4 分，每次都失控	
16. 大便控制	0 分，每次都能不失控	
	1 分，每月失控 1 ～ 3 次	
	2 分，每周失控 1 次左右	
	3 分，每天失控 1 次左右	
	4 分，每次都失控	
17. 服用药物	0 分，能自己负责在正确的时间服用正确的药物	
	1 分，在他人的语言指导下或照看下能够完成	
	2 分，如果事先准备好服用的药物份量，可自行服药	
	3 分，主要依靠帮助服药	
	4 分，完全不能自行服用药物	
18. 料理家务	0 分，能自行处理	
	1 分，能自行处理，但粗重家务需协助	
	2 分，只能处理轻巧的家务	
	3 分，处理轻巧的家务也不理想	
	4 分，完全不能或需别人协助	
19. 洗衣	0 分，能自行处理	
	1 分，能自行处理，但处理不好	
	2 分，在他人的语言指导下或照看下能够完	
	3 分，主要靠帮助，自身只是配合	
	4 分，身体或精神上不能处理	

续表

评估项目	具体评价指标及分值	分值
20. 外出	0 分，能自行外出	
	1 分，可外出，但不便使用公共交通工具	
	2 分，需别人陪同	
	3 分，外出需要别人帮助	
	4 分，身体上或精神上不能处理	
21. 使用电话	0 分，能自行处理	
	1 分，只能拨打熟悉号码	
	2 分，只能接听电话	
	3 分，在他人的语言指导下能够接打电话	
	4 分，身体或精神上不能处理	
22. 财务管理	0 分，金钱的管理、支配、使用，能独立完成	
	1 分，因担心算错，每月管理约 1000 元	
	2 分，因担心算错，每月管理约 300 元	
	3 分，接触金钱机会少，主要由家属代管	
	4 分，完全不接触金钱等	
上述评估项目总分为 88 分，本次评估得分为　　分		

3.2.2 感知觉与沟通能力

感知觉与沟通能力，见表 3-14。

表 3-14　感知觉与沟通能力评价表

评估项目	具体评价指标及分值	分值
1. 意识水平	0 分，神志清醒，对周围环境警觉	
	1 分　嗜睡，表现为睡眠状态过度延长。当呼唤或推动其肢体时可唤醒，并能进行正确的交谈或执行指令，停止刺激后又继续入睡	
	2 分，昏睡，一般的外界刺激不能使其觉醒，给予较强烈的刺激时可有短时的意识清醒，醒后可简短回答提问，当刺激减弱后又很快进入睡眠状态	
	3 分，昏迷，处于浅昏迷时对疼痛刺激有回避和痛苦表情；处于深昏迷时对刺激无反应（若评定为昏迷，直接评定为重度失能，可不进行以下项目的评估）	

续表

评估项目	具体评价指标及分值	分值
2. 视力（若平日戴老花镜或近视镜，应在佩戴眼镜的情况下评估）	0 分，视力完好，能看清书报上的标准字体	
	1 分，视力有限，看不清报纸标准字体，但能辨认物体	
	2 分，辨认物体有困难，但眼睛能跟随物体移动，只能看到光、颜色和形状	
	3 分，没有视力，眼睛不能跟随物体移动	
3. 听力（若平时佩戴助听器，应在佩戴助听器的情况下评估）	0 分，可正常交谈，能听到电视机、电话、门铃的声音	
	1 分，在轻声说话或说话距离超过 2m 时听不清	
	2 分，正常交流有些困难，需在安静的环境、大声说话或语速很慢，才能听到	
	3 分 完全听不见	
4. 饥饱感	0 分，能够明确感到饥饿感与饱腹感	
	1 分，有时感觉不到饥饿感与饱腹感	
	2 分，大多数时候难以感觉到饥饿感与饱腹感	
	3 分，完全没有饥饿与饱腹的感觉	
5. 疼痛感	0 分，能够正常感觉到疼痛	
	1 分，感觉到痛觉不明显或迟钝（针或牙签刺手掌无感觉）	
	2 分，难以感觉到痛觉（针或牙签刺脚面无感觉）	
	3 分，无法感觉到痛觉（针或牙签刺耳垂无感觉）	
6. 自我表达能力（包括非语言沟通）	0 分，完全能够明白	
	1 分，通常能够明白——用字或思维有困难，但如给予时间，则不需要别人提示	
	2 分，一般能够明白——用词或思维有困难，需要别人提示	
	3 分，有时能明白——只能表达具体的要求	
	4 分，从未或极难明白	
7. 理解能力（以任何方式理解语言）	0 分，完全能够理解	
	1 分，通常能够理解——可能漏解部分信息内容，但如给予时间，则不需要别人提示	
	2 分，一般能够理解——可能漏解部分信息内容，需要旁人提示	
	3 分，有时能够理解——对一些简单直接的沟通能做出适当的反应	
	4 分，从未或极难理解	
上述评估项目总分为 23 分，本次评估得分为　　分		

3.2.3 精神状态

精神状态评价表，见表 3–15。

表 3–15 精神状态评价表

评估项目	具体评价指标及分值	分值
1. 攻击或自伤行为	0 分，无身体攻击行为（如打/踢/推/咬/抓/摔东西）和语言攻击行为（如骂人、语言威胁、尖叫）	
	1 分，每月有几次身体攻击行为，或每周有几次语言攻击行为	
	2 分，每周有几次身体攻击行为，或每日有语言攻击行为	
2. 抑郁症状	0 分，无	
	1 分，情绪低落、不爱说话、不爱梳洗、不爱活动，忧虑，焦虑或哀伤	
	2 分，有自杀念头或自杀行为	
3. 强迫行为	0 分，无强迫症状（如反复洗手、关门、上厕所等）	
	1 分 每周有 1 ～ 2 次强迫行为	
	2 分，每天都有强迫行为发生	
4. 外表与行为	0 分，无不适着装和行为	
	1 分，不合时宜地穿着，外表污秽、邋遢	
	2 分，面部呆板、忧郁或哀伤的表情，不自主地运动或动作，接触被动或不合作	
5. 言谈与思维	0 分，无不当言谈	
	1 分，言语极少或反复重复，说话缺乏逻辑和主题，或逻辑结构混乱	
	2 分，存在幻想	
6. 昏乱症指征	0 分，无	
	1 分，在过去 7 天内，精神状态出现一定波动	
	2 分，在过去 7 天内，精神状态出现突变（包括集中的能力，对周围环境的觉察能力，思维，精神状态随着每天的事务起伏）	
7. 异常的行为征状	0 分，无	
	1 分，在最近 3 天，有出现或存在异常的行为，包括破坏性的，有违社会规范以及无目的的行为，但容易改正	
	2 分，在最近 3 天，有出现或存在异常的行为，包括破坏性的，有违社会规范以及无目的的行为，但不易改正	
上述评估项目总分为 14 分，本次评估得分为　　分		

3.2.4 认知功能

认知功能评价表，见表 3–16。

表 3–16 认知功能评价表

评估项目	具体评价指标及分值	分值
1. 记忆力	0 分，没有记忆力减退或稍微减退，没有经常性健忘	
	1 分，经常性的轻度遗忘，事情只能部分想起："良性"健忘症	
	2 分，中度记忆力减退；对最近的事尤其不容易记得；会影响日常生活	
	3 分，严重记忆力减退，只有高度重复学过的事物才会记得，新学的东西都很快会忘记	
	4 分，记忆力严重减退只能记得片段	
2. 定向能力	0 分，完全能定向	
	1 分，完全能定向，但涉及时间关联性时，稍有困难	
	2 分，涉及有时间关联性时，有中度困难。检查时，对地点仍有定向力，但在某些场合可能仍有地理定向力的障碍	
	3 分，涉及有时间关联性时，有严重困难，时间及地点都会有定向力的障碍	
	4 分，只能维持对人的定向力	
3. 解决问题能力	0 分，日常问题（包括财务及商业性的事务）都能处很好，和以前的表现比较，判断力良好	
	1 分，处理问题时，在分析类似性及差异性时，稍有困难	
	2 分，处理问题时，在分析类似性及差异性时，有中度困难；社会价值的判断力通常还能维持	
	3 分，处理问题时，在分析类似性及差异性时，有严重障碍；社会价值的判断力已受影响	
	4 分，不能作判断或解决问题	
4. 社会活动能力	0 分，与平常一样能独立处理相关工作、购物、业务、财务、参加义工及社团的事务	
	1 分，这些活动稍有障碍	
	2 分，虽然还能从事某些活动，但无法单独参与，对一般偶尔的检查，外表上还似正常	
	3 分，不会掩饰自己无力独自处理工作、购物等活动的窘境。被带出来外面活动时，外表还似正常	
	4 分，不会掩饰自己无力独自处理工作、购物等活动的窘境。外表上明显可知病情严重，无法在外活动	

续表

评估项目	具体评价指标及分值	分值
5. 语言沟通能力	0 分，能够清楚表达和书写	
	1 分，表达不够逻辑，用词或思维有困难，需要别人提示，但能够与人正常沟通	
	2 分，表达不清，用词或思维混乱，与人沟通有困难	
	3 分，表达不清，用词或思维混乱，与人沟通需别人帮助	
	4 分，无法表达，无法沟通	
上述评估项目总分为 20 分，本次评估得分为　　分		

3.2.5 社会参与能力

社会参与能力评价表，见表 3–17。

表 3–17 社会参与能力评价表

评估项目	具体评价指标及分值	分值
1. 生活能力	0 分，除个人生活自理外（如饮食、洗漱、穿戴、二便），能料理家务（如做饭、洗衣）或当家管理事务	
	1 分，除个人生活自理外，能做家务，但欠好，家庭事务安排欠条理	
	2 分，个人生活能自理；只有在他人帮助下才能做些家务，但质量不好	
	3 分，个人基本生活事务能自理（如饮食、二便），在督促下可洗漱	
	4 分，个人基本生活事务（如饮食、二便）需要部分帮助或完全依赖他人帮助	
2. 工作能力	0 分，原来熟练的脑力工作或体力技巧性工作可照常进行	
	1 分，原来熟练的脑力工作或体力技巧性工作能力有所下降	
	2 分，原来熟练的脑力工作或体力技巧性工作能力明显不如以往，部分遗忘	
	3 分，对熟练工作只有一些片段保留，技能全部遗忘	
	4 分，对以往的知识或技能全部磨灭	

续表

评估项目	具体评价指标及分值	分值
3. 空间定向	0 分 可单独出远门，能很快掌握新环境的方位	
	1 分 可单独来往于近街，知道现住地的名称和方位，但不知回家路线	
	2 分 只能单独在家附近行动，对现住地只知名称，不知道方位	
	3 分 只能在左邻右舍间串门，对现住地不知名称和方位	
	4 分 不能单独外出	
4. 人物定向	0 分 知道周围人们的关系，知道祖孙、叔伯、姑姨、侄子侄女等称谓的意义；可分辨陌生人的大致年龄和身份，可用适当称呼	
	1 分 只知家中亲密近亲的关系，不会分辨陌生人的大致年龄，不能称呼陌生人	
	2 分 只能称呼家中人，或只能照样称呼，不知其关系，不辨辈分	
	3 分 只认识常同住的亲人，可称呼子女或孙子女，可辨熟人和生人	
	4 分 只认识保护人，不辨熟人和生人	
5. 社会交往能力	0 分，参与社会，对社会环境有一定的适应能力，待人接物恰当	
	1 分，能适应单纯环境，主动接触人，初见面时难让人发现智力问题，不能理解隐喻语	
	2 分，脱离社会，可被动接触，不会主动待人，谈话中很多不适词句，容易上当受骗	
	3 分，勉强可与人交往，谈吐内容不清楚，表情不恰当	
	4 分，难以与人接触	

续表

评估项目	具体评价指标及分值	分值
6. 运动参与能力	0 分，能独立进行户外有氧运动（慢跑）	
	1 分，能独立进行户外伸展运动（太极拳、健身操）	
	2 分，能在室内进行行走锻炼（可借助扶手与拐杖）	
	3 分，能在座椅上进行手臂运动（健身球、手指操）	
	4 分，无法进行任何运动	
上述评估项目总分为 24 分，本次评估得分为　　分		

3.2.6 身体健康水平

身体健康水平评价表，见表 3-18。

表 3-18　身体健康水平评价表

疾病类型	具体疾病	
1. 一般和慢性疾病	心血管系统： □冠心病 □高血压 □风湿性心脏病 □心绞痛 □心律失常（一般性） □心力衰竭（Ⅰ～Ⅱ级） □主动脉瘤 / 动脉夹层 □动脉粥样硬化 / 动脉狭窄 □缺血性心脏病 □心瓣膜疾病 □肺心病	代谢和内分泌系统： □甲亢 / 甲减 □糖尿病 □类风湿性关节炎 □营养不良 □高尿酸血症和痛风 □原发性骨质疏松症 □代谢综合征 □高脂血症
	呼吸系统： □慢性阻塞性肺疾病 □肺气肿 □支气管哮喘 □支气管扩张 □慢性支气管炎	神经系统： □帕金森综合征 □阿尔茨海默病 □老年期痴呆（非阿氏病） □癫痫 □脑出血 / 脑梗死 □后循环缺血 □抑郁症（轻型）

续表

<table>
<tr><th>疾病类型</th><th colspan="2">具体疾病</th></tr>
<tr><td rowspan="3">1. 一般和慢性疾病</td><td>消化系统：
□消化性溃疡
□肝硬化
□便秘
□其他消化系统疾病</td><td>泌尿生殖系统：
□慢性肾功能不全（非尿毒症期）
□前列腺疾病</td></tr>
<tr><td>血液系统：
□贫血
□骨髓异常综合征</td><td>肿瘤：
□肿瘤早期
□肿瘤中期</td></tr>
<tr><td>骨 / 关节 / 脊柱：
□骨折（下肢、上肢）
□关节炎
□颈椎病
□腰椎病
□股骨颈骨折
□退行性骨关节炎
□骨质疏松症</td><td>其他：
□病毒性肝炎
□肺结核
□慢性肾功能衰竭
□白内障
□青光眼
□视网膜脱落
□牙周病
□营养不良
□大疱性类天疱疮</td></tr>
<tr><td>2. 重大疾病</td><td colspan="2">□恶性肿瘤
□尿毒症透析
□器官移植（含手术后的抗排异治疗）
□白血病
□急性心肌梗塞
□脑中风
□急性坏死性胰腺炎
□脑外伤
□主动脉手术
□冠状动脉旁路手术
□慢性肾功能性衰竭
□急慢性重症肝炎
□危及生命的良性脑瘤
□重症糖尿病
□消化道出血
□系统性红斑狼疮
□慢性再生障碍性贫血
□血友病</td></tr>
</table>

续表

疾病类型	具体疾病
2. 重大疾病	□严重心律失常 □慢性心力衰竭（心功能Ⅲ～Ⅳ级） □多器官功能衰竭 □慢性阻塞性肺疾病 （肺心病心功能Ⅲ～Ⅳ级） □呼吸衰竭 □脑血管意外合并吞咽障碍
3. 痴呆	□无 □轻度 □中度 □重度
4. 精神疾病	□无 □精神分裂症 □双向情感障碍 □偏执性精神障碍 □分裂情感性障碍 □癫痫所致精神障碍 □精神发育迟滞伴发精神障碍
评分	0 级：无上述疾病。 1 级：患有 1 ～ 2 种一般和慢性疾病，无痴呆、无精神疾病。 2 级：患有 3 种以上一般和慢性疾病，无痴呆、无精神疾病。 3 级：患有重大疾病、痴呆或精神疾病

3.3 评价结果分级

评估人员通过询问被评估者或主要照顾者，按照上述评估指标进行逐项评估，并填写每个二级指标的评分。

3.3.1 一级指标分级

1. 日常生活活动能力

日常生活活动能力通过对 22 个二级指标的评定，将其得分相加得到总分；总分划分为 0（能力完好）、1（轻度受损）、2（中度受损）、3（重度受损）4 个等级，分级标准参见表 3–19。

表 3-19 日常生活活动能力分级

分级	水平	分级标准
0	能力完好	0
1	轻度受损	20 ～ 39
2	中度受损	40 ～ 59
3	重度受损	60 ～ 88

2. 感知觉与沟通能力

感知觉与沟通能力通过对 7 个二级指标的评定，将其得分相加得到总分；总分划分为 0（能力完好）、1（轻度受损）、2（中度受损）、3（重度受损）4 个等级，分级标准参见表 3-20。

表 3-20 感知觉与沟通能力分级

分级	水平	分级标准
0	能力完好	0
1	轻度受损	1 ～ 10
2	中度受损	11 ～ 15
3	重度受损	16 ～ 23

3. 精神状态

精神状态通过对 7 个二级指标的评定，将其得分相加得到总分；总分划分为 0（能力完好）、1（轻度受损）、2（中度受损）、3（重度受损）4 个等级，分级标准参见表 3-21。

表 3-21 精神状态分级

分级	水平	分级标准
0	能力完好	0
1	轻度受损	1 ～ 5
2	中度受损	6 ～ 9
3	重度受损	10 ～ 14

4. 认知功能

认知功能通过对 5 个二级指标的评定，将其得分相加得到总分；总分划分为 0（能力完好）、1（轻度受损）、2（中度受损）、3（重度受损）4 个等级，分级标准参见表 3-22。

表 3-22　认知功能分级

分级	水平	分级标准
0	能力完好	0
1	轻度受损	1 ～ 15
2	中度受损	16 ～ 20
3	重度受损	21 ～ 24

5. 社会参与能力

社会参与能力对 6 个二级指标的评定，将其得分相加得到总分；总分划分为 0（能力完好）、1（轻度受损）、2（中度受损）、3（重度受损）4 个等级，分级标准参见表 3-23。

表 3-23　社会参与能力分级

分级	水平	分级标准
0	能力完好	0
1	轻度受损	1 ～ 10
2	中度受损	11 ～ 15
3	重度受损	16 ～ 20

6. 身体健康水平

身体健康水平对 4 个二级指标的评定，总分划分为 0（能力完好）、1（轻度受损）、2（中度受损）、3（重度受损）4 个等级，分级标准参见表 3-24。

表 3-24　身体健康水平能力分级

分级	分级标准
0	能力完好
1	轻度受损
2	中度受损
3	重度受损

3.3.2　老年人能力等级

综合日常生活活动能力、感知觉与沟通能力、精神状态、认知功能、社会参与能力和身体健康水平这六个一级指标的分级，将老年人能力划分为 0（能力完好）、1（轻度失能）、2（中度失能）、3（重度失能）4 个等级，能力分级标准参见表 3-25。

表 3-25 老年人能力分级标准

能力等级	等级名称	分级标准
0	能力完好	日常生活活动能力、感知觉与沟通、精神状态、认知功能分级均为0，社会参与能力分级为 0 或 1，身体健康水平为 0
1	轻度失能	日常生活活动能力分级为 0，但感知觉与沟通、精神状态、身体健康水平中至少一项分级为 1 或 2，或社会参与的分级为 2，或认知功能为 1； 或日常生活活动分级为 1，感知觉与沟通、精神状态、身体健康水平、社会参与、身体健康水平中至少有一项的分级为 0 或 1
2	中度失能	日常生活活动能力分级为 1，但感知觉与沟通、精神状态、社会参与均为 2，或有一项为 3，身体健康水平为 1； 或日常生活活动分级为 2，且感知觉与沟通、精神状态、社会参与、身体健康水平中有 1 ～ 2 项的分级为 1 或 2； 或认知功能为 2
3	重度失能	日常生活活动的分级为 3； 或日常生活活动、精神状态、认知功能、感知觉与沟通、社会参与、身体健康水平分级均为 2； 或日常生活活动分级为 2，且精神状态、感知觉与沟通、社会参与中至少有一项分级为 3； 或认知功能为 3； 或身体健康水平为 3

注：1.处于昏迷状态者，直接评定为重度失能。
2.有以下情况之一者，在原有能力级别上提高一个级别：①有认知障碍/痴呆；②有精神疾病；③近 30 天内发生过 2 次及以上跌倒、噎食、自杀、走失

老年人行为空间尺度

建筑是供人们使用的，它的空间尺度必须满足人体活动的要求，既不能使人们活动不方便，也不应过大造成不必要的浪费。建筑物中的家具、设备的尺寸，踏步、窗台、栏杆的高度，门洞、走廊、楼梯的宽度和高度，也都与人体尺度及其活动所需空间尺度有关。所以，人体尺度和人体活动所需的空间尺度是确定建筑空间的基本依据。

4.1 老年人人体尺度

1986—1987 年，我国开展了第一次全国规模的人体测量工作，中国标准化研究院在全国 16 个省市，采用直尺、马丁测量仪等手工测量技术对 22000 多名成年人（18 ～ 60 岁）进行了人体测量，采集了包括身高、腰围、臀围、足长、体重、握力等 73 项工效学基础数据，在此基础上发布了我国成年人人体尺寸的系列国家标准《中国成年人人体尺寸》（GB 10000—1988），提供了我国成年人人体尺寸的基础数值。该标准已经成为服装、家具、汽车等许多行业领域技术标准的基础标准。1992 年发布了《工作空间人体尺寸》（GB/T 13547—1992），2010 年发布了中国未成年人体尺寸系列标准，包括《中国未成年人人体尺寸》（GB/T 26158—2010）、《中国未成年人手部尺寸分型》（GB/T 26159—2010）、《中国未成年人头面部尺寸》（GB/T 26160—2010）、《中国未成年人足部尺寸分型》（GB/T 26161—2010）。

人体尺寸数据具有较强的时效性，一般每 10 年就需修订一次，近年来美国分别在 1998—2000 年和 1999—2002 年进行了两次大规模人体测量，而我国现有成年人人体尺寸数据采集于 1986 年。近 40 年来，我国人民生活水平有了质的飞跃，身体体型发生了巨大变化，现有的成年人人体数据已无法准确反映当前我国国民的身体状况。2009 年，中国标准化研究院曾采集了 3000 份中国成年人三维人体尺寸，发现中国人尤其是 35 岁以上人群明显变胖，成年男子身高增加 2cm、腰围增加 5cm。目前，我国成年人人体尺寸数据已严重滞后，力量、视觉、听觉等工效学基础参数数据基本空白，已严重影响我国工效学研究和应用，以及工业设计水平的发展和人们生活质量的提高。

2013 年，中国标准化研究院牵头组织实施国家科技基础性工作专项重点项目“中国成年人工效学基础参数调查”，以 18 ～ 75 岁的中国成年人为对象进行全国范围内的调查，正式数据尚未发布。

目前，国内外对于老年人的人体数据都不太完善，然而，由于社会生活条件的改善，人的寿命不断增加，我国也进入老龄化社会，在建筑和老年用品的设计中涉及老年人的各种问题应该逐渐引起重视。

4.1.1 人体基本测量项目

国际上与设计中有关人体测量相关的标准为 ISO 7250-1：2017《技术设计用基本人体测量 第 1 部分：人体测量定义和标志》(Basic human body measurements for technological design - Part 1：Body measurement definitions and landmarks)，我国对应的标准为《用于技术设计的人体测量基础项目》(GB/T 5703—2010)(修改采用的 ISO 7250-1：2008 版)。标准定义了与设计有关的人体基础测量项目（图 4-1）。

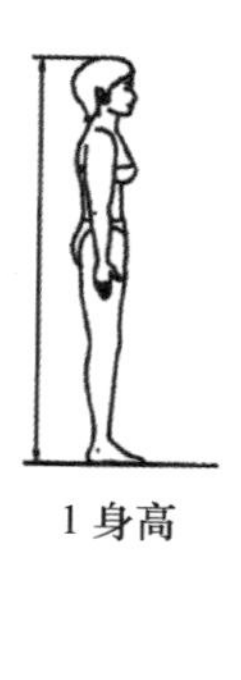
1 身高

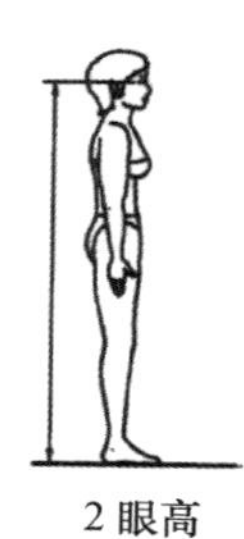
2 眼高

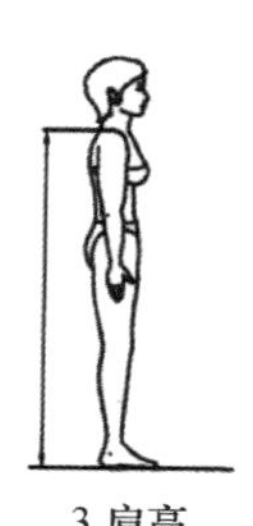
3 肩高

4 肘高

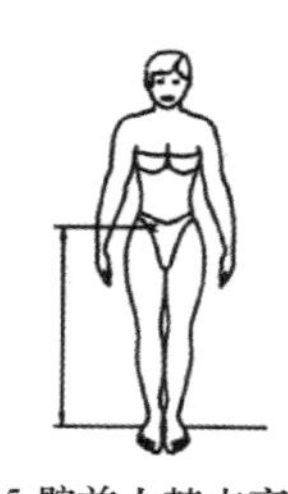
5 髂前上棘点高，立姿

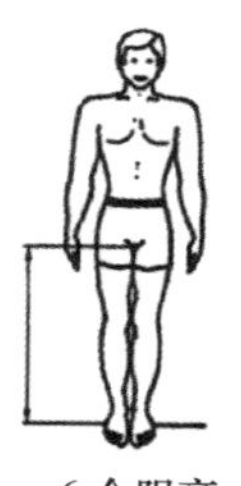
6 会阴高

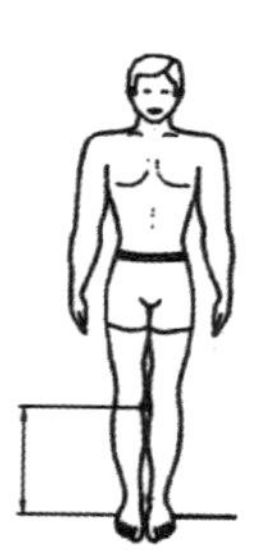
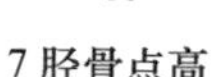
7 胫骨点高

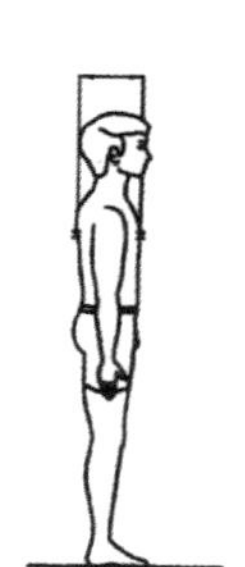
8 胸厚，立姿

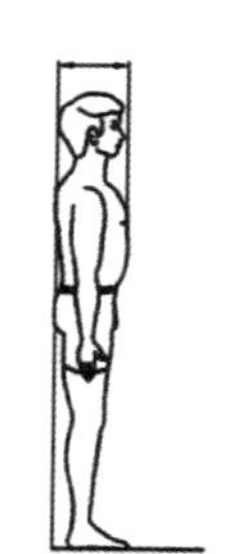
9 体厚，立姿

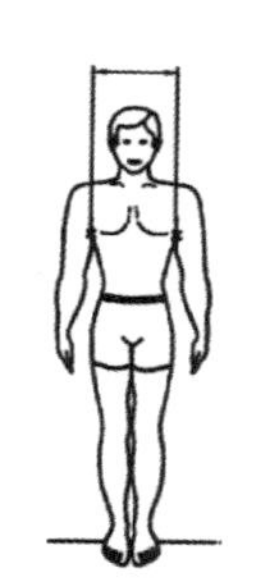
10 胸宽，立姿

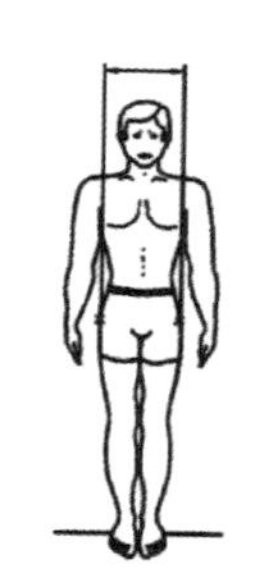
11 臀宽，立姿

12 坐高

13 眼高，坐姿

14 颈椎点高，坐姿

15 肩高，坐姿

16 肘高，坐姿

17 肩肘距

18 肘腕距

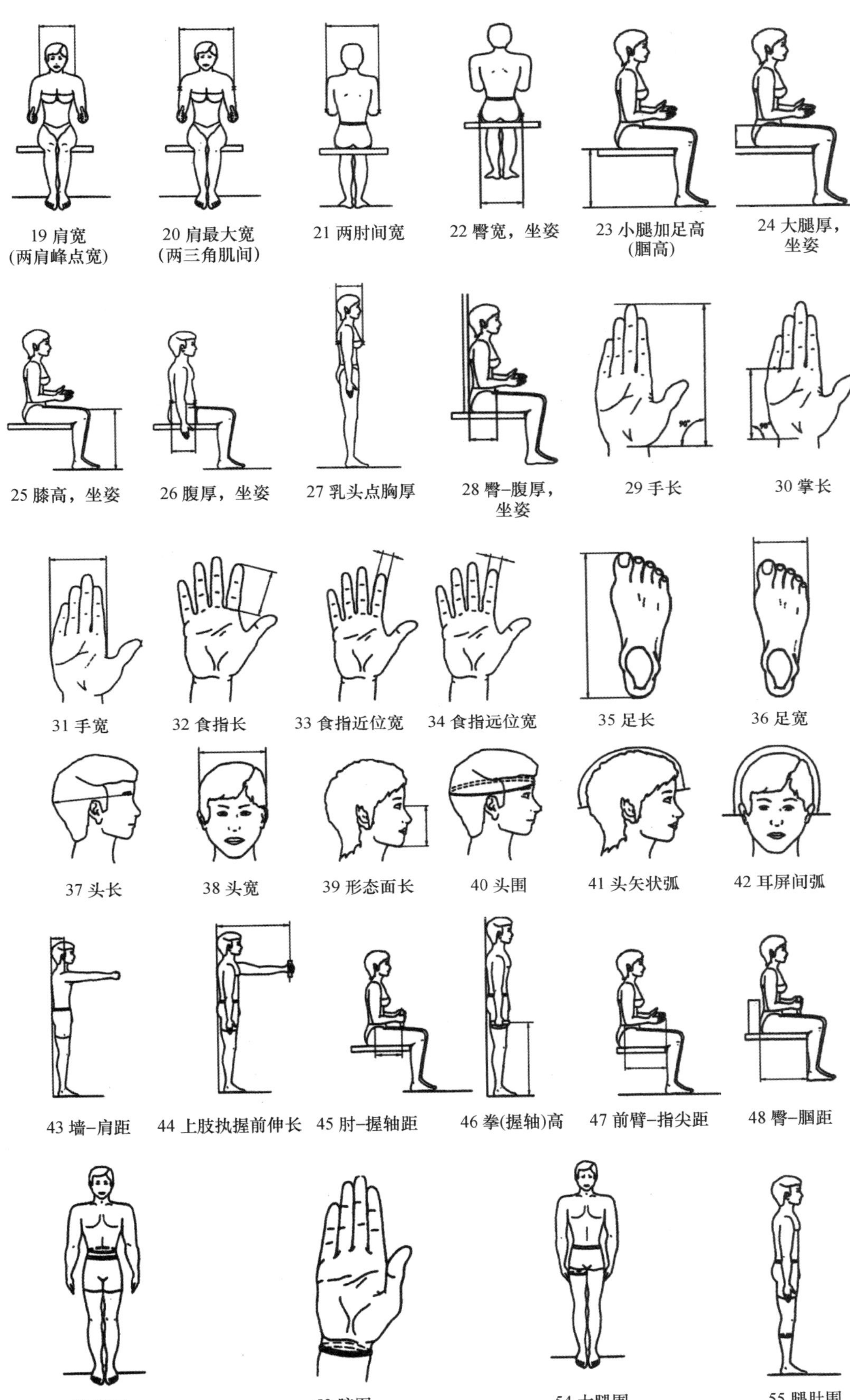

图 4-1　与设计有关的人体基础测量项目

4.1.2 老年人基本人体尺寸

为掌握老年人的主要人体尺寸，国内研究人员也做了大量相关研究，如表 4–1 所示为不同地区老年男性和老年女性的常用人体尺寸，为适老空间设计提供了参考。老年人基本尺寸与家具部品选用原则，见表 4–2。

表 4–1 不同地区老年男性和老年女性的常用人体尺寸

尺寸测量值	动作状态	应用举例——为家具、部品的高度尺寸提供参考	应用举例——为家具、部品平面尺寸提供参考	本次测量结果提供的参考均值（mm）				备注
				地区一		地区二		
				男性	女性	男性	女性	
身高	静态	确定门的最小高度（将搬运家具所需尺寸排除在外的情况）为设备和用具高度提供参考	无	1630	1530	1610	1518	需要满足 100% 使用者
摸高	静态	确定开关、把手、书架及衣帽架的最大高度	无	2061	1884	2033	1883	需要满足 100% 使用者
两肘间宽	静态	无	确定餐桌、书桌等周围座椅位置	431.4	517.3	452	415.5	采用第 95 百分位数据
坐姿下肢长	静态	确定坐便部品、床、餐椅、浴椅等一系列高度	无	925.8	892.2	958.7	872.5	采用第 95 百分位数据，椅面高度最好可调节

注：来源于老年人人体尺寸测量数据应用报告。

表 4-2　老年人基本尺寸与家具部品选用原则

顺序	人体测量方式	测量内容图示	目的	为产品设计与环境设计提供的方向举例
1	人体静态测量	身体支撑点不移动，保持自然静止状态	了解静态人体尺寸	人体静态时的家具部品设计，如桌椅、床面的尺寸规格，室内设计中部品的尺寸，如门的高度
2	准动态人体测量	保持身体支撑点不动的静止状态下，使用上下肢进行辅助性的动作	了解人体动作尺度，以便于了解动作区域	室内设计中家具部品的位置排布，如橱柜台面高度、壁柜高度等
3	人体动态测量	测量为达成目的性行为，使身体支撑点连续移动时的身体状态	了解移动性动作，以便于了解接触领域与动作的必要空间	室内设计中家具部品的位置排布，例如不影响过道的前提下，餐桌在客厅中的摆放位置
4	留隙空间（预留余量值）的测量	测量日常生活行为中在对人、对物的关系中，行为者的身体周围形成的非接触型的空间领域——留隙空间	通过以上动作的必要空间，了解复合动作空间，从而了解单位空间，到室内空间	配合以上动作空间的判断，对环境设计提供一部分参考

注：来源于老年人人体尺寸测量数据应用报告。

4.1.3　建筑设计中老年人人体尺寸

我国建筑标准设计图集《老年人居住建筑》（15J923）中给出了在建筑设计中要考虑的常用老年人人体尺寸，如图 4-2 和图 4-3 所示。

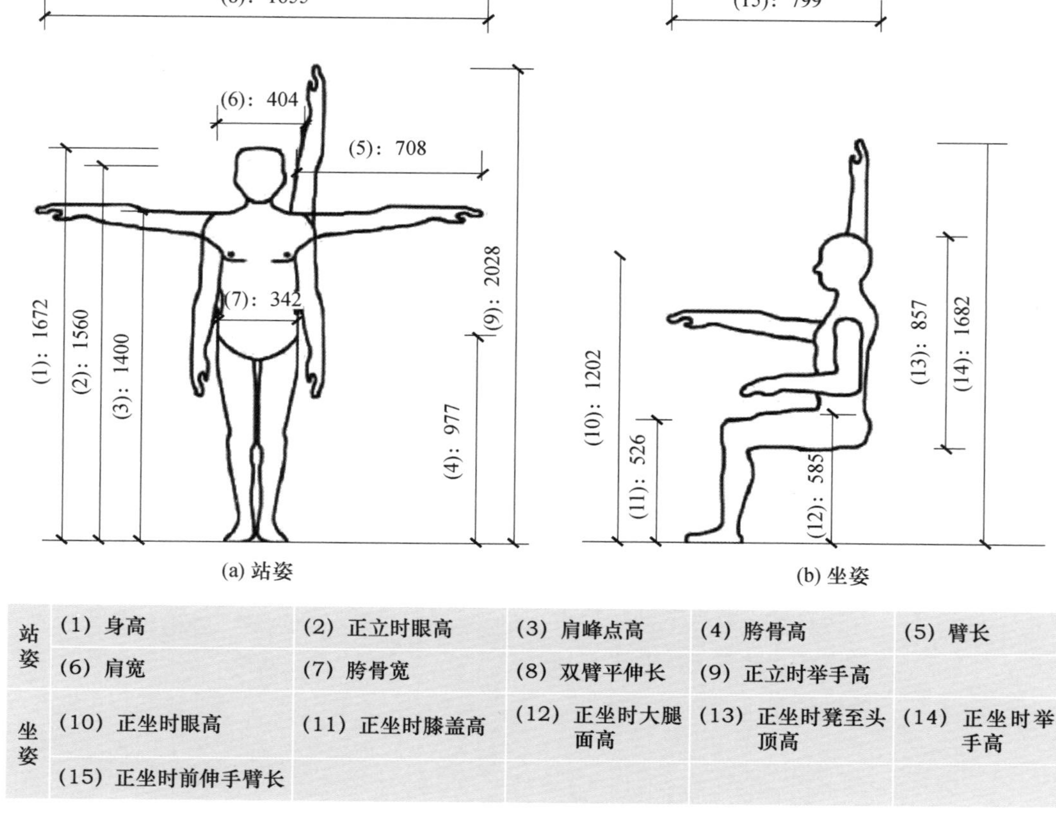

站姿	(1) 身高	(2) 正立时眼高	(3) 肩峰点高	(4) 胯骨高	(5) 臂长
	(6) 肩宽	(7) 胯骨宽	(8) 双臂平伸长	(9) 正立时举手高	
坐姿	(10) 正坐时眼高	(11) 正坐时膝盖高	(12) 正坐时大腿面高	(13) 正坐时凳至头顶高	(14) 正坐时举手高
	(15) 正坐时前伸手臂长				

图 4-2 我国男性老年人人体尺度（mm）

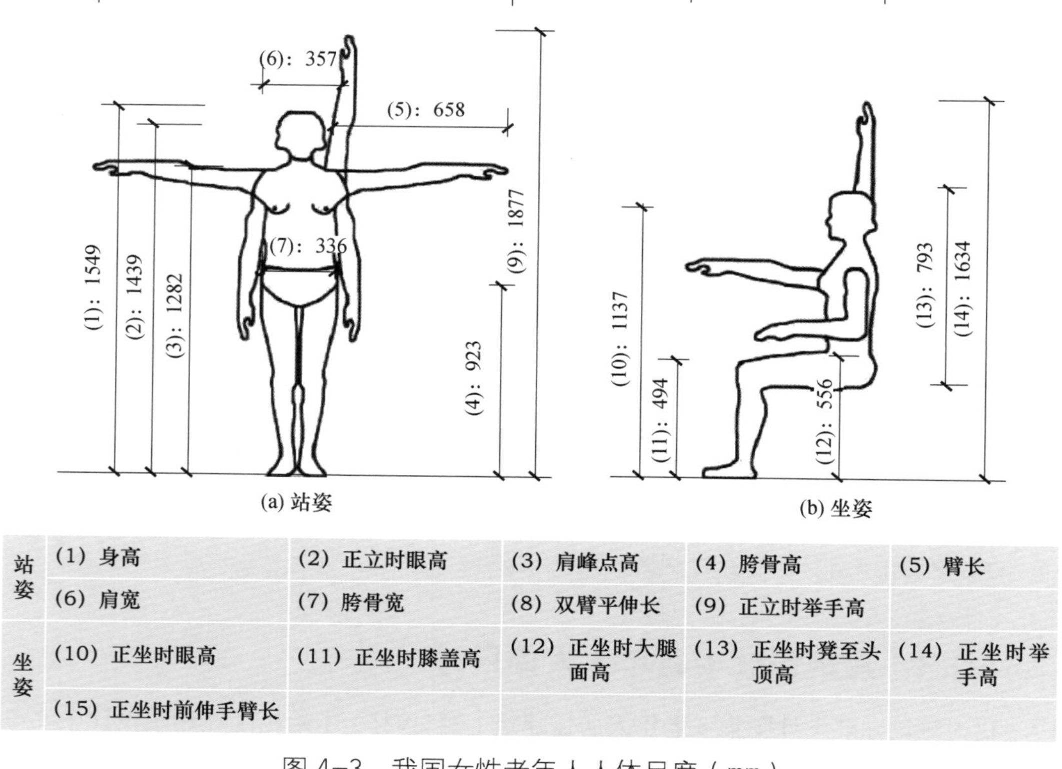

站姿	(1) 身高	(2) 正立时眼高	(3) 肩峰点高	(4) 胯骨高	(5) 臂长
	(6) 肩宽	(7) 胯骨宽	(8) 双臂平伸长	(9) 正立时举手高	
坐姿	(10) 正坐时眼高	(11) 正坐时膝盖高	(12) 正坐时大腿面高	(13) 正坐时凳至头顶高	(14) 正坐时举手高
	(15) 正坐时前伸手臂长				

图 4-3 我国女性老年人人体尺度（mm）

4.2 空间尺度

4.2.1 轮椅尺寸和空间尺度

轮椅尺寸和空间尺度如图 4-4 ～图 4-8 所示。

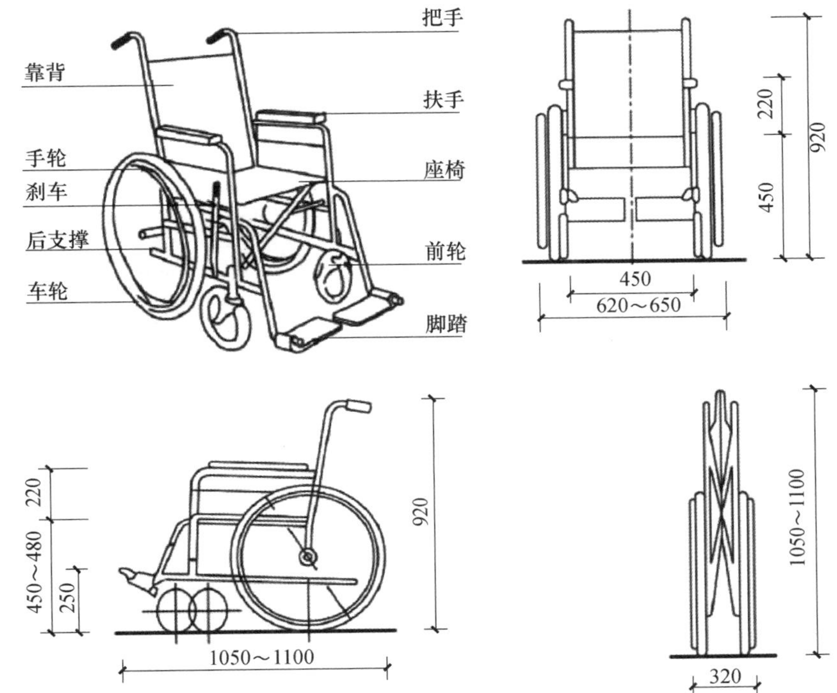

图 4-4　手动轮椅一般尺寸（mm）

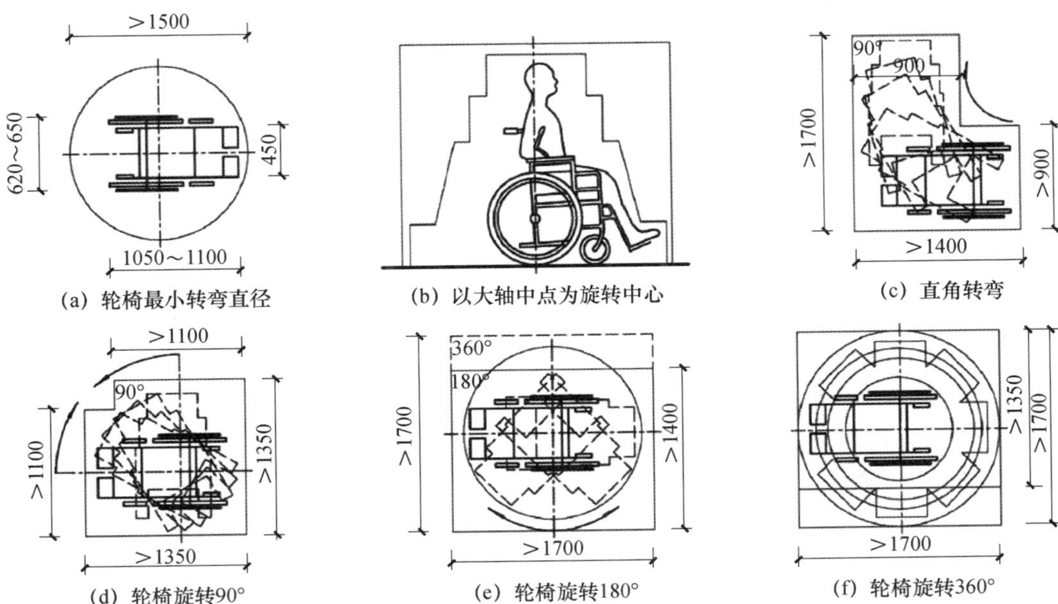

图 4-5　手动轮椅旋转空间尺寸（mm）

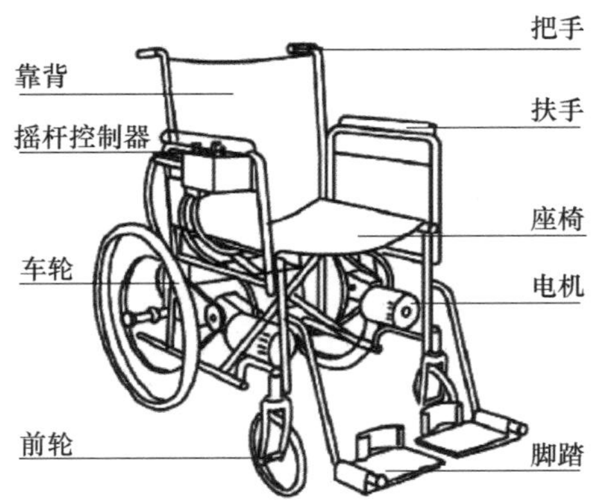

长度	宽度	高度
1010～1080	600左右	850～1080

图 4-6　电动轮椅一般尺寸（mm）

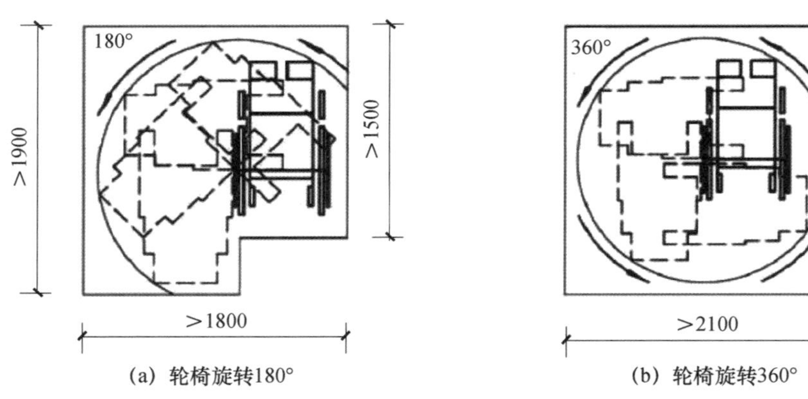

图 4-7　电动轮椅旋转空间尺寸（mm）

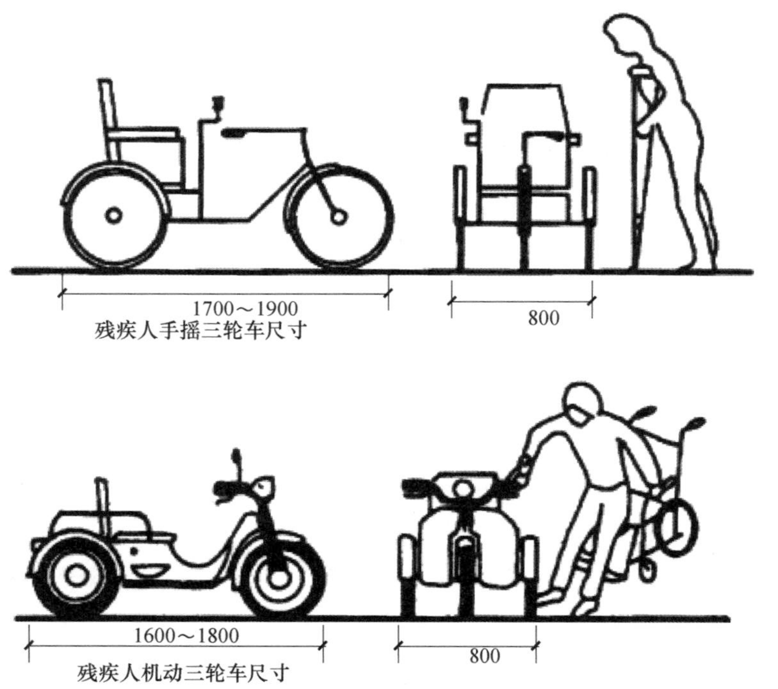

图 4-8　助行器规格类别及尺寸（mm）

4.2.2 助力行走空间尺度

助力行走空间尺度，如图 4–9 ～图 4–12。

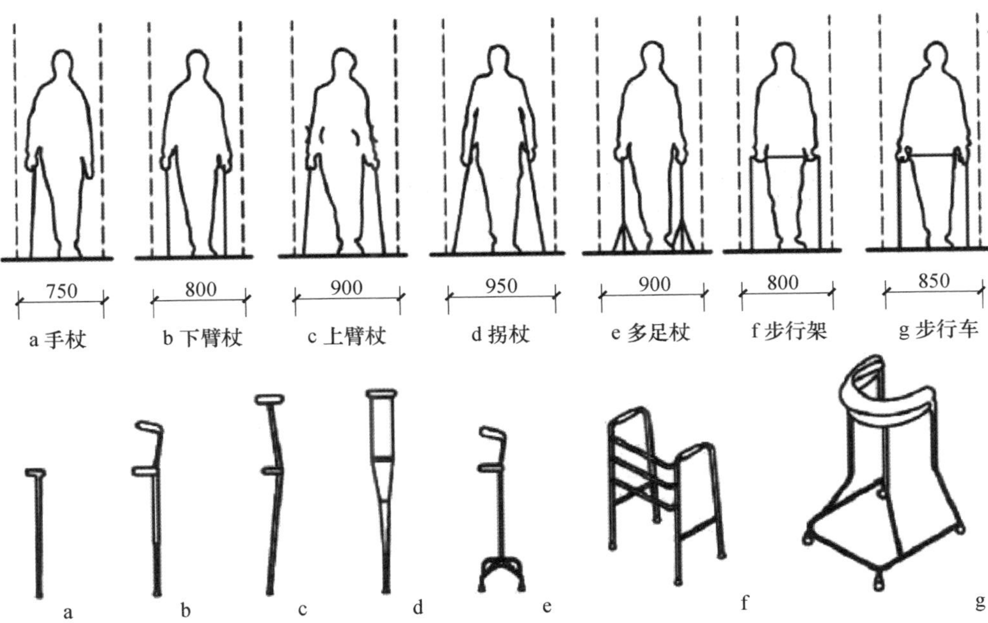

图 4–9　独立行走空间尺寸（mm）

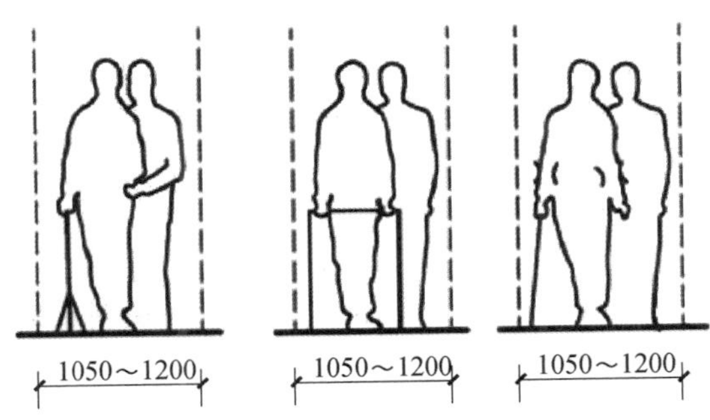

图 4–10　伴行空间尺寸（mm）

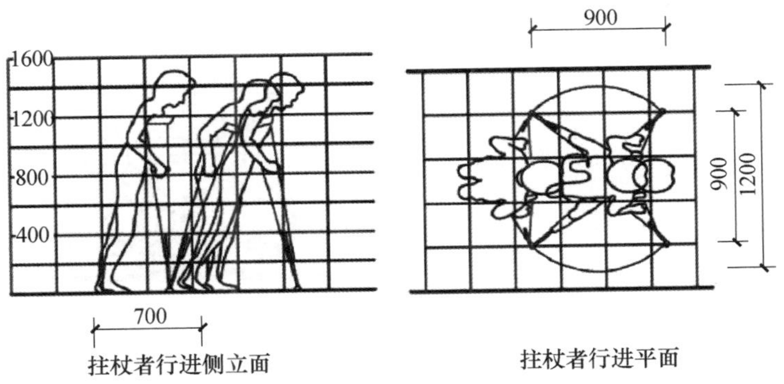

图 4–11　拄拐杖空间尺寸（mm）

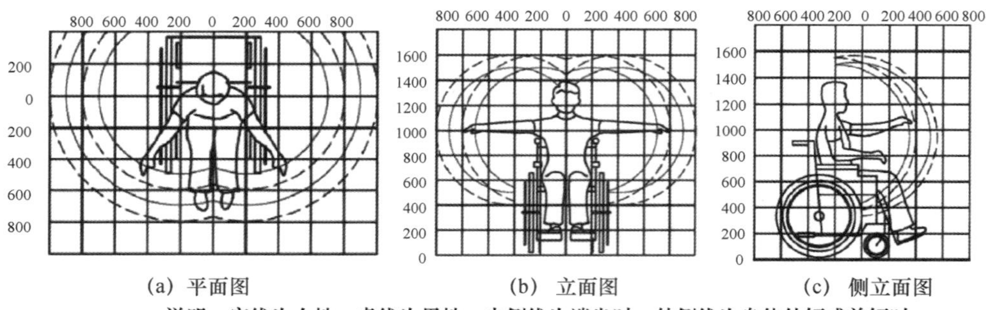

说明：实线为女性，虚线为男性；内侧线为端坐时，外侧线为身体外倾或前倾时。
坐轮椅者伸展空间范围

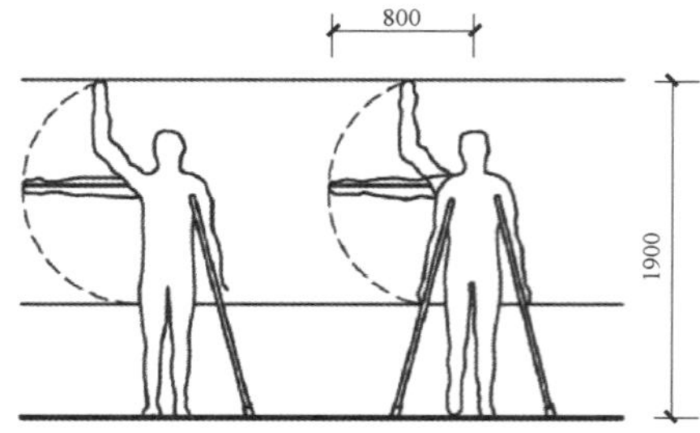

图 4-12 拄拐杖者伸展空间范围（mm）

4.2.3 常用操作空间尺寸

常用操作空间尺寸如图 4-13 ～图 4-19 所示。

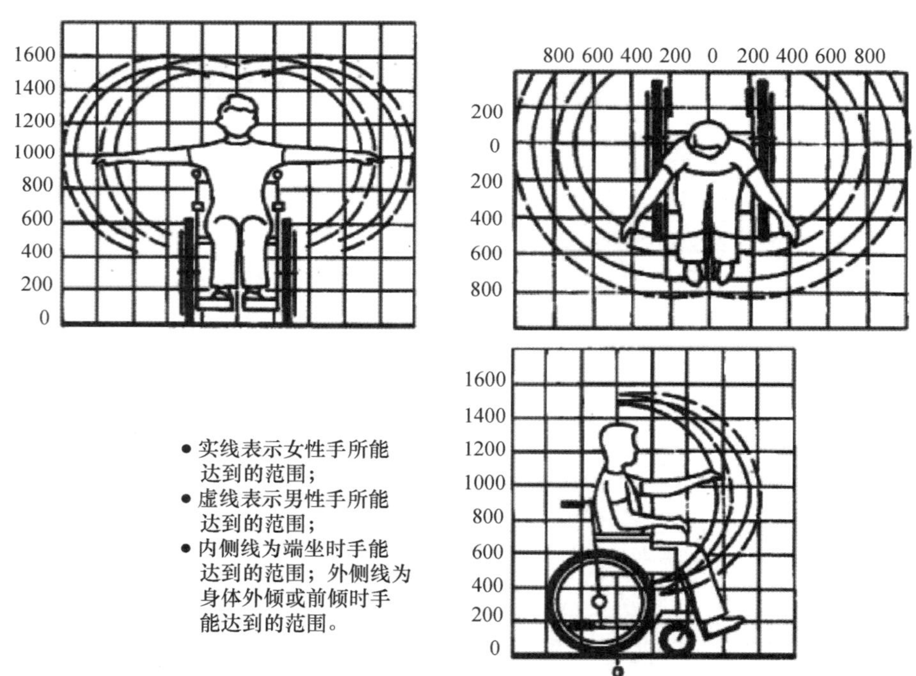

图 4-13 乘轮椅者上肢活动空间尺寸（mm）

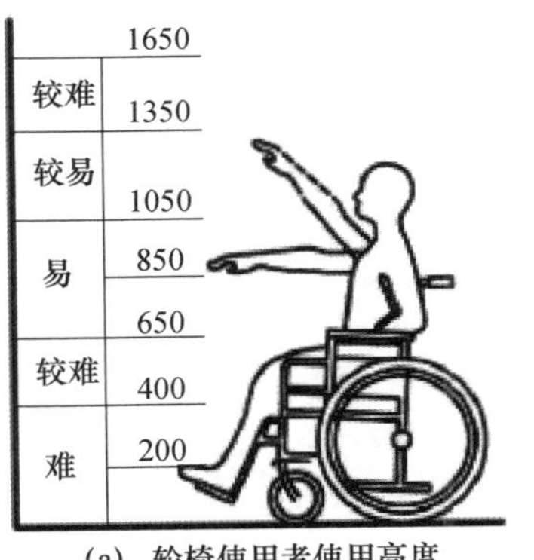

(a) 轮椅使用者使用高度

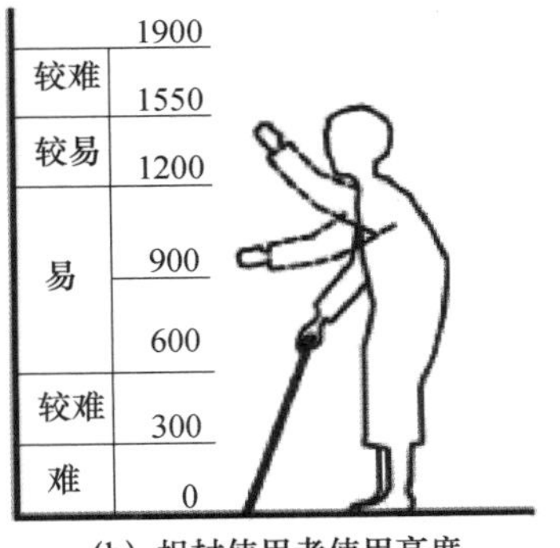

(b) 拐杖使用者使用高度

图 4-14　操作高度（mm）

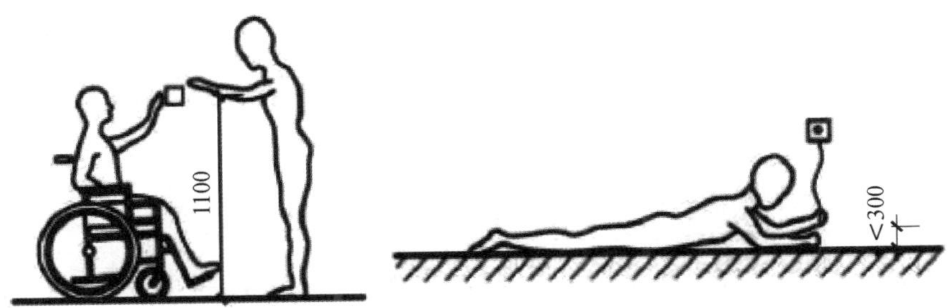

图 4-15　开关、报警系统高度（mm）

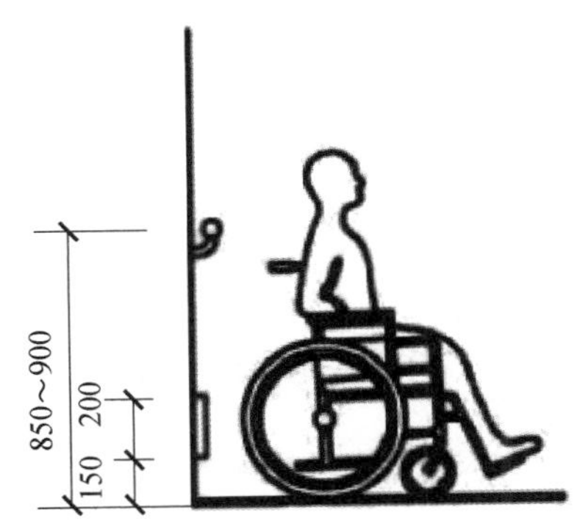

图 4-16　开门把手和轮椅防撞高度（mm）

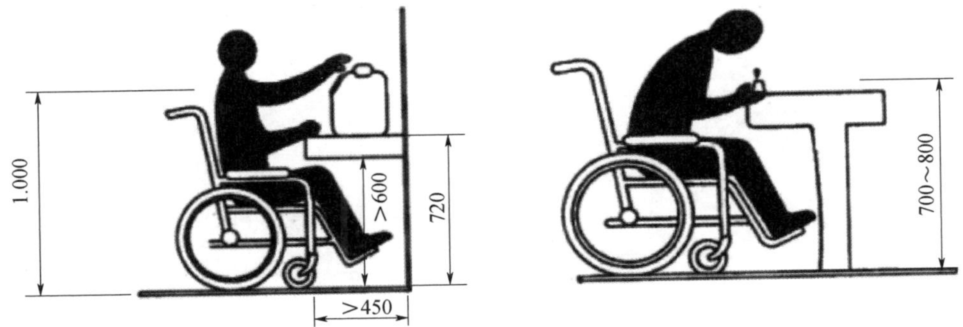

图 4-17　洗漱台高度（mm）

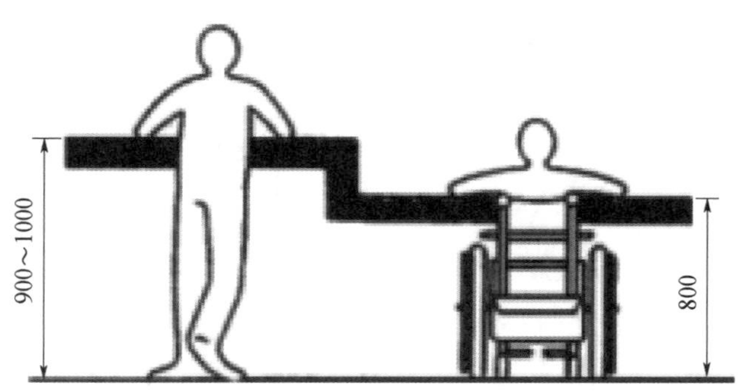

图 4-18　工作台高度（mm）

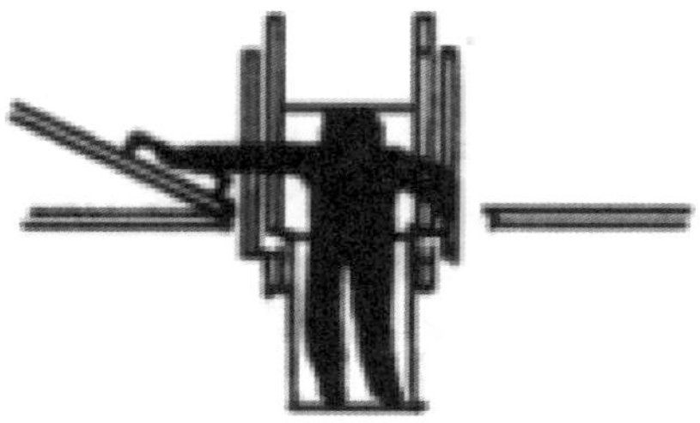

门上辅助拉手位置

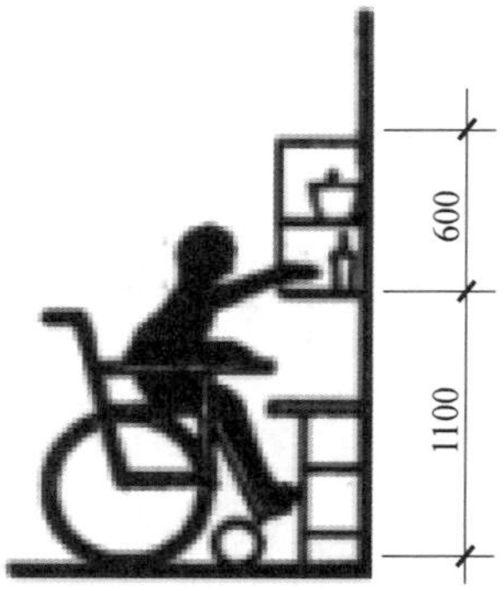

吊柜高度位置

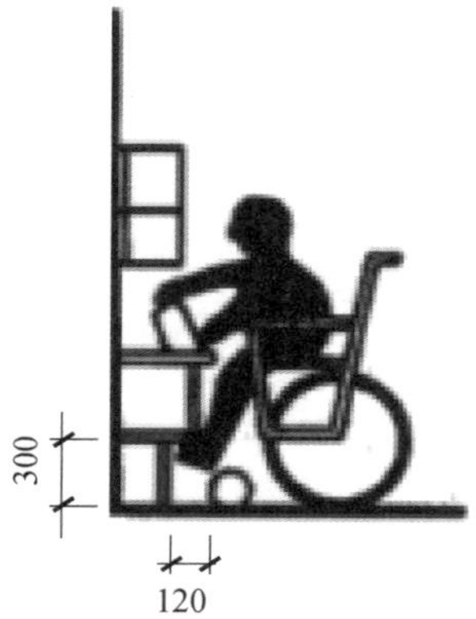

切菜台下面去掉300

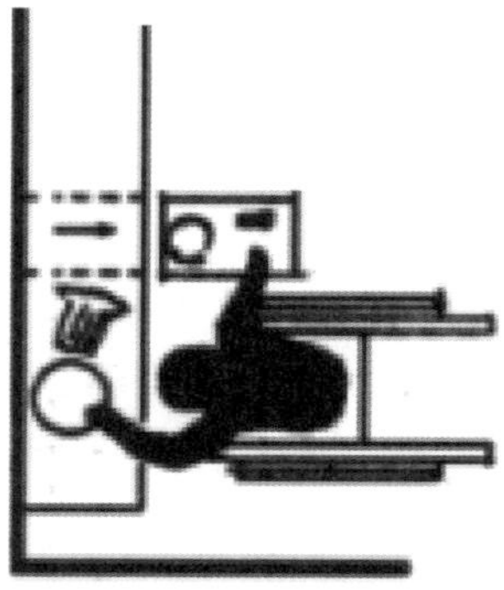

能推拉小调料柜

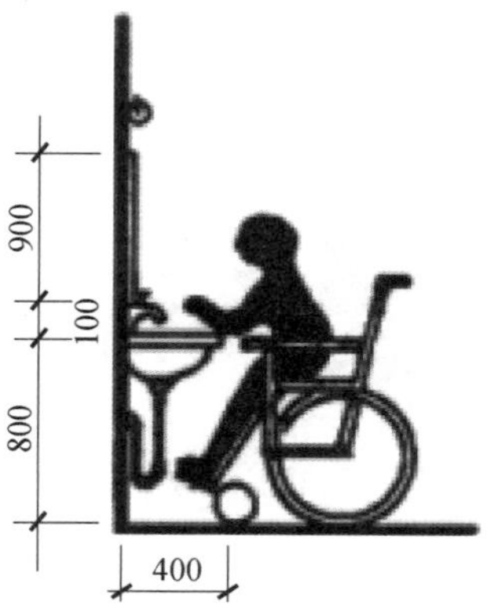

手盆及镜子高度
适合于坐轮椅者使用

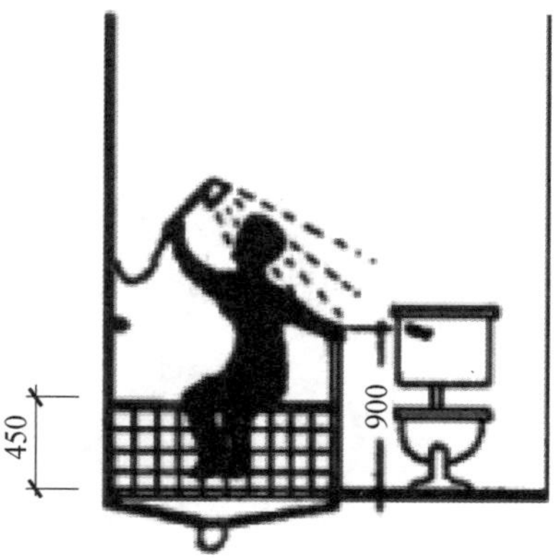

沐浴池侧做坐台及扶手

恭桶靠墙一侧设拉杆

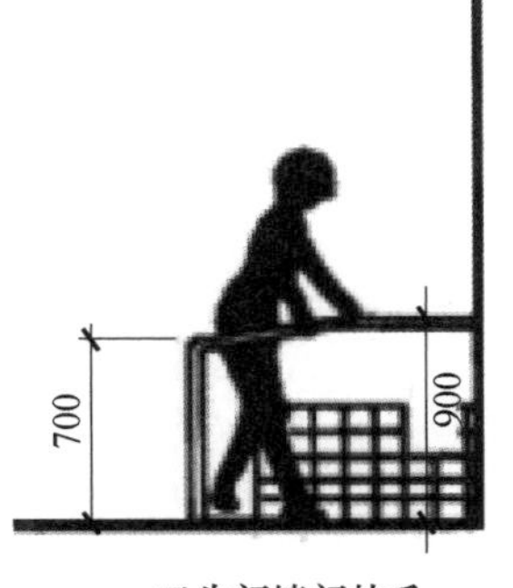

卫生间墙间扶手

图 4-19 其他位置高度（mm）

4.2.4 老年人居家生活空间要点

老年人居家生活空间应根据居住老年人的身体健康情况和实际生活需求进行设计和改造。清华大学建筑学院周燕珉教授等国内专家学者在老年住宅套内空间设计方面进行了深入地研究，以“老年人为本”的设计理念，设计了满足不同老年人的生理以及心理需求的建筑室内空间环境。

1. 门厅（图 4-20 ～图 4-22）

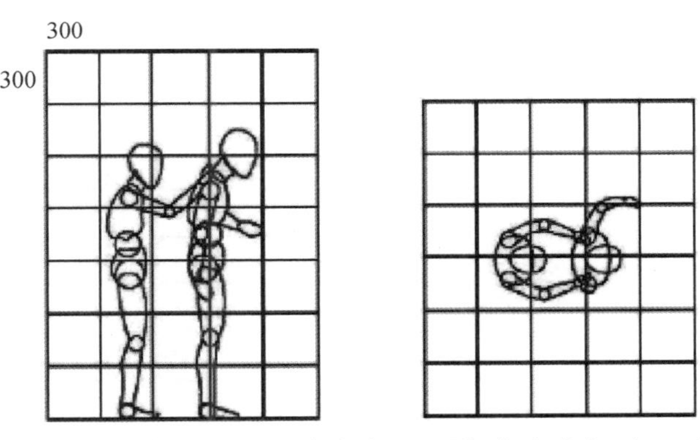

图 4-20 穿衣：门厅为老年人预留穿衣空间（mm）

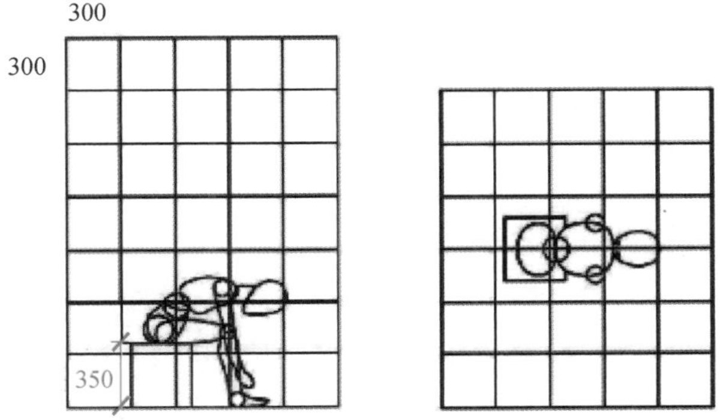

图 4-21 穿鞋：鞋凳高度和低头穿鞋头部空间（mm）

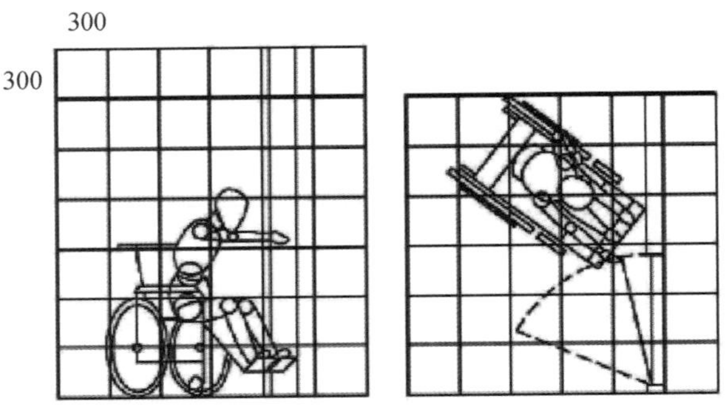

图 4-22　开门：乘坐轮椅老年人开门空间（mm）

2. 起居室（图 4-23）

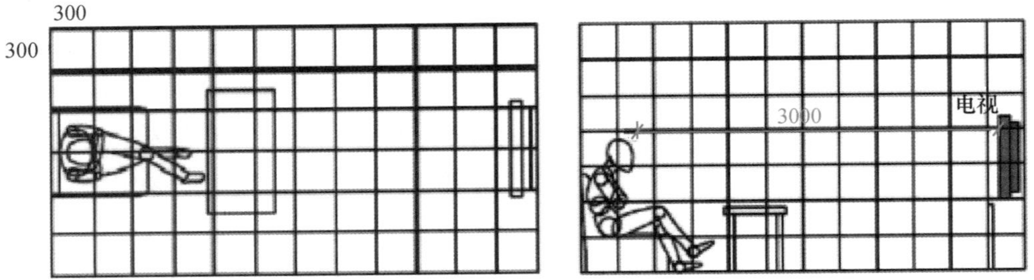

图 4-23　看电视：老年人视力下降，看电视的距离（mm）较成年人相比较小

3. 餐厅（图 4-24 ～图 4-25）

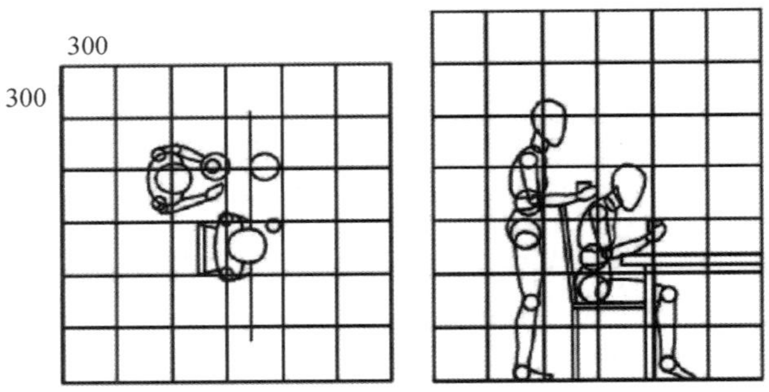

图 4-24　帮助老年人进餐：餐桌放置注意预留护理老年人进餐所需的空间（mm）

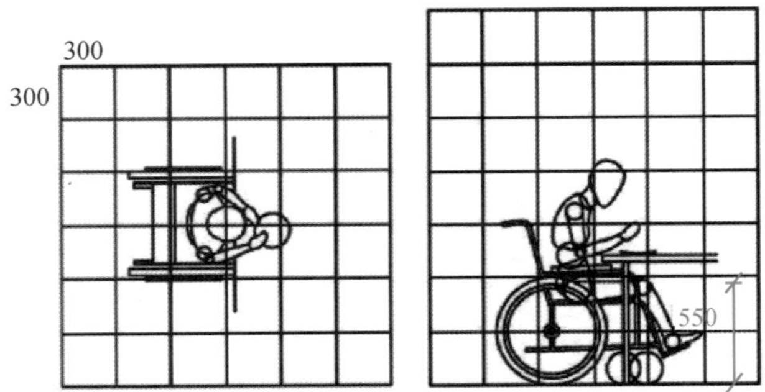

图 4-25　轮椅老年人进餐：餐桌下部空间高度（mm）应能满足轮椅老年人腿部伸进餐桌下

4. 卧室（图 4–26 和图 4–27）

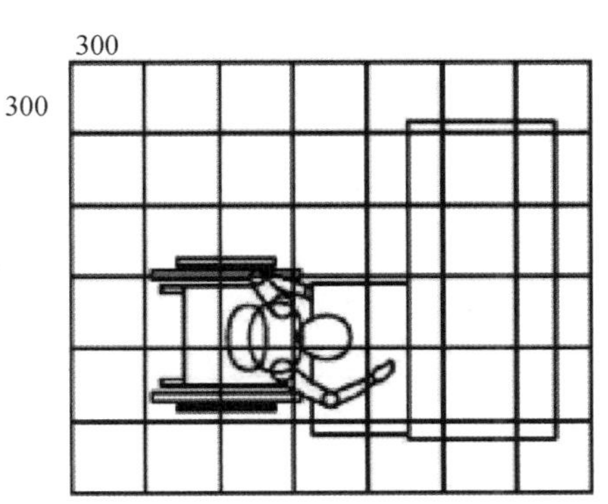

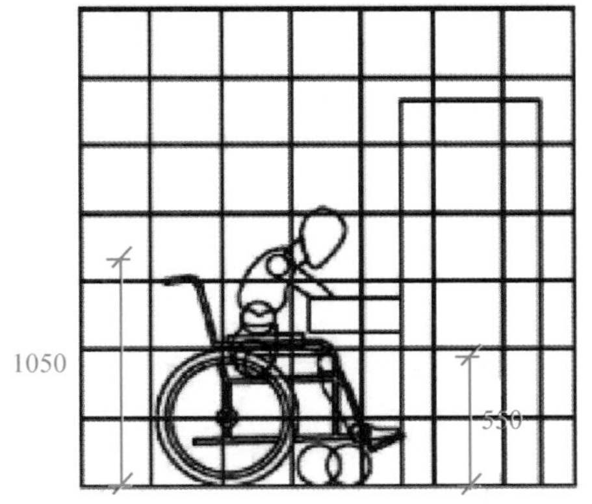

图 4–26　轮椅老年人卧室抽屉高度（mm）：比正常人高 4 ～ 5cm，轮椅老年人视点较低，抽屉高度应高于轮椅老年人膝盖，低于轮椅老年人肩膀

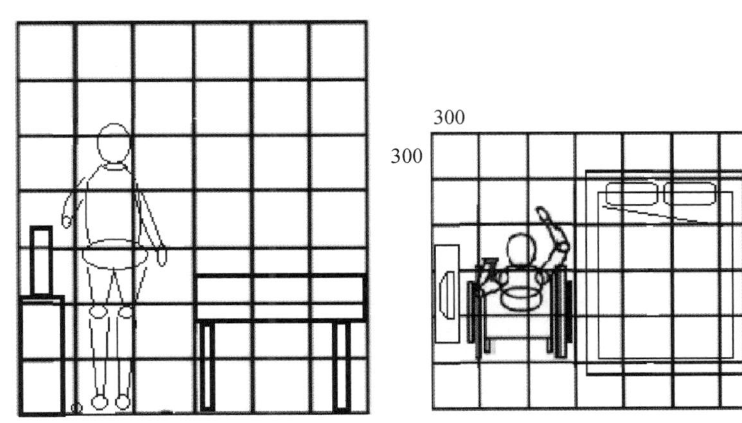

图 4–27　轮椅老年人通行：床与电视柜之间应留有轮椅通行宽度（mm）

5. 厨房（图 4–28 ～图 4–30）

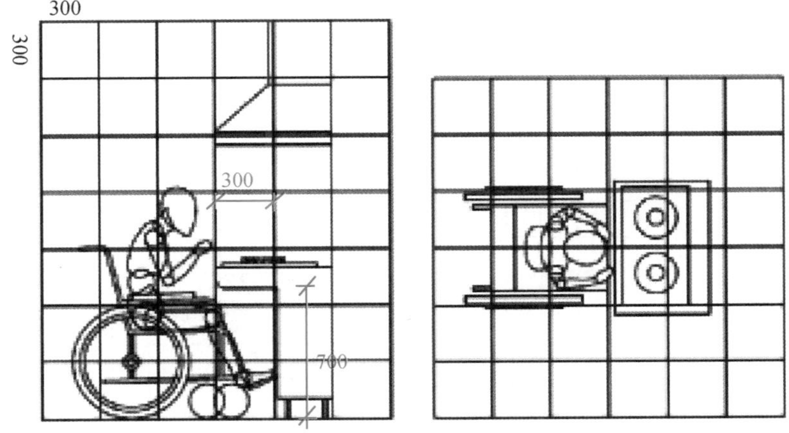

图 4–28　轮椅老年人灶台高度（mm）：灶台下流出轮椅接近空间

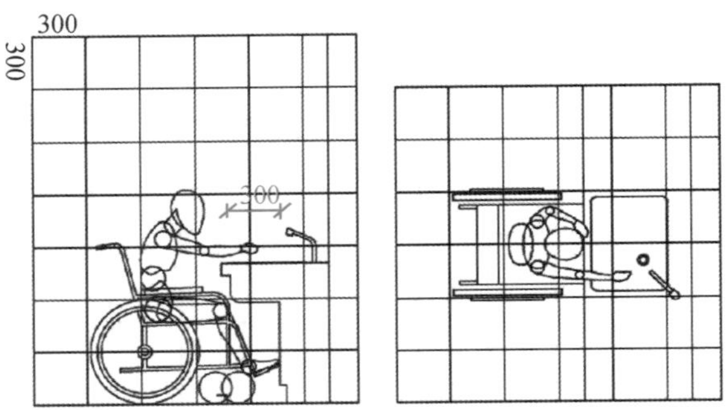

图 4-29　轮椅老年人厨房水池：水池下留出轮椅接近空间（mm），水池不应太深

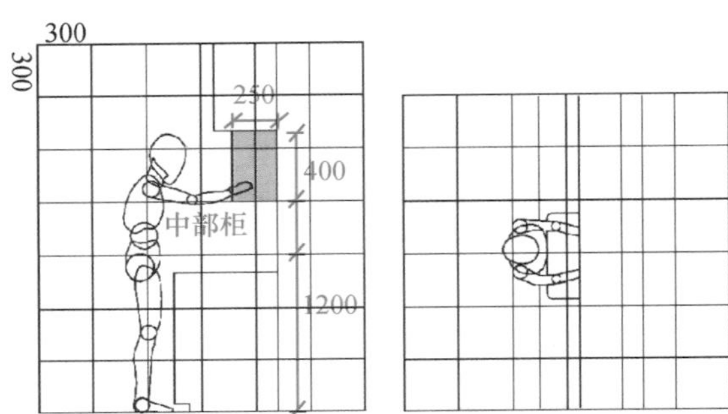

图 4-30　厨房吊柜：吊柜（mm）不应太高或设置下拉吊篮

6. 卫生间（图 4-31 ～图 4-33）

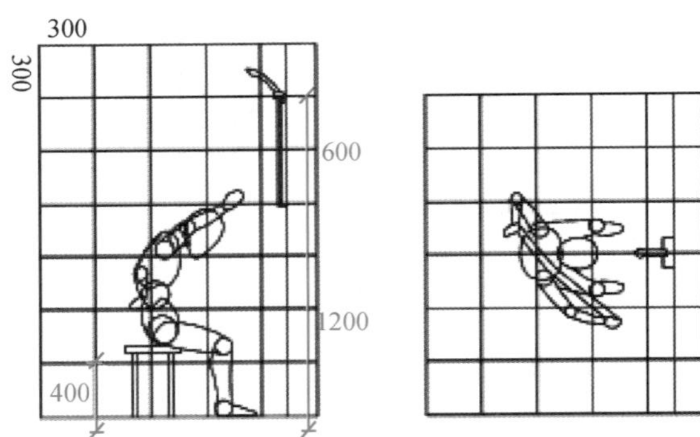

图 4-31　老年人坐姿淋浴：体弱老年人适合坐姿淋浴，淋浴头高度（mm）可调或使用手持淋浴头

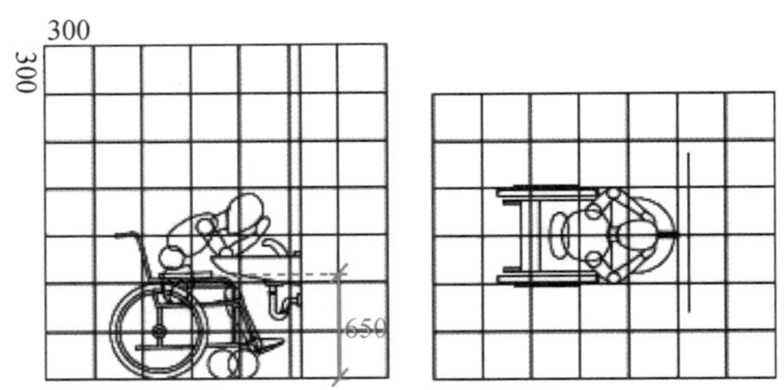

图 4-32　轮椅老年人洗手池：洗手池下留出轮椅接近空间，水池下沿高度应高于膝盖高度（mm）

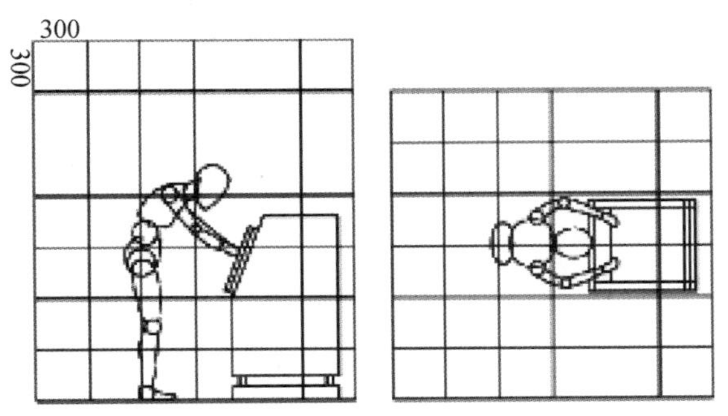

图 4-33　老年人使用洗衣机：洗衣机开口高度（mm）和角度适合老年人取放衣物，避免弯腰和伸腰

05

无障碍设计

5.1 单元出入口

5.1.1 单元入口室外台阶

老年人随着年龄的增长，行动能力逐渐弱化，所以单元入口的坡道和台阶（图 5–1）是老年人进出单元的主要通道。

图 5–1　单元入口台阶与坡道

室外台阶是建筑出入口处室内外高差间的交通联系部分，台阶阶数、踏步高度和踏步宽度等应便于老年人行走。室外台阶对于老年人通行的友好性评估，可以从以下方面进行：

1. 台阶踏步宜不少于两步，如果为一步台阶，应有醒目标识，单元入口台阶不宜过多。

一步台阶是非常危险的，如图 5–2 所示，某小区单元门口只有一步台阶，且高度只有一张 A4 纸长度的 1/3（约 100mm），使用者会因看不清台阶的存在而跌倒，这对于老年人的伤害会很大，所以室外台阶和踏步宜不少于两步，而且视觉上要清晰。然而，过多的台阶（图 5–3）对于老年人上下又会造成极大的困难。

图 5-2 一步台阶

图 5-3 某小区过多的台阶

2. 台阶踏步宽度宜不小于 320mm，踏步高度宜不大于 130mm；台阶的净宽不应小于 900mm，各级台阶高差不明显。台阶组成部分术语，如图 5-4 所示。

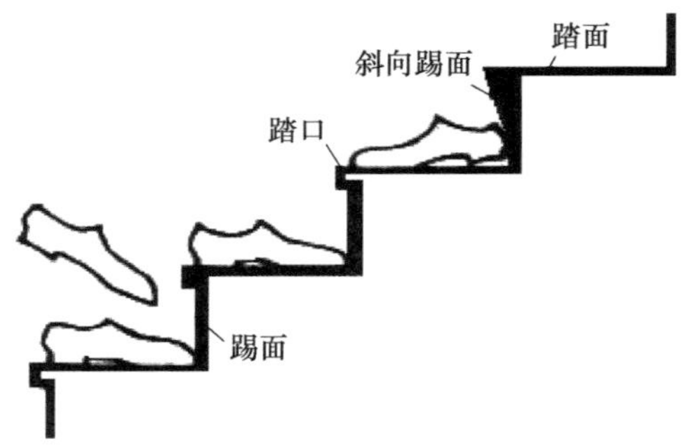

图 5-4 台阶组成部分术语

台阶是老年人发生摔伤事故的多发地，因此，通常采用加大踏步宽度，降低踏步高度的做法方便老年人蹬踏。同时应注意保证台阶的净宽，避免发生碰撞，特别是对持拐杖的老年人，下台阶的姿势一般是侧身踏步，应留有足够的活动空间，避免碰撞可能产生的危险（图 5-5 ～图 5-7）。

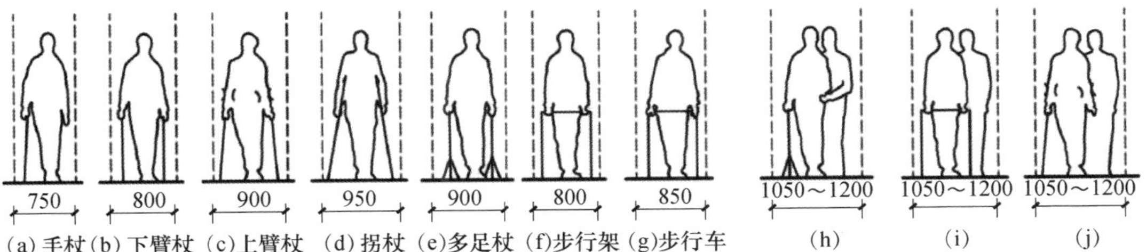

图 5-5　独立和伴行老年人行走宽度（mm）

图 5-6　拄拐老年人侧身下台阶

图 5-7　一级和二级台阶有明显的高差

我国的建筑设计标准中对于公共建筑和居住建筑的室外台阶设计都提出了相应的要求，表 5-1 是通用建筑设计标准和老年人建筑设计标准中给出的台阶踏步尺寸要求。

表 5-1　我国标准中对于室外台阶的规定

标准号	标准名称	踏步宽度（mm）	踏步高度（mm）	台阶净宽（mm）
GB 50352—2019	民用建筑设计统一标准	≥ 300	≤ 150，≥ 100	—
GB 50096—2011	住宅设计规范	≥ 300	≤ 150，≥ 100	—

续表

标准号	标准名称	踏步宽度（mm）	踏步高度（mm）	台阶净宽（mm）
GB 50340—2016	老年人居住建筑设计规范	≥ 320	≤ 130	≥ 900
15J923	老年人居住建筑	≥ 320	≤ 130	—
GB 50763—2012	无障碍设计规范	≥ 300	≤ 150	≥ 1000

3. 不应采用无踢面和突缘为直角形的踏步。

老年人在无踢面台阶上行走容易绊倒，而使用拐杖的老年人在直角突缘的台阶上行走时，凸出的踏步容易勾住拐杖杖头，造成绊倒风险（图 5–8 和图 5–9）。

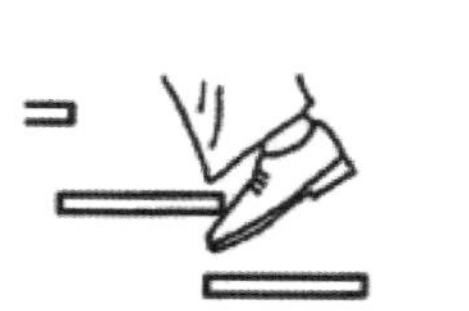

图 5–8　无踢面和突缘为直角形的踏步

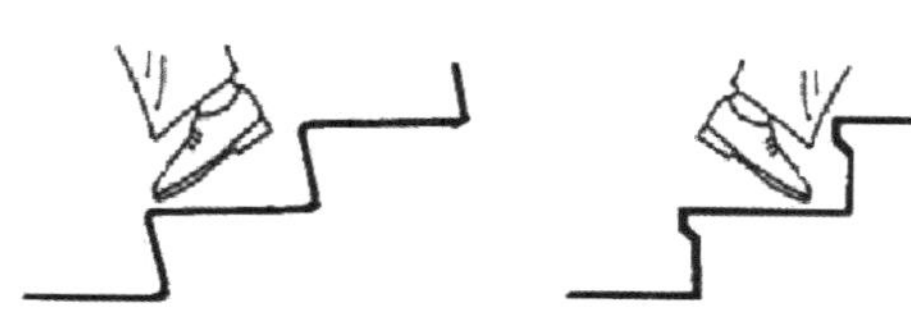

图 5–9　可采用的斜角突缘踏步形式

4. 出入口台阶应在临空面采取有效防护设施，台阶总高度超过 700mm 时防护措施净高应大于 1050mm。

出入口台阶总高度过高时，应在临空面采取护栏等防护措施，防止老年人意外跌落或轮椅滑落，造成人身伤害，如果台阶总高度不高，可利用绿植等给予明显分割。如果临空面高度过高，则必须采取相应高度和安装牢靠的防护措施（图 5–10）。

图 5–10　无防护措施的台阶临空面和有防护措施的台阶临空面

临空处栏杆高度应超过人体重心高度，才能避免人体靠近栏杆时因重心外移而坠落。据统计，成年男子直立状态下的重心高度约为 994mm，穿鞋子后的重心高度为 994mm + 20mm = 1014mm，考虑手扶或依靠栏杆重心又有所提高，因此在国家标准中规定室外低层和多层建筑室外防护栏杆的高度不得低于 1050mm（图 5–11）。

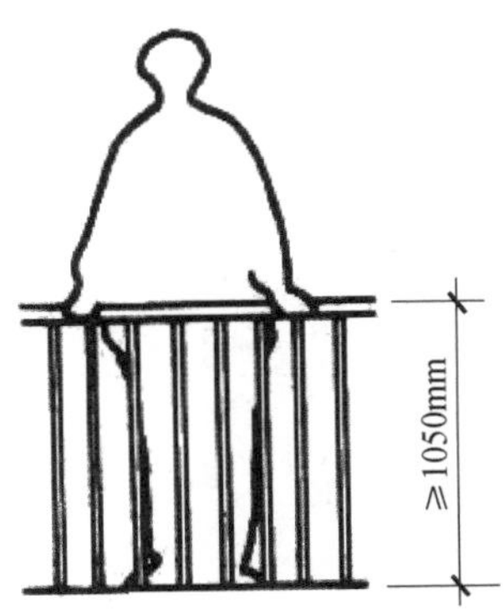

图 5-11　室外台阶防护栏杆高度

5. 台阶宽度大于 1800mm 时，两侧设置栏杆扶手，高度不低于 900mm（图 5-12）。

出入口台阶如果净宽过宽，两侧应设置栏杆扶手供人踏步时使用，因为老年人本身行走不稳，上台阶时需要有所支撑以保证安全。

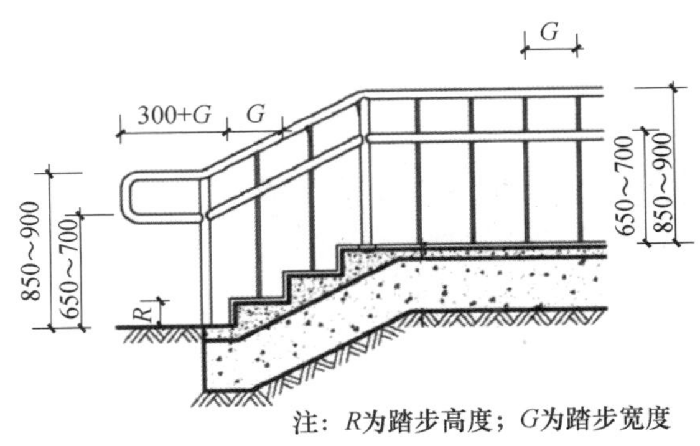

图 5-12　室外台阶扶手高度（mm）

6. 台阶应使用防滑材料或进行过防滑处理，如果踏步表面安装防滑条，则不应凸出踏步表面，雨天和冬季台阶也应保持良好的防滑效果（图 5-13）。

室外台阶面层材料应防滑，一般采用天然石材、水泥砂浆、混凝土、斩假石（剁斧石）、瓷砖、砖、防滑地面砖等材料铺设。在北方地区，室外台阶应考虑抗冻要求，面层选择抗冻、防滑的材料。

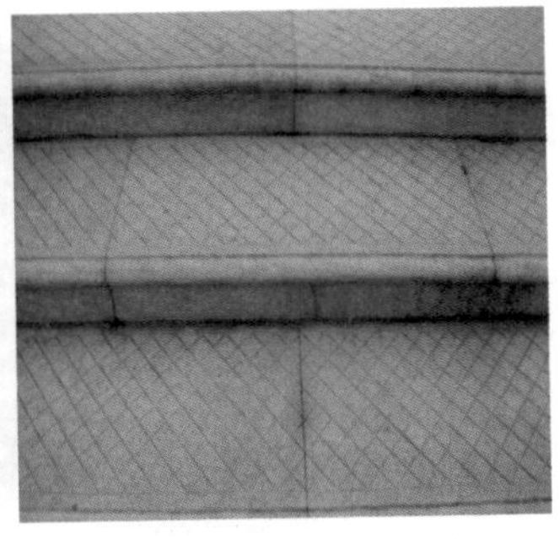

图 5-13　几种台阶防滑处理方式（防滑垫、防滑槽、刻防滑纹）

7. 台阶不应产生对老年人上下台阶造成障碍的损坏（图 5–14）。

图 5–14　单元入口损坏的台阶

8. 在台阶起止位置宜设置明显标识，踏面和踢面颜色有所区分（图 5–15）。

为防止老年人绊倒和跌倒，台阶起止位置宜设明显标识，可在台阶起止位置的地面粘贴醒目标识，或使用颜色区分明显的踏步饰面材料，利用醒目的颜色变化起到相应的提示作用。

图 5–15　颜色区分明显的台阶

9. 夜间台阶处照明条件良好（图 5–16）。

老旧小区单元入口有时照明条件不好，夜间昏暗无光，老年人由于视力和身体灵活性变差容易在台阶处绊倒摔伤，所以单元入口处的台阶上方应有良好的照明条件或安装阶梯灯，使得台阶在夜间也易于辨识。

图 5–16　台阶照明

5.1.2 单元入口坡道

无台阶、无坡道的建筑单元入口对于老年人而言是最为便利和安全的出入，然而多数单元入口和建筑室外路面存在高差，必须设置台阶或坡道。单元入口的坡道是行走不便的老年人行走和轮椅通行的通道，所以坡道的宽度、坡度、长度和安全扶手等方面都是评价其是否适合老年人的主要方面。

1. 建筑入口设台阶时，应同时设置轮椅坡道和扶手，坡道宜为直线式、直角形（L形）或折返式，不宜为弧形。

根据《住宅建筑规范》（GB 50368—2005）和《住宅设计规范》（GB 50096—2011）的规定，居住建筑入口设台阶时，必须设轮椅坡道和扶手。根据“以人为本”和“尊重自然规律”的观点，在进行宜居建筑设计时，不仅要考虑人与自然的和谐共生，而且要考虑让全社会的成员，特别是残疾人、老年人等都能平等地参与社会生活。

坡道的形式一般宜采用直线式、直角形（L形）或折返式（图5-17），便于轮椅水平稳定通行，为了避免轮椅在坡面上的重心产生倾斜而发生摔倒的危险，坡道不应设计成圆形或弧形。

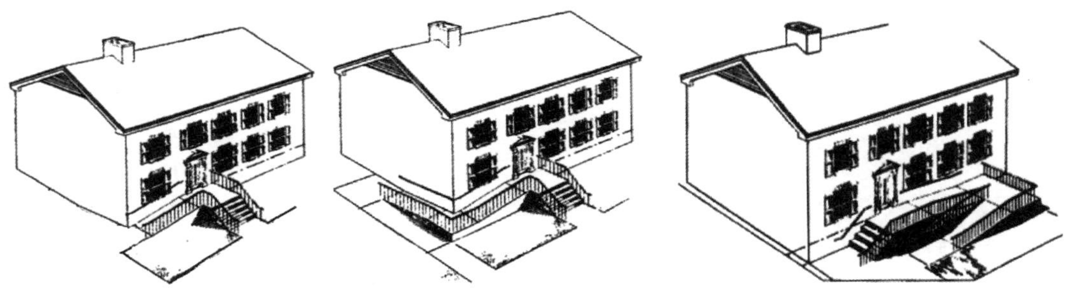

图5-17　直线式、直角形（L形）或折返式坡道

2. 单元入口坡道的净宽应不小于1200mm，坡道的起止点应有直径不小于1500mm的轮椅回转空间。当只采用坡道时，净宽不应小于1500mm。

坡道净宽不小于1200mm时，能够保证轮椅和行人对向通行时，一个人能够侧身通过，1500mm的宽度可以保证轮椅与一人正面通行（图5-18）。

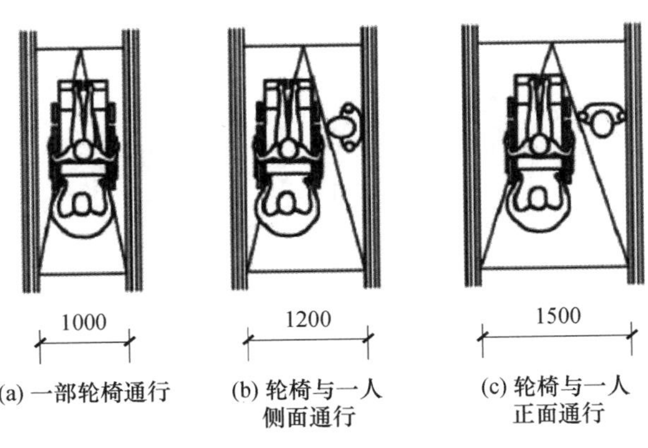

图5-18　坡道宽度（mm）

当轮椅进入坡道前进行一段水平冲力后，能节省坡道行进的力度，所以在坡道起点需要有一定的回转空间；此外，当轮椅行驶完坡道要调转角度继续行进时也需要一个回转空间。实践表面，直径为 1500mm 的面积对于轮椅来说是比较舒适的回转空间，考虑室外空间相对于室内空间来说更加宽裕，所以规定坡道的起止点应有直径不小于 1500mm 的轮椅回转空间，以方便乘轮椅的老年人使用（图 5–19）。

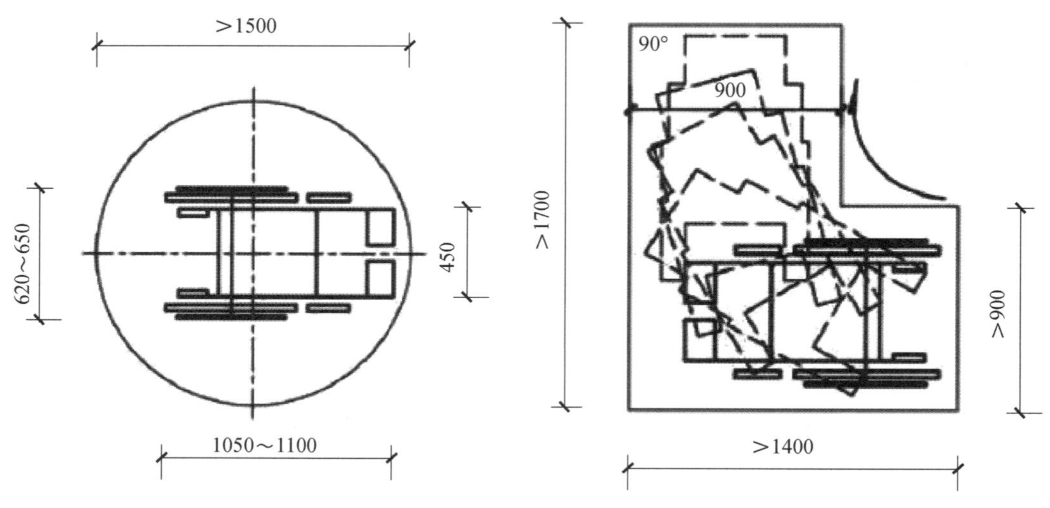

图 5–19　一般轮椅最小回转半径和直角转弯空间尺寸（mm）

3. 室外轮椅坡道的坡度应不大于 1∶12，最大高度不宜高于 750mm，长度不宜超过 9000mm，平台的深度应不小于 1500mm。如果单元入口只采用坡道而没有台阶时，坡道宽度宜不超过 1∶20。

坡道的坡度大小是关系轮椅能否在坡道上安全行驶的先决条件。国际上，对于入口坡道的坡度一般规定为 1∶12，既能使一部分使用轮椅的老年人或残疾人在自身能力所及的条件下可以通过，也可使病弱或老年坐轮椅者在有人协助的情况下通过。很多老年人不得不借助轮椅出行，而其中有相当一部分老年人没有人陪护。所以应尽量设置平缓的轮椅坡道，在有条件的地方，可进一步降低坡度。过陡的坡度不仅使用者体力消耗过大，也会增加危险性，当受场地条件所限而不得不采用较陡坡度时，应设置指示牌提醒使用者注意（图 5–20 和图 5–21）。

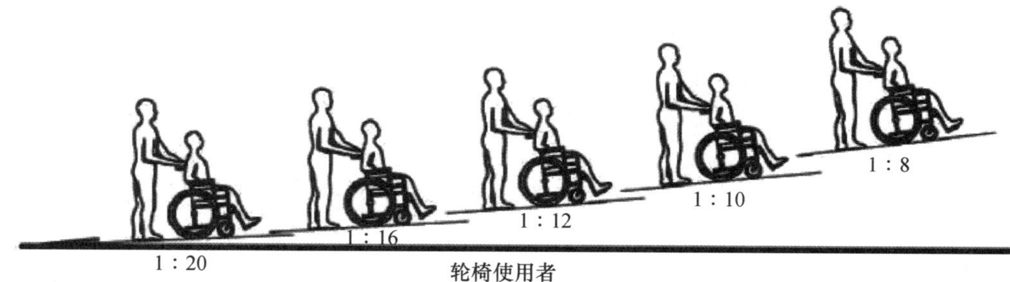

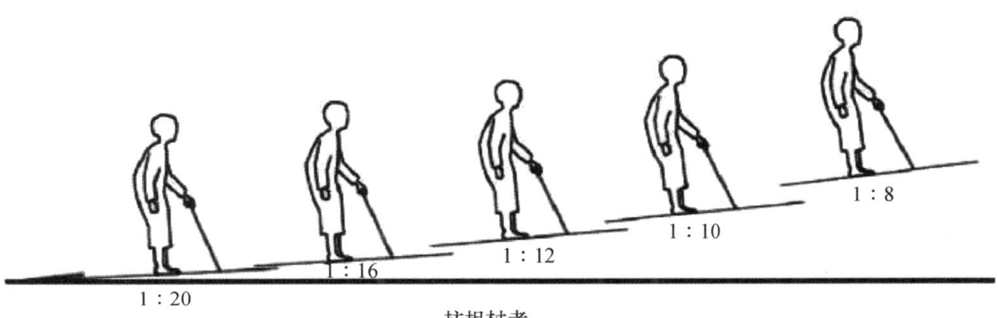

图 5-20 不同坡度坡道上的行走姿态

图 5-21 过陡的坡道

长坡道上升一定的高度还要设置休息平台。休息平台的设置是出于安全的考虑，避免轮椅下滑速度过大产生危险。当采用 1：12 的坡度时，高度达到 750mm 时，长度为 9000mm，需要在坡道中间设置休息平台，平台深度应不小于 1500mm（表 5-2 和图 5-22、图 5-23）。

表 5-2 坡道坡度与高度和水平长度的最大允许值

坡度（高 / 长）	1/20	1/16	1/12	1/10
最大高度（mm）	1500	1000	750	600
水平长度（mm）	30000	16000	9000	6000
坡度（高 / 长）	1/8	1/6	1/4	1/2
最大高度（mm）	350	200	80	40
水平长度（mm）	2800	1200	320	80

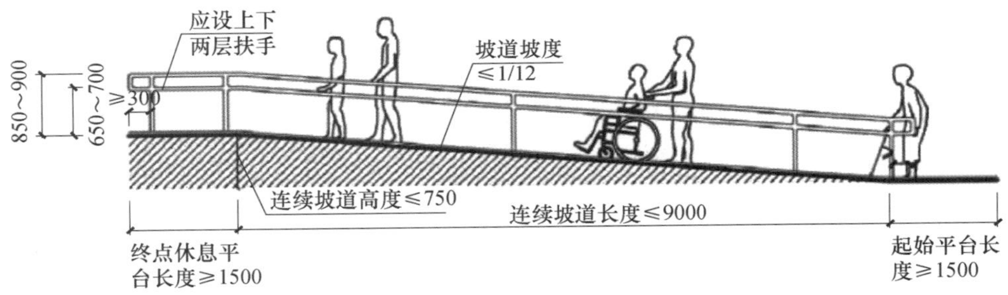

图 5-22　坡道的基本尺寸要求（mm）

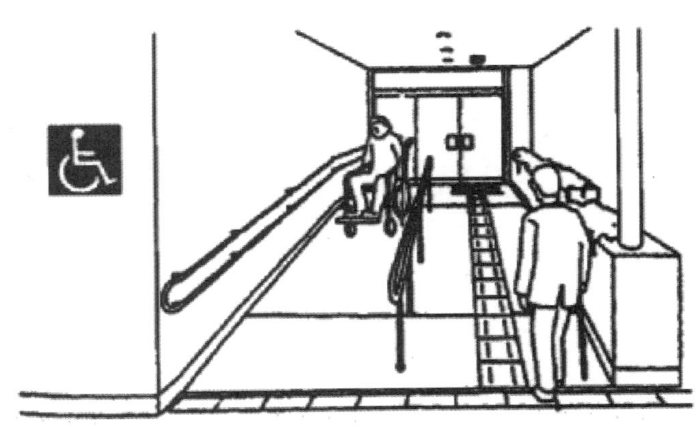

图 5-23　只有坡道的单元入口

4. 坡道两侧应设扶手，坡道与休息平台的扶手应保持连贯，安装牢固；临空侧应设置栏杆，并在栏杆下端宜设高度不小于 50mm 的坡道安全挡台。

拄拐杖者和乘坐轮椅者在坡道上安全行走需要借助扶手向前移动，扶手能够保证重心稳定，提供安全感，因此坡道与休息平台的两侧应设置扶手，扶手应保持连贯（图 5-24）。

图 5-24　轮椅坡道连续扶手

轮椅坡道侧面临空时，容易出现拐杖底部或轮椅小轮滑出，造成安全隐患，为了防止拐杖杖头或轮椅前轮滑出栏杆间的空隙，栏杆下须设置安全挡台，高度不小于 50mm，或者也可以做与地面空隙不大于 100mm 的斜向栏杆等（图 5-25）。

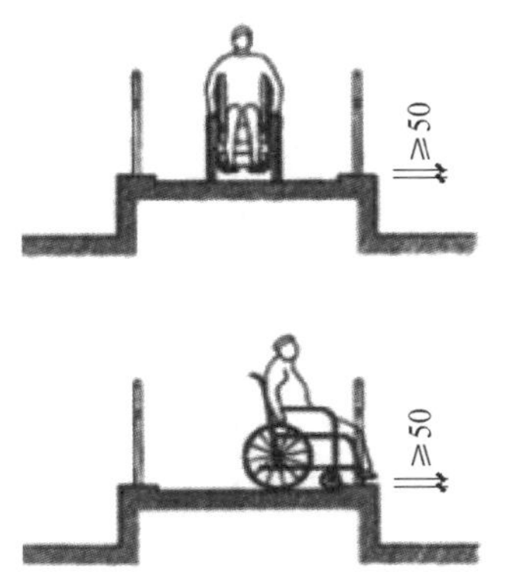

图 5-25　轮椅坡道挡台（mm）

5. 坡口与路面之间不应有高差，坡面应坚实、平整、无破损。

坡道坑洼不平整（图 5-26）会加重轮椅使用者的负荷，坡道不应光滑，也不应在坡面上加防滑条和做成礓礤 [jiāng cǎ] 形（防滑的锯齿形）的坡面。

图 5-26　不平整的坡道路面

6. 坡道及进出停留空间范围内不应被栏杆、石墩、减速带、停放的车辆灯阻挡。

有的小区为了防止摩托车、电动车、自行车进入楼道，用石墩、栏杆等将单元入口处的无障碍坡道堵住，这样使用轮椅的老年人就无法使用坡道，有的坡道入口或起点回转空间被停放的自行车挡住，也会影响使用，适老性社区应杜绝这类现象发生（图 5-27）。

图 5-27　单元入口坡道被堵塞

5.1.3 单元门

单元门是进入楼宇的出入通道，单元门出入口平台和单元门应能便于老年人进出方便，包括可自行使用轮椅和代步车的老年人（图 5-28）。单元出入口对于老年人通行的友好性评估，可以从以下方面进行评价：

1. 单元牌号标识清晰醒目，易于辨识。

当老年人年龄过高或精神状态不佳时容易走错路，进错单元，有时一栋楼的入户防盗门又一样，造成老年人走错单元开错门。所以，单元牌号标识应清晰醒目，易于辨识。

2. 单元门不应有高出地面的门槛，或两侧设有不影响单元门使用的可供轮椅进出的门槛斜坡。

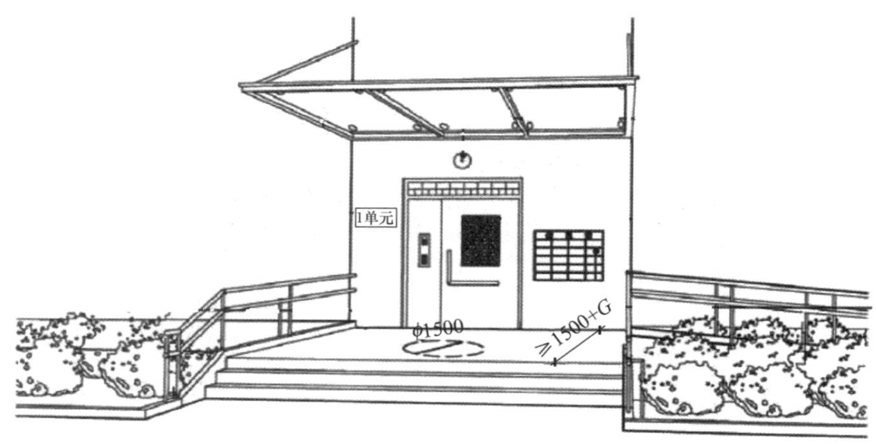

图 5-28 单元门出入口（mm）

很多单元门设计留有门槛，使用轮椅或代步车的老年人则不能自行进出单元，会给老年人造成生活上的很大不便，部分人会因为怕麻烦家人，尽量减少出门的次数，减少户外社区活动势必影响老年人身心健康。所以，单元出入口宜采用不带门槛的单元门，如果有门槛，则宜在两侧设有斜坡，可用斜坡垫、门槛板等（图 5-29 和图 5-30）。

图 5-29 有、无门槛的单元门入口

图 5–30　某小区物业利用废旧减速带改装的单元门入口斜坡

3. 出入口的门洞口宽度应不小于 1200mm。门扇开启端的墙垛宽度应不小于 400mm。出入口内外应有直径不小于 1500mm 的轮椅回转空间。

单元出入口的宽度应能保证轮椅和代步车自由进出，在正常做法下，安装门体后的净宽可以达到 1100mm。门扇开启端设置不小于 400mm 的墙垛净尺寸，是为了便于乘轮椅者靠近门扇将门打开。在出入口门扇开启范围之外留出轮椅回转面积，是为了避免发生交通干扰。

4. 单元门开关力不应过大，一只手能够易于开启，宜设置感应开门或电动开门辅助装置，开门辅助装置的按键或刷卡高度应为 900 ～ 1100mm，按键大小易于老年人识别与操作；平开门应有闭门器，且功能正常；应有便于老年人抓握、施力的把手。

楼道单元门一般采用平开门，旋转门不利于轮椅或助行器等通行，对行动不便的老年人也存在安全隐患，多数也没有条件使用推拉门，尽管当门两侧都有人的情况，推拉门比平开门更为安全。平开门闭门器可避免门扇开闭过快伤害老年人，闭门器启闭的力度和时间，需要根据轮椅通行及老年人行动特点进行调适。电动开门辅助装置如自动门禁等可以帮助力量衰退的老年人，感应开门装置还可以避免感知能力衰退的老年人发生与门的碰撞或者被夹伤的意外。当设置感应开门或者电动开门辅助装置时，要保证足够的通过时间。电动开门辅助装置的高度应确保轮椅使用者能够操作（图 5–31）。

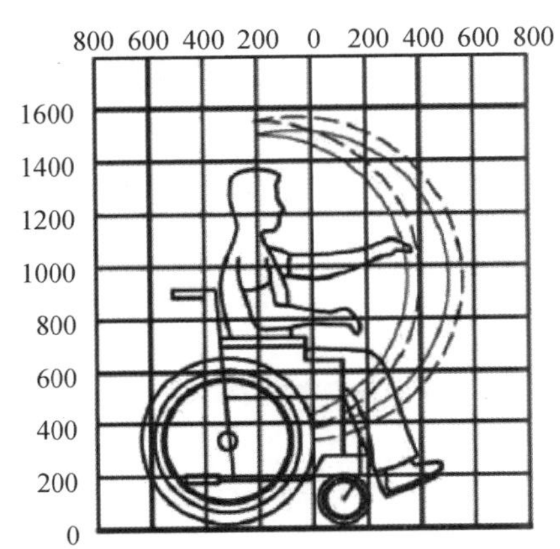

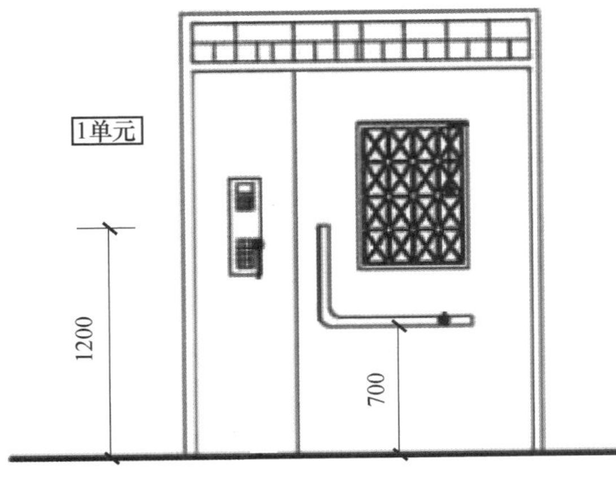

图 5–31　楼道单元门操作高度（mm）

5. 单元门门扇应设安全窗，高度能兼顾轮椅使用者的视线要求；当门扇有较大面积玻璃时，应设置明显的提示标识。

安全窗的目的是方便进出人员观察门对面是否有人，防止发生碰撞。当门扇有较大面积玻璃时，设置明显的提示标识可防止老年人看不到玻璃，发生磕碰。

6. 单元门出入口的上方应设置雨篷，雨篷的出挑长度宜超过台阶首级踏步 500mm 以上。

设置雨篷既可以防雨，又可以防止出入口上部物体坠落伤人。雨篷覆盖范围增大，可以保证出入口平台不积水。

7. 出入口的地面、台阶、踏步和轮椅坡道均应选防滑、平整的铺装材料，妥善组织排水，防止表面积水。设置排水沟时，水沟盖不应妨碍轮椅的通行和拐杖等其他代步工具的使用；出入口附近的雨水篦子间隙和孔洞应不超过 15mm × 15mm。

出入口是老年人容易发生摔倒等事故的重点区域，出入口地面装修材料经常是建筑内装材料的延续，如果处理不当，在雨雪天气时地面会特别湿滑，因此出入口地面防滑处理非常必要。排水沟的水沟盖与路面不齐，或空洞大于 15mm 时，会因羁绊、卡住拐杖和轮椅小轮等造成危险。

8. 门厅走廊和过道宽度应能允许轮椅和老年人代步车自由通过，宽度应不小于 1200mm。单元门向内开启时，应有凹室，开启后的门扇和乘轮椅者的位置均不影响走道的通行。

走廊和过道宽度应能保证轮椅和一人同时正常行走，开门位置和过道宽度宜能满足图 5-32 的要求。

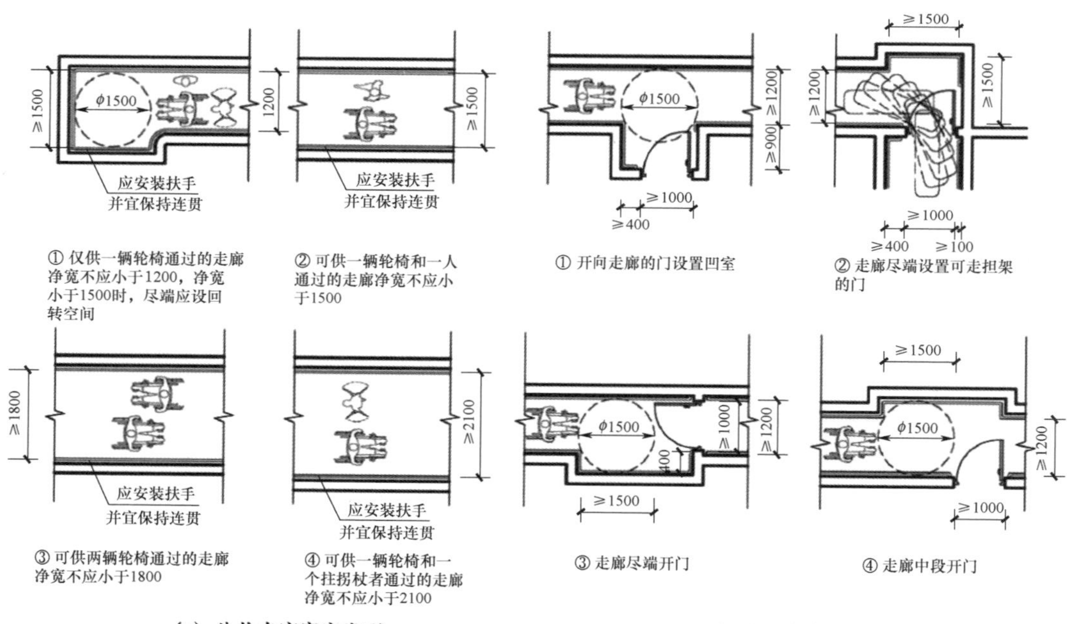

图 5-32 走廊和过道宽度（mm）

内开单元门内应留有允许乘坐轮椅时的开门空间（图 5-33）。

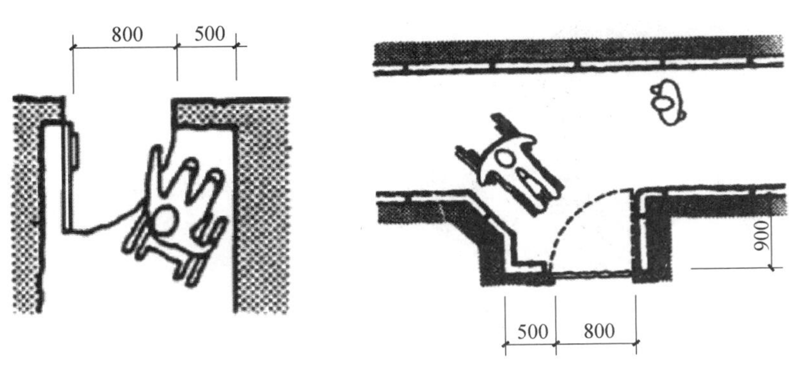

图 5-33　开门凹室

9. 楼道两侧墙面应有护墙板，地面平整，遇水不滑，走道转弯处的阳角宜为弧面或切角墙面，走道内无障碍物，并具有良好的照明。

轮椅在过道上行驶的速度过快时应防止碰撞危险，走道转弯处的视野要开阔。为了避免轮椅的搁脚踏板在行进中损坏墙面，在走道两侧墙面下方应有护墙挡板。

5.2 电梯与楼梯

5.2.1 电梯

电梯是实现老年人上下楼便利最有效的办法，最理想的是二层及二层以上的老年人居住建筑均应设置电梯。对于既有建筑的适老性评估，在电梯方面需要评估以下方面：

1. 居住在多层、中高层、高层的应设置有电梯或楼梯升降装置。

目前我国老旧小区很多没有电梯，建筑老旧，一般一层也是有垫高层和台阶，楼上居住老年人上下楼困难已经成了全社会的普遍问题。国家和各地政策在推动老旧小区改造的过程，对于加装电梯也给予一定的支持和补贴，但是总体目前改造率还很低。此外，有的小区改造加装了楼梯升降平台或升降椅供老年人上下楼使用（图 5-34 ～图 5-36）。

图 5-34　老旧小区加装电梯

图 5-35　楼梯升降装置

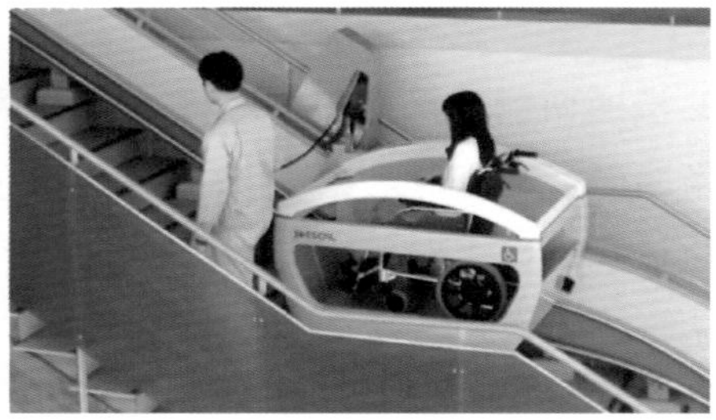

图 5-36　日本发明的轮椅楼梯升降梯

2. 电梯候梯厅和轿厢尺寸应能容纳轮椅、代步车和担架通过；电梯关门应有防夹措施，关门时间不宜太快；轿厢应设扶手；电梯按键高度应在 900 ～ 1100mm，自行乘坐轮椅时应能按到电梯选层按键。

老年人在家中突发疾病的情况很多，需要及时救助，为了保证老年人急病时的救助安全，因此电梯轿厢尺寸应能满足搬运担架所需的最小尺寸。普通住宅可容纳担架的电梯轿厢最小尺寸为 1500mm×1600mm，且开门净宽不小于 900mm，可利用对角线放置铲式担架车。在急救方面，老年人居住建筑与普通住宅的最低要求是一致的，因此电梯轿厢尺寸最低标准与国家标准《住宅设计规范》（GB 50096—2011）应保持一致（表 5-3 和图 5-37）。

表 5-3　老年人居住建筑电梯规格（mm）

名称	额定载重量（kg）	轿厢尺寸		井道尺寸		厅门尺寸		厅门	备注
		宽 *A*	深 *B*	宽 *C*	深 *D*	净宽 *E*	净高 *F*	厅门 *G*	—
无障碍电梯	630	1100	1400	1700	1900	800	2100	中分门	轮椅可正面进入倒退而出
	800	1350	1400	2000	2200	900	2100	中分门	轮椅进入后可旋转正面而出
	1000	1600	1400	2200	2200	900	2100	中分门	轮椅进入后可旋转正面而出

续表

名称	额定载重量（kg）	轿厢尺寸		井道尺寸		厅门尺寸		厅门	备注
		宽 *A*	深 *B*	宽 *C*	深 *D*	净宽 *E*	净高 *F*	厅门 *G*	—
容纳担架电梯	1000	1100	2100	1600	2600	800	2100	旁开门	—
	1000	1100	2100	1700	2600	900	2100	旁开门	—
	轿厢尺寸 1100×2100，额定载重量 1000kg 的住宅电梯可容纳担架，担架尺寸为 600×2000								

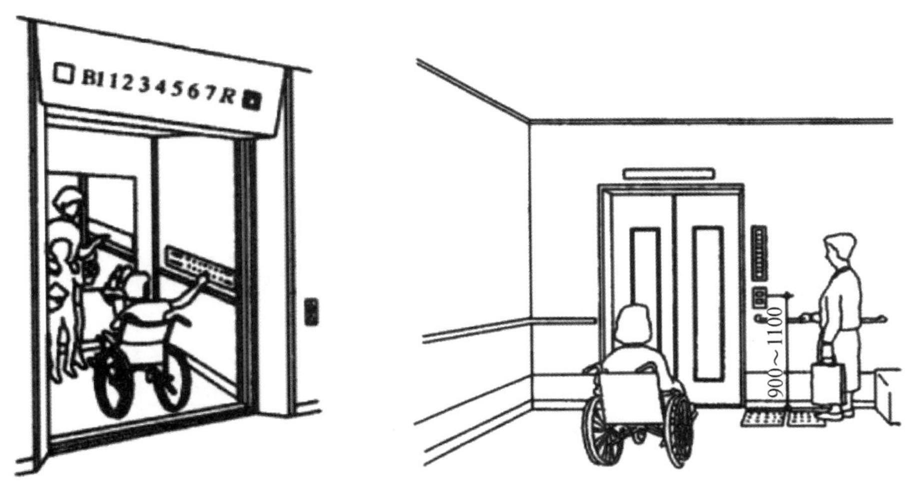

图 5-37　电梯内外按键高度适中

3. 电梯报层提示声音清楚，并能清晰显示楼层数；急救呼叫功能正常。

电梯运行楼层显示应清晰可视，报层声音音量大小适中，轿厢内监控系统运行正常，出现异常时中控室能够及时响应。

4. 电梯间候梯厅深度应不小于多台电梯中最大轿厢深度，且应不小于 1500mm。

候梯厅尺寸应能容许轮椅转向，回转空间应不小于 1500mm（图 5-38）。

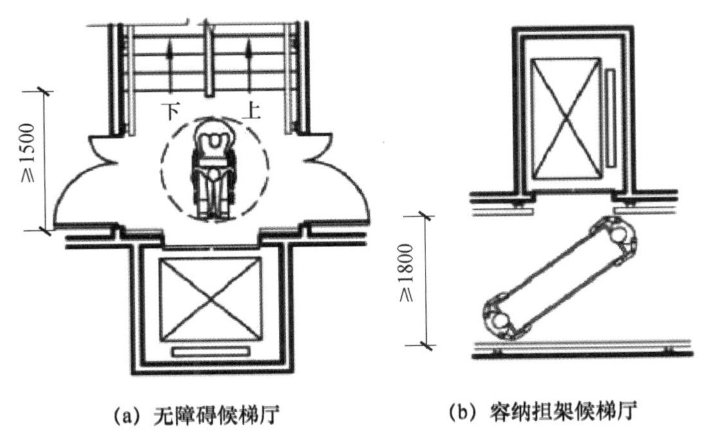

图 5-38　电梯候梯厅尺寸（mm）

5.2.2 楼梯

楼梯是垂直通行空间的重要设施，走廊是水平通行的通道，楼梯和走廊的通行和使用不仅要考虑健全人的使用需要，同时更应考虑老年人、残疾人等人群的使用要求（图 5-39）。

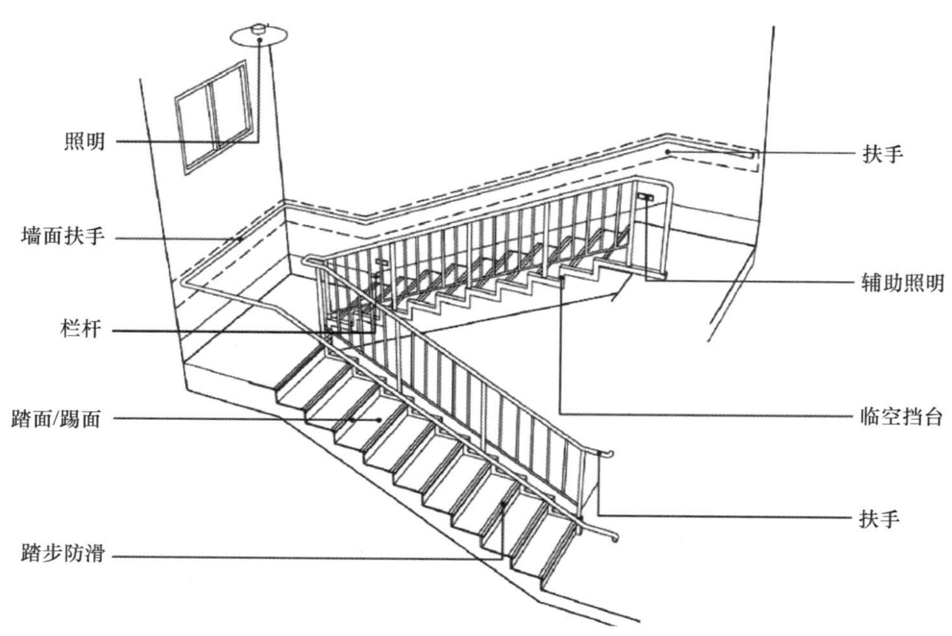

图 5-39　楼梯与休息平台

对于既有建筑的适老性评估，在楼梯方面需要评估以下方面：

1. 不应采用螺旋楼梯或弧线楼梯。

老年人动作不灵活，楼梯的形式每层按 2 跑或 3 跑直线形梯段为宜，避免采用每层单跑式楼梯和弧形、螺旋形楼梯，在楼梯上采用边旋转边上下走动的方式容易造成劳累、眩晕和跌倒事故。特别是在老年人相对集中的建筑内，无论是安全疏散时还是日常上下行人流交汇时，边旋转边上下走动对老年人来说都极易发生危险，因此严禁采用这种形式的楼梯（图 5-40 和图 5-41）。

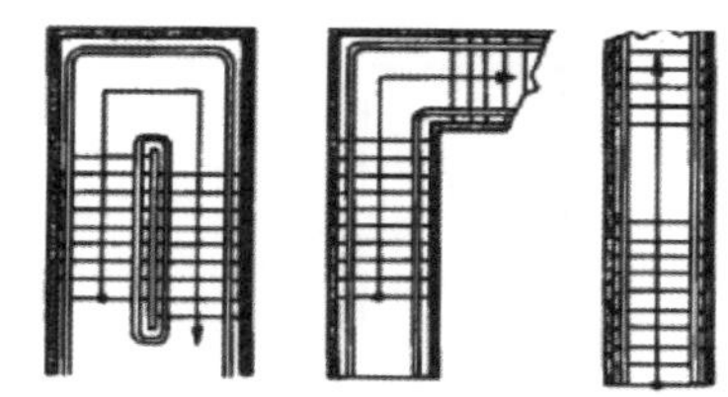

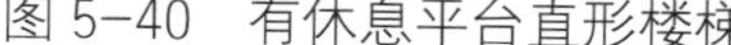

图 5-40　有休息平台直形楼梯

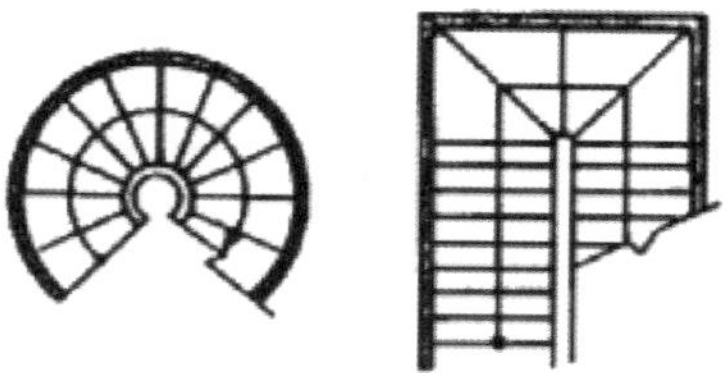

图 5-41　无休息平台及弧形楼梯

2. 楼梯踏步踏面宽度应不小于 280mm，踏步踢面高度应不大于 160mm。同一楼梯梯段的踏步高度、宽度应一致，不应设置非矩形踏步或在休息平台区设置踏步。

老年人运动能力和反应能力衰退，故老年人使用的楼梯踏步应比普通楼梯平缓，踏步太高或太低都不好。国家标准《住宅设计规范》（GB 50096—2011）中规定，楼梯踏步宽度不小于260mm，高度不大于175mm，在执行中老年人反映坡度较陡，因此建议增加踏面宽度，降低踢面高度，便于老年人上下楼梯。同一楼梯梯段中，如果踏步尺寸发生变化会给老年人上下楼梯带来困难，也容易发生危险。

3. 楼梯踏步前缘不宜凸出，如果凸出则不应为直角形。楼梯踏步应采用防滑材料，踏面无影响行走的破损。当踏步面层设置防滑、示警条时，防滑、示警条不宜凸出踏面。踏步临空栏杆下方应有安全挡台，防止拐杖向侧面滑出造成摔伤。

防范在楼梯踏步处发生跌倒或羁绊。踏面前缘不宜前凸，以防范老年人上楼时发生羁绊，或上下楼时勾住老人手杖头，造成摔伤。当在踏步中设置防滑、示警条时，可采用不同颜色加以区别。防滑、示警条如果太厚会有羁绊的危险，因此防滑条和踏面不应凸出踏步前缘且宜保持在同一平面上。

4. 楼梯起、终点处应采用不同颜色或材料区别楼梯踏步和走廊地面。

老年人视力下降，为防止老年人在上下楼梯时发生羁绊或踏空的意外事故，起、终点处应通过颜色、材料区别楼梯踏步和走廊地面。

5. 楼梯扶手高度应在850～900mm，扶手连贯，起点和终点处有水平延伸，扶手形式易于抓握，安装牢固。

扶手的高度一般规定为：室内高度≥900mm，水平段高度≥1000mm，室外高度≥1050mm，儿童扶手高度500～600mm。圆形扶手直径应在35～50mm，矩形扶手的截面尺寸宜为35mm×50mm，安装在墙面侧的扶手距离墙面应不小于40mm，以便于抓握（图5-42）。

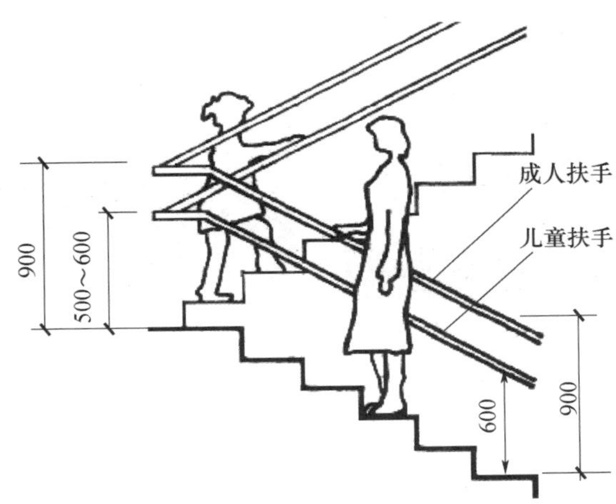

图5-42　楼梯扶手（mm）

6. 楼道应有良好的采光或人工照明，照明装置使用功能正常（图5-43）。

扶手的高度一般规定为：室内高度≥900mm，水平段高度≥1000mm，室外高度≥1050mm。

图 5-43　楼道昏暗

7. 楼梯和休息平台不应被杂物占用。

老旧小区楼道内经常会堆满杂物，不仅影响老人通行，也会带来一定的安全隐患（图 5-44）。

图 5-44　被占用的楼梯和平台

5.2.3　走廊

公用走廊的净宽应能满足步行双向、助行器与轮椅等设备单向通行的空间与视觉要求；走廊地面与其他相邻空间地面无高差，地面平整防滑；墙面无影响通行或造成磕碰的障碍物；走廊应设置明确的标识，标明楼层、房间号及疏散方向等信息，标识易于识别。

作为交通与疏散的重要通道，公用走廊的净宽应满足步行双向、助行器与轮椅等设备单向通行的空间与视觉要求。公用走廊的净宽在 1500mm 以上时可以保证轮椅转动 180° 以及轮椅和行人并行通过。当不能保证 1500mm 净宽时，需要有轮椅回转空间。受到身体条件的限制，老年人外出行动不便，因此可以利用轮椅回转空间增加老年人活动交往空间，创造融洽的邻里关系。公用走廊的墙面应该设置明确的标识系统，帮助老年人克服认知能力衰退的状况，还可以帮助老年人做好危险状况下的疏散。

平整无高差的公用走廊可以为老年人步行、使用拐杖、助行器或者轮椅提供方便，进而降低公用走廊发生跌倒风险的可能。使用耐磨、防滑的地面材料有助防范跌倒，而防反射的材料减少眩光可以避免老年人因晕眩而造成跌倒。走廊 1800mm 以下不应有凸出物。同时保证视线通畅也有利于轮椅、助行器等设备的转弯通行。墙面不应有凸出物，是指灭火器、消防栓、信报箱、散热器等必要设施应采用暗装方式，或设置在不妨碍使用通行的位置上。

5.3 室内空间

5.3.1 入户门与玄关

户门是出入的屏障，玄关是进门后的第一空间，户门和玄关的选择与使用应符合老年人的通行要求和使用习惯（图 5–45）。

对于门窗的适老性重点评估以下方面：

1. 入户门应采用平开门，开启净宽度应不小于 800mm，门槛不应过高，若存在明显高差应有斜坡过渡；门扇内外应有开关门把手，宜采用横执杆式把手。

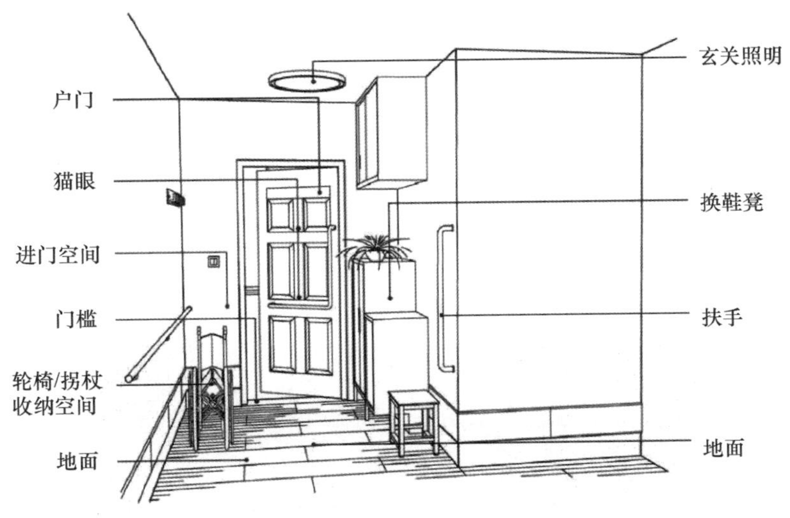

图 5–45　入户门与玄关

户门一般采用防盗门，基于国家对于防盗安全的标准要求，防盗门一般采用四面焊接门框，防盗门上下门框设置若干锁点，所以，防盗门的下门框一般是存在的，但是门槛的存在对于老年人进出的通行有时会带来一定的障碍。因此，防盗门的门框不应过高，且内外应该设有斜坡（图 5-46）。

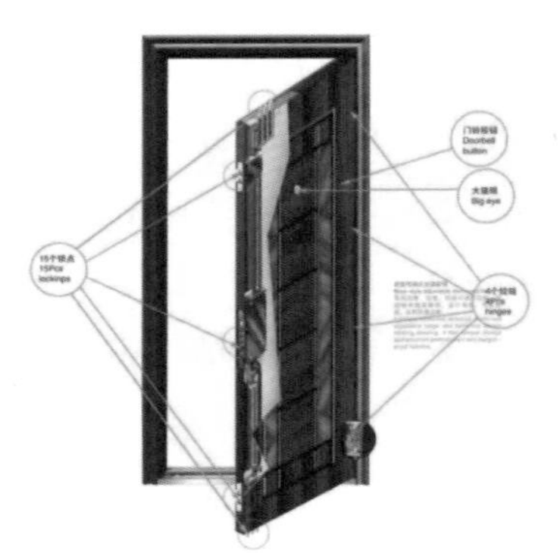

图 5-46　防盗门锁点与下门槛

防盗门下门槛如果不填充水泥砂浆，轮椅直接碾压后容易变形，轮椅进出可以增加活动的门槛板（图 5-47）。

图 5-47　防盗门锁点与下门槛

2. 户门门锁如采用智能锁，宜采用识别高的指纹锁，且具有未关门报警、低压报警和远程开锁等功能；门铃声音应能确保居住老年人在任何房间都能听到；宜有可视对讲系统或可视猫眼，或采用门中门的防盗门。

对于老年人而言，出门忘记带钥匙，甚至把钥匙插在门上忘记拔下来。所以，户门的锁具应满足老年人群体的需求。老年人对于智能门锁的接受程度还不高，认为使用复杂，不会操作，不安全，容易坏（图 5-48）。

图 5-48　影视剧中独居老年人给密码锁防盗门配把挂锁

密码锁不太适用于独居老年人，老年人记忆力下降，并不一定能够很好地记得密码，一般密码按键还较小，不容易操作；对于指纹锁，老年人的指纹一般较浅，识别率有时也存在问题，需要采用识别率高的指纹锁。此外，门锁还应有未关门报警功能，一旦忘记锁门能够提醒老年人。智能门锁（图 5-49）需要具备低电压报警提示功能，提醒老年人及时更换电池。此外，远程开锁功能也非常有用，当老年人开门出现问题时，子女可以远程开锁。

图 5-49　智能锁

户门的门铃声音应确保老年人能够听到，或者额外更换、加装老年人门铃，声音大或具有闪灯发光等功能，以提醒老年人有访客。有条件的应安装可视对讲系统或可视门铃，确保老年人能够准确识别来访人员，确保独居老人居家安全。还可以采用门中门的防盗门，有人敲门时可以打开小门观察来人（图 5-50）。

图 5-50　电子猫眼和带通风窗的防盗门

3. 入户玄关处应设置有方便老年人换鞋的鞋凳或扶靠的家具、台面等；户门内外的地垫应采用防滑地垫；玄关照明开关能够开门入户后即能触及；应有搁放钥匙或手提物的台面、门后挂袋等；玄关与室内相邻地面无高差。

老年人开门前的准备空间，可设置置物台，方便老年人放下手中物品，腾出手找钥匙开门。为了让老年人操作方便，应在顺手醒目的位置放置照明开关（轮椅高度也适用）或采取声控开关，避免老年人夜晚回到家中无法找到照明装置。

玄关门厅地面会被从室外带进的灰尘、泥土以及雨水等污染，地面材质应耐污、防滑、防水，与室内地面交接处要平滑连接，不要产生高低差。如果在入户门内外铺设地垫，需注意地垫的附着性，避免滑动。设置鞋柜、鞋凳、衣物挂钩，尤其需要采用有扶手的鞋凳。按照轮椅折叠后尺寸预留相应的空间，且不影响老年人在玄关的其他活动。

入户过渡空间内合理布置更衣、坐姿换鞋和存放助老辅具的空间，可满足取放各种生活用品和适老用具的要求。在坐凳处安装助力扶手，可帮助老年人抓握扶手起身，方便出行前和入户后的坐姿换鞋（图 5-51）。

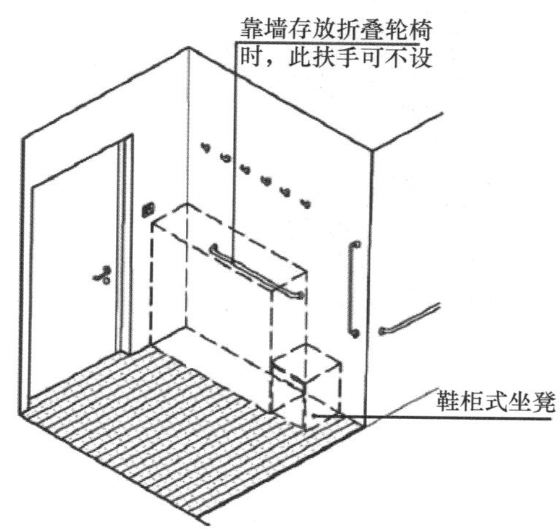

图 5-51　玄关换鞋凳

5.3.2　室内门窗

1. 室内门的宽度应满足居住老年人日常生活通行的需要，使用轮椅或助行器械的老年人家庭室内门的净宽度应不小于 800mm，把手一侧应留有一定的操作空间，轮椅通过后应有轮椅回转空间便于转向关门；室内门不应留有门槛，如有门槛则必须设有高差消除措施。

现在老年人行动不便时，多会使用一些辅助工具，如拐杖、辅助步行车、轮椅等。我们先来了解一下使用这些辅助器具需注意的一些尺寸。

首先，老年人在使用拐杖时可以分为单拐和双拐两种情况。使用单拐时，小通行空间为 750～1200mm；使用双拐时，小通行空间为 900～950mm；使用辅助步行车时，小通行空间为 850mm（图 5-52）。

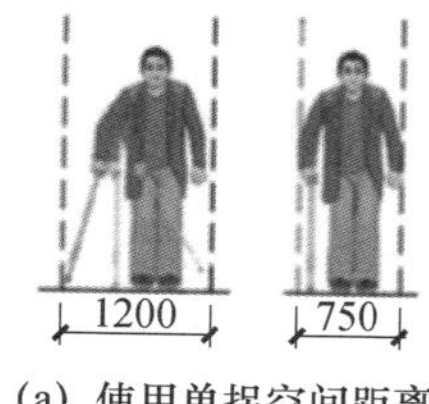

(a) 使用单拐空间距离

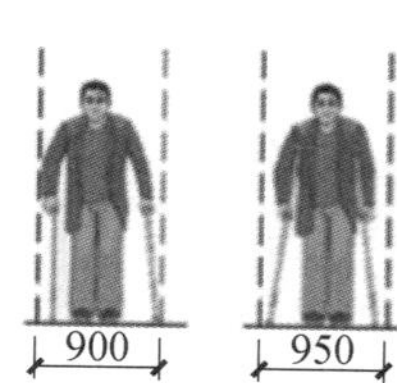

(b) 使用双拐空间距离

(c) 使用辅助步行车时空间距离

图 5-52　老年人使用拐杖或辅助步行车时空间距离（mm）

《城市道路和建筑物无障碍设计规范》(JGJ 50—2013)中对于无障碍门的开启净宽度要求如表 5-4 所示。

表 5-4　无障碍门的开启净宽度要求

类别	门扇开启净宽度（mm）	门把手一侧墙面宽度（mm）
起居室（厅）门	800	≥ 400
卧室门	800	≥ 400
厨房门	800	≥ 400
卫生间门	800	≥ 400
阳台门	800	≥ 400

坐轮椅的老年人在行进时自身的净宽度一般在 750mm，因此各个房间门扇开启后的最小净宽度应不小于 800mm。为了使乘轮椅者靠近门扇将门开启，在门把手一侧的墙面要留有 400 ～ 500mm 宽度的空间，使得轮椅在靠近门扇把手时能够将门打开（图 5-53）。

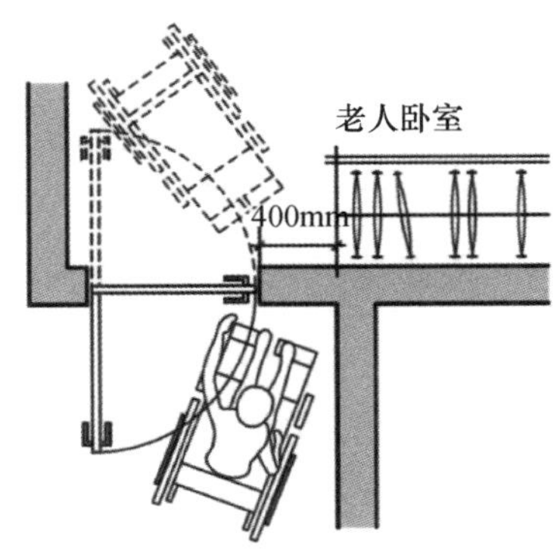

图 5-53　乘坐轮椅老年人的卧室

门槛的存在容易绊倒老年人，也不利于轮椅或其他助行器的通行。

2. 室内门的开启方式应采用内外都可开启的锁具，宜采用横执手把手，门窗五金不应有尖角，应易于单手握持和操作，地面安装的限位器不影响通行；使用轮椅的老年人，门扇下方不应采用玻璃。

室内门宜采用横执手把手，如果采用圆球形把手，对于手部和腕部有障碍的人会带来使用上的困难，应在一只手操纵下就能轻易将门开启。杆式把手末端向内侧弯，可以防止钩挂衣物、书包带。为使老年人在卧室中发生意外时能得到外界的救助，应选用可从外部开启的锁具（图 5-54）。

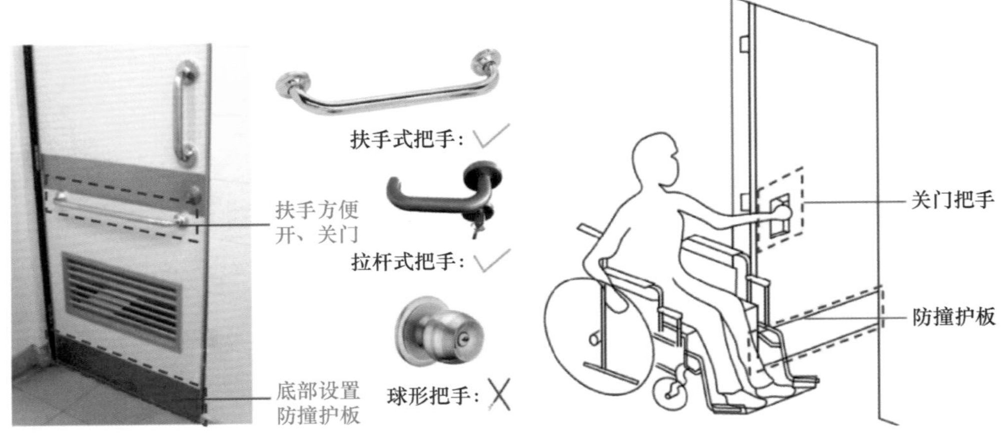

图 5-54　门把手

3. 厨房和卫生间的门扇应设透光窗，卫生间的门应能从外部开启，宜采用外开门或推拉门。

厨房和卫生间是家庭成员交叉出入比较频繁的空间，为避免开启门扇时，与老年人发生意外碰撞，厨房和卫生间的门应设置透光窗，厨房也可采用透视窗。

调查表明，卫生间是老年人在住宅跌倒事故的高发地点。为使老年人发生意外时能得到及时的救助，卫生间的门应能够从外部顺利地打开；采用可外开的门和推拉门，可避免老年人倒地后堵住内开门，无法救助。可外开的门并不仅指外开门，有些内开门也具有应急情况下向外打开的功能。

4. 外窗窗台距地面净高度不超过 800mm，如有凸窗和落地窗应有防护措施；外开窗应有关窗辅助装置；失智老年人家庭的外窗可开启范围内应采取防护措施。

当楼层较高时，很多老年人在低窗或落地窗前会产生眩晕感，另外，也发生过老年人在凸窗窗台上活动，由于防护措施不到位导致坠落的事故，因此要求老年人居住建筑不宜设置凸窗和落地窗，在窗的部位要特别注意加强对老年人的保护措施，防止坠落事故。

老年人视力下降，动作不灵敏，门窗把手、锁具等五金件如有尖角，容易造成划伤事故；另外，门窗五金件还要尽量选择操作简单，易于老年人单手施力的产品。通常情况下，内开窗和推拉窗把手在墙内侧，较容易操作，外开窗开启后，把手伸出外墙距离较远，因此宜设置关窗辅助装置，老年人就不会探身到窗外，可避免由于眩晕或失去重心发生事故。

对于失智老人，外窗的开启角度应有所限制，或者装有护栏等防护措施。

5.3.3　室内交通组织

1. 室内各空间的通行应无障碍，无阻挡，过渡地面无高差，地面应防滑；通往卧室、起居室、厨房、卫生间等房间的过道宽度应不小于 1200mm，卧室内通往可开启外窗的通道宽度应大于 900mm，墙体阳角部位如果为直角应进行防撞防护。

良好的室内交通组织有助于老年人在室内行走和通行的安全性，也有利于老年人增加室内活动的机会。从起居室到卧室、卫生间、厨房、阳台等活动空间应有良好的行走通道，满足不同老年人的行走要求。卫生间、厨房地面与相邻区域地面无高差和明显的门槛。直角墙角应有防撞条等措施（图 5–55 ～图 5–57）。

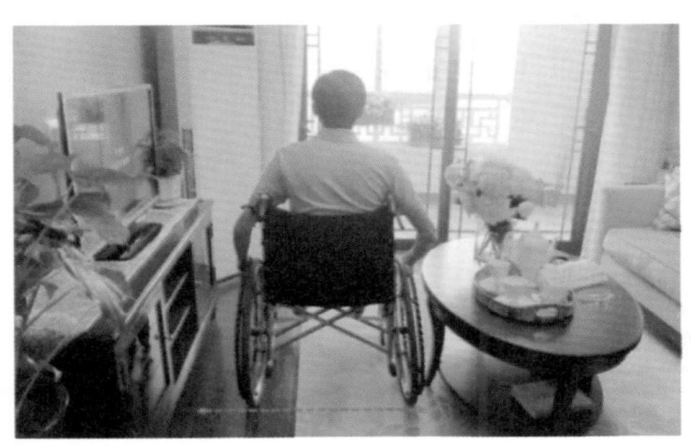
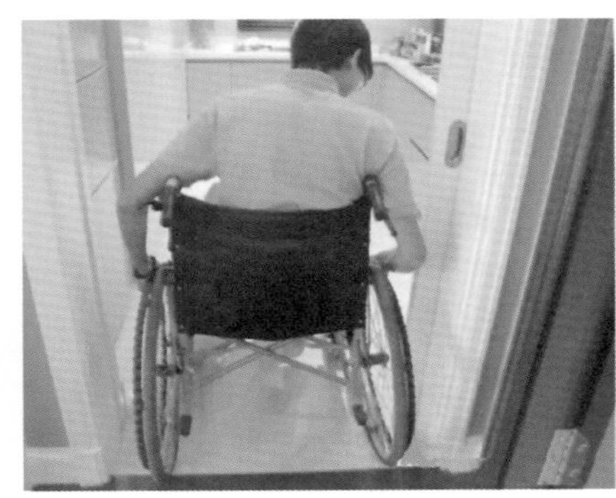

图 5–55　客厅的茶几和电视柜之间预留轮椅通行尺度

图 5–56　卫生间、阳台门不应存在明显高差和门槛

图 5–57　墙角锐角处理

2. 地面不应有地毯，各房间门口地垫应采用防滑地垫。

老年人居住和活动的空间，不应局部铺设地毯，因为地毯的边部容易绊倒老年人，对于坐轮椅的老年人也不利于轮椅的通行。此外，房间门口如果放置地垫，一定要使用防滑地垫。

3. 通道两侧的家具不应有尖角，过道墙柱面 600 ～ 2000mm 高度内未设置凸出墙面 100mm 以上的装饰物，长过道应有扶手。

在老年人通行的空间内，墙面不应有凸出的装饰物，有视力障碍的老年人很难避开从墙上凸出的或从高处悬吊下的物体。在室内装饰设计中，可把凸出物布置在凹进的空间里，或设置在距地面高度不大于600mm处，处于手杖可探测的范围之内。

5.4 标识

1. 公共空间设置的疏散导向标识、应急照明使用正常，无异物遮挡。

据各类统计数据表明，火灾中伤亡的大部分是既不能对火灾做出及时反应，也不能迅速撤离火场的老年人和儿童。老年人反应迟缓，运动能力退化，并常伴有视觉衰退，在安全疏散时遇到的困难较大，因此有必要在老年人居住建筑和配套社区养老服务设施中强化安全疏散设施的配置。设施建设的重点部位包括公用走廊、楼梯间、候梯厅和门厅等公共空间，以上空间均应设置疏散导向标志、应急照明装置以帮助老年人向最近的安全出口完成疏散。因老年人视力衰退，有必要增加音频预警等辅助逃生装置。各辅助逃生装置应与消防监控系统相连。

2. 无障碍设施标识清晰，高度和位置易辨识。

室外坡道、电梯厅、电梯、楼道等空间的无障碍设施标识应清晰，易于辨识（图 5-58）。

图 5-58 《养老服务常用图形符号及标志》(MZ/T 131—2019) 中的部分标识

06

防跌倒评估

跌倒是造成老年人伤亡的重要因素。据统计，每年大约有 1/3 的 65 岁以上的老年人至少跌倒一次。根据国家统计局统计数据，2018 年我国人口从年龄构成来看，60 周岁及以上人口为 24949 万人，占总人口的比重为 17.9%，其中 65 周岁及以上人口为 16658 万人，占总人口的比重为 11.9%。则每年有近 5000 万老年人至少发生 1 次跌倒。

老年人跌倒的危险因素，包括生理、病理、药物、心理等内在因素，也包括灯光、路面、台阶、扶助设施、鞋子和行走辅助工具等环境因素，以及卫生保健水平、室外环境的安全设计、是否独居等社会因素。正因如此，老年人跌倒控制干预是一项社会系统工程。一些伤害预防起步较早的西方发达国家，已经对预防老年人跌倒从教育预防、环境改善、工程策略等方面进行了积极有效的干预。2011 年，卫生部制定并发布了《老年人跌倒干预技术指南》，并决定加强伤害预防宣传教育，保护老人免受伤害。

6.1 中国老年人跌倒干预技术指南

《老年人跌倒干预技术指南》（以下简称《指南》）是卫生部疾病预防控制局组织编写的伤害干预系列技术指南之一，于 2011 年 9 月 6 日发布。

《指南》中提出了老年人跌倒危险因素主要包括：

1. 内在危险因素

（1）生理因素

①步态和平衡功能

步态的稳定性下降和平衡功能受损是引发老年人跌倒的主要原因。步态的步高、步长、连续性、直线性、平稳性等特征与老年人跌倒危险性之间存在密切相关性。老年人为弥补其活动能力的下降，可能会采取更加谨慎地缓慢踱步行走，造成步幅变短、行走不连续、脚不能抬到一个合适的高度，引发跌倒的危险性增加。另一方面，老年人中枢控制能力下降，对比感觉降低，驱赶摇摆较大，反应能力下降、反应时间延长，平衡能力、协同运动能力下降，从而导致跌倒危险性增加。

②感觉系统

感觉系统包括视觉、听觉、触觉、前庭及本体感觉，通过影响传入中枢神经系统的信息，影响机体的平衡功能。老年人常表现为视力、视觉分辨率、视觉的空间／深度感及视敏度下降，并且随年龄的增长而急剧下降，从而增加跌倒的危险性；老年性传导性听力损失、老年性耳聋甚至耳垢堆积也会影响听力，有听力问题的老年人很难听到有关跌倒危险的警告声音，听到声音后的反应时间延长，也增加了跌倒的危险性；老年人触觉下降，前庭功能和本体感觉退行性减退，导致老年人平衡能力降低，以上各类情况均增加跌倒的危险性。

③中枢神经系统

中枢神经系统的退变往往影响智力、肌力、肌张力、感觉、反应能力、反应时间、平衡能力、步态及协同运动能力，使跌倒的危险性增加。例如，随着年龄增长，踝关节的躯体振动感和踝反射随拇指的位置感觉一起降低而导致平衡能力下降。

④骨骼肌肉系统

老年人骨骼、关节、韧带及肌肉的结构、功能损害和退化是引发跌倒的常见原因。骨骼肌肉系统功能退化会影响老年人的活动能力、步态的敏捷性、力量和耐受性，使老年人举步时抬脚不高、行走缓慢、不稳，导致跌倒危险性增加。老年人股四头肌力量的减弱与跌倒之间的关联具有显著性。老年人骨质疏松会使与跌倒相关的骨折危险性增加，尤其是跌倒导致髋部骨折的危险性增加。

（2）病理因素

①神经系统疾病

卒中、帕金森病、脊椎病、小脑疾病、前庭疾病、外周神经系统病变。

②心血管疾病

体位性低血压、脑梗死、小血管缺血性病变等。

③影响视力的眼部疾病

白内障、偏盲、青光眼、黄斑变性。

④心理及认知因素

痴呆（尤其是 Alzheimer 型）、抑郁症。

⑤其他

昏厥、眩晕、惊厥、偏瘫、足部疾病及足或脚趾的畸形等都会影响机体的平衡功能、稳定性、协调性，导致神经反射时间延长和步态紊乱。感染、肺炎及其他呼吸道疾病、血氧不足、贫血、脱水以及电解质平衡紊乱均会导致机体的代偿能力不足，常使机体的稳定能力暂时受损。老年人泌尿系统疾病或其他因伴随尿频、尿急、尿失禁等症状而匆忙去洗手间、排尿性晕厥等也会增加跌倒的危险性。

（3）药物因素

研究发现，是否服药、药物的剂量，以及复方药都可能引起跌倒。很多药物可以影响人的神智、精神、视觉、步态、平衡等方面而引起跌倒。可能引起跌倒的药物包括：

①精神类药物：抗抑郁药、抗焦虑药、催眠药、抗惊厥药、安定药。

②心血管药物：抗高血压药、利尿剂、血管扩张药。

③其他：降糖药、非甾体类抗炎药、镇痛剂、多巴胺类药物、抗帕金森病药。

（4）心理因素

沮丧、抑郁、焦虑、情绪不佳及其导致的与社会的隔离均增加跌倒的危险。沮丧可能会削弱老年人的注意力，潜在的心理状态混乱也与沮丧相关，都会导致老年人对环境危险因素的感知和反应能力下降。另外，害怕跌倒也使行为能力降低，行动受到限制，从而影响步态和平衡能力而增加跌倒的危险。

2. 外在危险因素

（1）环境因素

昏暗的灯光，湿滑、不平坦的路面，在步行途中的障碍物，不合适的家具高度和摆放位置，楼梯台阶，卫生间没有扶拦、把手等都可能增加跌倒的危险，不合适的鞋子和行走辅助工具也与跌倒有关。

室外的危险因素包括台阶和人行道缺乏修缮，雨雪天气、拥挤等都可能引起老年人跌倒。

（2）社会因素

老年人的教育和收入水平、卫生保健水平、享受社会服务和卫生服务的途径、室外环境的安全设计，以及老年人是否独居、与社会的交往和联系程度都会影响其跌倒的发生率。

《指南》还提出针对老年人跌倒的干预措施。

《指南》还给出了老年人跌倒风险评估工具、老年人平衡能力测试表和预防老年人跌倒家居环境危险因素评估表。

6.1.1 老年人跌倒风险评估工具

《指南》中给出了老年人跌倒风险的评估项目，见表 6–1。

表 6–1　老年人跌倒风险的评估项目

运动	权重	得分	睡眠状况	权重	得分
步态异常 / 假肢			多醒		
行走需要辅助设施			失眠		
行走需要旁人帮助			夜游症		
跌倒史			用药史		
有跌倒史			新药		
因跌倒住院			心血管药物		
精神不稳定状态			降压药		
谵妄			镇静、催眠药		
痴呆			戒断治疗		

续表

跌倒史			用药史		
兴奋 / 行为异常			糖尿病用药		
意识恍惚			抗癫痫药		
自控能力			麻醉		
大便 / 小便失禁			其他		
频率增加			相关病史		
保留导尿			神经科疾病		
感觉障碍			骨质疏松症		
视觉受损			骨折史		
听觉受损			低血压		
感觉性失语			药物 / 乙醇戒断		
其他情况			缺氧症		
			年龄 80 岁及以上		
结果评定： 最终得分：低危：1 ～ 2 分；中危：3 ～ 9 分；高危：10 分及以上					

6.1.2 老年人平衡能力测试表

老年人平衡能力测试表用来评估老年人的平衡能力和跌倒的风险。测定后将各个测试项目的得分相加得到总分，根据总分来判断平衡能力和跌倒的风险大小。

1. 静态平衡能力（表 6–2）

（说明：原地站立，按描述内容做动作，尽可能保持姿势，根据保持姿势的时间长短评分，将得分填写在得分栏内）

评分标准：0 分：≥ 10s；1 分：5 ～ 9s；2 分：0 ～ 4s

表 6–2　静态平衡能力测试项目

测试项目	描述	得分
双脚并拢站立	双脚同一水平并列靠拢站立，双手自然下垂，保持姿势尽可能超过 10s	
双脚前后位站立	双脚呈直线一前一后站立，前脚的后跟紧贴后脚的脚尖，双手自然下垂，保持姿势尽可能超过 10s	
闭眼双脚并拢站立	闭上双眼，双脚同一水平并列靠拢站立，双手自然下垂，保持姿势尽可能超过 10s	
不闭眼单腿站立	双手叉腰，单腿站立，抬起脚离地 5cm 以上，保持姿势尽可能超过 10s	

2. 姿势控制能力（表 6–3 和表 6–4）

（说明：选择一把带扶手的椅子，站在椅子前，坐下后起立，按动作完成质量和难度评分，将得分填写在得分栏内）

评分标准：

0 分：能够轻松坐下起立而不需要扶手；

1 分：能够自己坐下起立，但略感吃力，需尝试数次或扶住扶手才能完成；

2 分：不能独立完成动作。

表 6–3　姿势控制能力测试项目—起坐测试

测试项目	描述	得分
由站立位坐下	站在椅子前面，弯曲膝盖和大腿，轻轻坐下	
由坐姿到站立	坐在椅子上，靠腿部力量站起	

（说明：找一处空地，完成下蹲和起立的动作）

评分标准：

0 分：能够轻松坐下、蹲下、起立而不需要扶手；

1 分：能够自己蹲下、起立，但略感吃力，需尝试数次或扶住旁边的固定物体才能完成；

2 分：不能独立完成动作。

表 6–4　姿势控制能力测试项目—起蹲测试

测试项目	描述	得分
由站立位蹲下	双脚分开站立与肩同宽，弯曲膝盖下蹲	
由下蹲姿势到站立	由下蹲姿势靠腿部力量站起	

3. 动态平衡能力（表 6–5）

（说明：设定一个起点，往前直线行走 10 步左右转身再走回到起点，根据动作完成的质量评分，将得分填写在得分栏）

表 6–5　动态平衡能力测试项目

测试项目	描述	评分	得分
起步	① 能立即迈步不犹豫 ② 需要想一想或尝试几次才能迈步	0 1	
步高	① 脚抬离地面，干净利落 ② 脚拖着地面走路	0 1	
步长	① 每步跨度长于脚长 ② 不敢大步走，走小碎步	0 1	

续表

测试项目	描述	评分	得分
脚步的匀称性	① 步子均匀，每步的长度和高度一致 ② 步子不匀称，时长时短，一脚深一脚浅	0 1	
步行的连续性	① 连续迈步，中间没有停顿 ② 步子不连贯，有时需要停顿	0 1	
步行的直线性	① 能沿直线行走 ② 不能走直线，偏向一边	0 1	
走动时躯干平稳性	① 躯干平稳不左右摇晃 ② 摇晃或手需向两边伸开来保持平衡	0 1	
走动时转身	① 躯干平稳，转身连续，转身时步行连续 ② 摇晃，转身前需停步或转身时脚步有停顿	0 1	

4. 总评分标准

（1）0 分：平衡能力很好，建议做稍微复杂的全身练习并增加一些力量性练习，增强体力，提高身体综合素质。

（2）1 ～ 4 分：平衡能力尚可，但已经开始降低，跌倒风险增大。建议在日常锻炼的基础上增加一些提高平衡能力的练习，如单腿跳跃、倒走、太极拳和太极剑等。

（3）5 ～ 16 分：平衡能力受到较大削弱，跌倒风险较大，高于一般老年人人群。建议开始针对平衡能力做一些专门的练习，如单足站立练习、“不倒翁”练习、沿直线行走、侧身行走等，适当增加一些力量性练习。

（4）17 ～ 24：平衡能力较差，很容易跌倒造成伤害。建议不要因为平衡能力的降低就刻意限制自己的活动。要刻意做一些力所能及的简单运动如走楼梯、散步、坐立练习、沿直线行走等，有意识地提高自己的平衡能力，也可以在医生的指导下做一些康复锻炼。运动时最好有家人在旁边监护以确保安全。同时还应该补充钙质，选择合适的拐杖。

6.1.3 预防老年人跌倒家居环境危险因素评估表

《指南》中给出了预防老年人跌倒家居环境危险因素评估项目和方法，见表 6–6。

表 6–6 预防老年人跌倒家居环境危险因素评估项目和方法

序号	评估内容	评估方法	结果
地面和通道			
1	地毯或地垫平整，没有褶皱或边缘卷曲	观察	是 / 否 / 无此项
2	过道上无杂物堆放	观察（室内过道无物品摆放，或摆放物品不影响通行）	是 / 否 / 无此项

续表

序号	评估内容	评估方法	结果
3	室内使用防滑地砖	观察	是 / 否 / 无此项
4	未养猫或狗	询问（家庭内未饲养猫、狗等动物）	是 / 否 / 无此项
		客厅	
1	室内照明充足	测试、询问（以室内所有老年人根据能否看清物品的表述为主，有眼疾者除外）	是 / 否 / 无此项
2	取物不需要使用梯子或凳子	询问（老年人近一年内未使用过梯子或凳子攀高取物）	是 / 否 / 无此项
3	沙发高度和软硬度适合起身	测试、询问（以室内所有老年人容易坐下和起身作为参考）	是 / 否 / 无此项
4	常用椅子有扶手	观察（观察老年人习惯用椅）	是 / 否 / 无此项
		卧室	
1	使用双控照明开关	观察	是 / 否 / 无此项
2	躺在床上不用下床也能开关灯	观察	是 / 否 / 无此项
3	床边没有杂物影响上下床	观察	是 / 否 / 无此项
4	床头装有电话	观察（老年人躺在床上也能接打电话）	是 / 否 / 无此项
		厨房	
1	排风扇和窗户通风良好	观察、测试	是 / 否 / 无此项
2	不用攀高或不改变体位可取用常用厨房用具	观察	是 / 否 / 无此项
3	厨房内有电话	观察	是 / 否 / 无此项
		卫生间	
1	地面平整，排水通畅	观察、询问（地面排水通畅，不会存有积水）	是 / 否 / 无此项
2	不设门槛，内外地面在同一水平	观察	是 / 否 / 无此项
3	马桶旁有扶手	观察	是 / 否 / 无此项
4	浴缸 / 淋浴房使用防滑垫	观察	是 / 否 / 无此项
5	浴缸 / 淋浴房旁有扶手	观察	是 / 否 / 无此项
6	洗漱用品可轻易取用	观察（不改变体位，直接取用）	是 / 否 / 无此项

6.2 美国疾病预防控制中心 STEADI 计划

在美国，每年 65 岁以上的老人中有超过 1/4 发生过跌倒，并且每年有超过 300 万人在急诊室接受跌倒伤害治疗。1/5 的跌倒会导致严重的伤害，如骨折或头部受伤，每年有超过 800000 名患者因跌倒受伤而住院，最常见的原因是头部受伤或髋部骨折；每年至少有 30 万老年人因髋部骨折而住院；超过 95% 的髋部骨折是由摔倒引起的，其中通常是由侧身摔倒引起的，跌倒还是脑外伤（TBI）的最常见原因。每年约有 500 亿美元用于治疗非致命性跌倒伤害，而 7.54 亿美元用于治疗致命性跌倒，医疗保险和医疗补助承担了这些费用的 75%。从 2007 年到 2016 年，跌倒致死率每年增加 5%，到 2030 年，预计每小时将有 7 人因跌倒而伤亡（图 6–1 和图 6–2）。

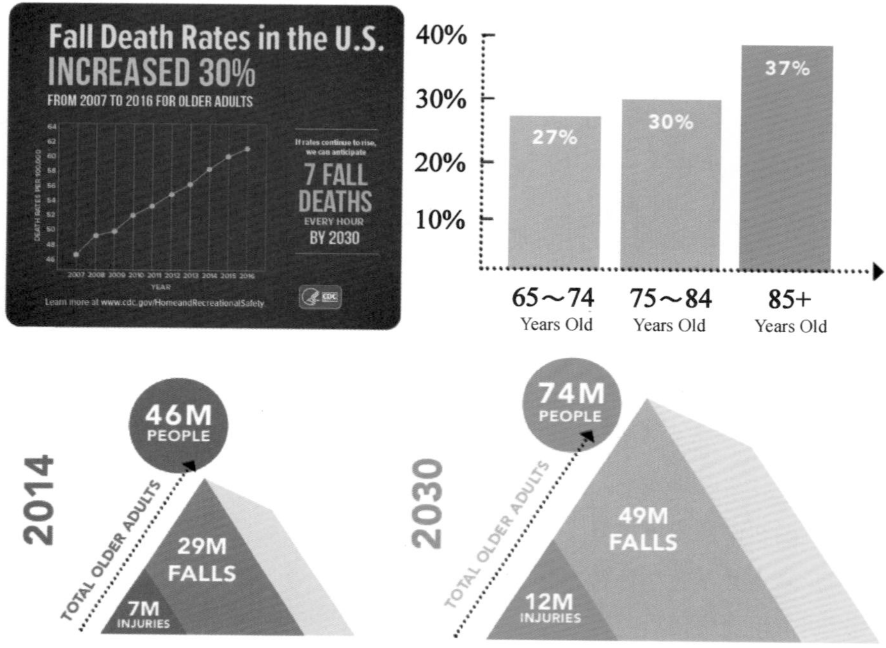

图 6–1 美国的跌倒和致伤、死亡数据

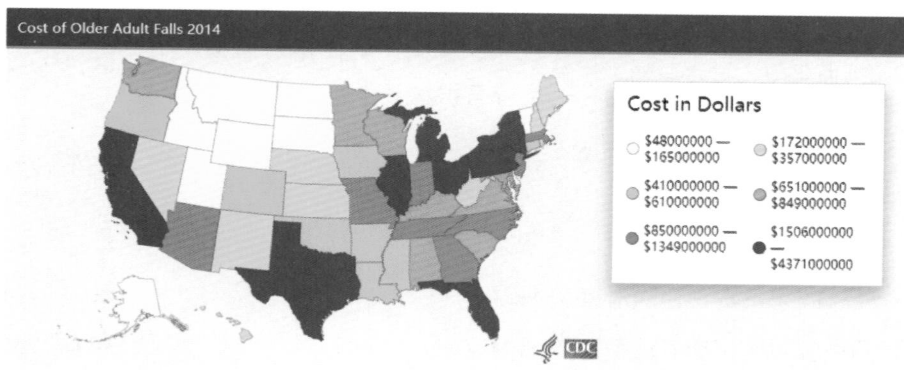

图 6–2 美国的跌倒带来的医疗支出损失

美国疾病预防控制中心（CDC）制订了一项名为STEADI（Stopping Elderly Accidents，Deaths & Injuries）的计划来预防老年人跌倒，并指导医护人员为有跌倒风险或过去可能跌倒的老年人提供治疗。CDC的STEADI计划提供了一种协调一致的方法来实施美国和英国老年医学会的预防跌倒的临床实践指南。STEADI由三个核心元素组成：筛选、评估和干预，通过有效的临床和社区策略筛查患者的跌倒风险，评估可改变的风险因素并进行干预以降低风险。以通过为老年人量身定制的干预措施来降低跌倒的风险。

筛查（Screen）：以确定有跌倒危险的患者；

评估（Assess）：以确定可改变的危险因素，如药物使用；

干预（Intervene）：以使用有效的临床和社区策略以降低风险。

美国疾病预防控制中心标志，如图6–3所示。

图6–3 美国疾病预防控制中心标志

为了帮助将这三个要素整合到临床工作流程中，STEADI包含了一套工具和资源，包括《预防跌倒：实施有效的基于社区的预防跌倒计划的指南》和《CDC有效的跌倒干预纲要：对社区居住的老年人有效的方法》等资料。在《指南》中，CDC通过提供示例、资源和提示，为组织提供了有效的防摔计划的基础，这套有效的跌倒干预措施旨在帮助公共卫生从业人员、高级服务提供者、临床医生以及其他想解决社区中老年人坠落的人;《纲要》第3版介绍了单一干预措施（15种运动干预，4种家庭装修干预和10种临床干预）和12种多方面干预（涉及多种危险因素）（图6–4）。

图6–4《预防跌倒：实施有效的基于社区的预防跌倒计划的指南》和《CDC有效的跌倒干预纲要：对社区居住的老年人有效的方法》

6.2.1 跌倒风险因素识别

STEADI 跌倒风险因素识别表，见表 6-7。

表 6-7　STEADI 跌倒风险因素识别表

跌倒历史	状况	
在过去的一年里有没有跌倒过?	是	否
站立或行走时担心摔倒或感觉不稳?	是	否
健康状况		
心率和 / 或心律失常问题	是	否
认知障碍	是	否
失禁	是	否
抑郁	是	否
脚部问题	是	否
其他医疗问题	是	否
药物（处方、OTC、补充剂）	是	否
精神药物	是	否
阿片类药物	是	否
可能引起镇静或混乱的药物	是	否
可引起低血压的药物	是	否
步态、力量和平衡		
定时起立行走测试（TUG）≥ 12s	是	否
30s 椅子起坐测试：低于基于年龄和性别的平均分	是	否
四级平衡测试：全串联姿态＜ 10s	是	否
视力		
视力＜ 20/40 或 1 年以上无视力检查	是	否
体位性低血压		
收缩压下降≥ 20mmHg，或舒张压下降≥ 10mmHg，或是头昏眼花，或是从躺着到站着头晕	是	否
其他风险因素	是	否

6.2.2 居家跌倒危害清单

STEADI 居家跌倒危害清单，见表 6-8。

表 6-8 STEADI 居家跌倒危害清单

楼梯和台阶（室外、室内）
1. 楼梯上有纸、鞋、书或其他东西吗?
2. 有些台阶破损或者不平?
3. 楼梯的上下端有电灯开关吗?
4. 楼梯的灯泡烧坏了吗?
5. 台阶上的地毯是松的还是破的?
6. 扶手是松的还是坏的?
7. 楼梯的一侧有扶手吗?
地板
8. 当你走过一个房间时，你必须绕着家具走吗?
9. 你把地毯扔在地板上了吗?
10. 地板上有纸、鞋、书或其他东西吗?
11. 你必须在电线或电线（如灯、电话或延长线）上方或周围走动吗?
厨房
12. 你常用的东西在高架子上吗?
13. 你的脚凳结实吗?
卧室
14. 床边的灯够不着吗?
15. 从你的床到浴室的路是黑暗的吗?
卫生间
16. 浴缸或淋浴地板滑吗?
17. 当你进出浴缸，或者从马桶上爬起来时，你需要一些支撑吗?

6.2.3 30s 椅子起坐测试

STEADI 30s 椅子起坐测试如图 6-5 所示。

目的：使用该测试评估老年人的腿部力量和耐力。

设备：没有扶手的直背椅子和秒表。

测试步骤：

（1）指导被测试者：

a. 坐在椅子中间。

b. 双手在手腕处交叉放在左右肩膀上。

c. 双脚平放在地板上。

d. 背部挺直，双臂贴胸。

e. 在“开始”时，站起来，然后坐下。

f. 总共计时 30s。

（2）在听到“开始”一词时，开始计时，如果测试者必须用手臂保持站立，停止测试，记录数字和分数为“0”。

（3）计算测试者在 30s 内完全站立的次数，如果在 30s 内有 1/2 的时间为站姿，则算作站着。

图 6–5　椅子起坐测试

评价：按表 6–9 的各年龄段的平均得分进行评价，分数越低越容易发生跌倒风险。

表 6–9　不同年龄段 30s 椅子起坐测试平均分

年龄（岁）	平均分	
	男	女
60～64	14	12
65～69	12	11
70～74	12	10
75～79	11	10
80～84	10	9
85～98	8	8
90～94	7	4

6.2.4　四级平衡测试（4–SBT）

STEADI 四级平衡测试（4–Stage Balance Test），见表 6–10。

目的：评估静态平衡

设备：秒表

说明：有四种站立姿势，应该向被测试者描述并演示每个姿势。然后，站在被测试者旁边，握住他们的手臂，帮助他们保持正确的姿势。当被测试者稳定时，放手，等待他们能保持姿势的时间，但如果他们失去平衡，则随时准备帮助被测试者。

如果被测试者可以保持一个姿势 10s 而不移动脚或不需要支撑，则转到下一个姿势。否则，停止测试。

表 6-10　四级平衡测试表

	双脚并排站立	计时：s
	把一只脚的脚背放在另一只脚的大脚趾上	计时：s
	串联站立：一只脚放在另一只脚的前面，脚跟接触脚趾	计时：s
	单脚站立	计时：s

6.2.5　定时起立行走测试（TUG）

目的：使用 STEADI 定时起立行走测试（Timed Up and Go，TUG）评估活动能力。

设备：秒表

说明：被测试者穿常规鞋，如果需要，可以使用助行器。首先让被测试者坐在标准扶手椅上，在离地 3 米或 10 英尺的地方划出一条线。

（1）指导被测试者：当我说“开始”时，我希望你：

a. 从椅子上站起来。

b. 以你正常的速度走到地板上的线那里。

c. 转身。

d. 以正常的速度走回椅子上。

e. 再坐下。

（2）在我说“开始”一词时，开始计时。

（3）坐下后停止计时。

（4）记录时间。

评价：一个年龄较大的成年人如果完成 TUG 需要 12s 以上，就有摔倒的危险。同时，观察被测试者的姿势稳定性、步态、步幅和摆动，检查所有适用项：

a. 缓慢的试探性步伐；

b. 失去平衡；

c. 短步；

d. 手臂摆动小或没有摆动；

e. 在墙上稳住自己；

f. 拖着步走；

g. 整体转弯；

h. 不正确使用辅助设备。

6.2.6 体位血压测试

目的：使用此工具来确定患者是否可能患有体位性低血压，见表 6-11。

步骤：

（1）让被测试者躺下 5min。

（2）测量血压和脉搏。

（3）让被测试者站起来。

（4）站立 1min 和 3min 后重复测量血压和心率。

表 6-11 体位血压测试

平躺	5min	血压 BP： 心率 HR：
站立	1min	血压 BP： 心率 HR：
站立	3min	血压 BP： 心率 HR：

评价：收缩压下降≥ 20mmHg，舒张压下降≥ 10mmHg，或出现头晕或头晕被认为是不正常的。

6.3 美国全国老龄理事会 Falls Free 计划

美国全国老龄理事会（The National Council on Aging，NCOA）成立于 1950 年，是帮助 60 岁以上的人应对老龄化挑战的一个机构。2005 年,NCOA 提出了一项名为“Falls Free”的倡议计划，成立了预防跌倒工作组国家联盟与 43 个州成员，并提出预防老年跌倒的国家行动计划。

图 6-6　美国 NCOA 的 Falls Free 倡议计划

6.3.1 老年跌倒风险自我评估表

NCOA 的 Falls Free 倡议计划（图 6-6）给出了很多预防跌倒评估的方法和资源，如由大洛杉矶弗吉尼亚州老年医学研究教育临床中心（The Greater Los Angeles VA Geriatric Research Education Clinical Center）及其附属机构的 Rubensteind 等人开发的一个经过验证的跌倒风险自我评估工具（表 6-12）。

表 6-12　老年跌倒风险自我评估表

序号	问题	解释	分值	
			是	否
1	过去一年曾经跌倒过	曾经跌倒过的人很可能会再次跌倒	2	0
2	我可以或者已经被建议使用拐杖或者助行器来安全地走动	建议使用拐杖或助行器的人可能已经更容易摔倒	2	0
3	有时我走路时感到不稳	走路时不稳或需要支撑是平衡不良的迹象	1	0
4	我在家散步时靠着家具稳住自己	这也是一个不平衡的迹象	1	0
5	我担心摔倒	担心摔倒的人摔倒的可能性更大	1	0

续表

序号	问题	解释	分值	
			是	否
6	我需要用手推才能从椅子上站起来	这是腿部肌肉无力的表现，是摔倒的主要原因	1	0
7	我在路边走路有困难	这也是腿部肌肉无力的表现	1	0
8	我经常得冲厕所	冲进浴室，尤其是在晚上，会增加你摔倒的机会	1	0
9	我的脚有时没有知觉	脚麻木会导致绊倒和跌倒	1	0
10	我吃的药有时会让我觉得头晕或比平时更累	药物的副作用有时会增加你摔倒的机会	1	0
11	吃药帮助我入睡或改善我的情绪	这些药有时会增加你摔倒的机会	1	0
12	我经常感到悲伤或沮丧	抑郁症的症状，如感觉不舒服或速度减慢，都与跌倒有关	1	0
合计得分（如果≥ 4 分，则有跌倒的风险）				

由于年老后的平衡能力减弱和步态异常、视力变差和慢性病的存在，再加上周围环境和用药的影响，老年人跌倒的风险较大。NCOA 还提出了保护老年人预防跌倒的 6 个方面（图 6–7）：

（1）争取他们的支持，采取简单的措施来保证安全

问问老年人是否担心摔倒。许多老年人认识到摔倒是一种危险，但他们相信摔倒不会发生在他们身上，或者即使他们过去已经摔倒了也不会受伤。如果他们担心摔倒、头晕或不平衡，建议他们与医生讨论，后者可以评估他们的个人风险，并提出可以帮助他们的计划或服务。

（2）讨论他们目前的健康状况

找出老年人在管理自己的健康方面是否遇到了问题。他们是否有忘记服药的困难，或者它们有副作用吗？对他们来说，做以前容易做的事情会变得更难吗？听力和视力的改变会有问题吗？同时也要确保他们能充分利用医疗保险提供的所有预防性福利，如年度健康访问。

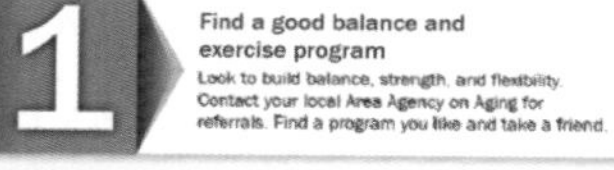

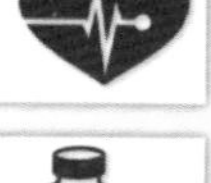

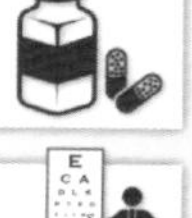

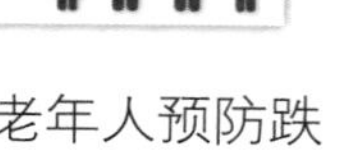

图 6–7　NCOA 提出保护老年人预防跌倒的 6 个方面

鼓励他们公开讲话，向他们的医疗服务提供者谈他们所有的担心。

（3）询问他们最后一次的眼部检查

如果老年人戴着眼镜，确保他们有最新的处方，并且他们正在按照眼科医生的建议使用眼镜。记住，当从明亮的阳光照射到昏暗的建筑物和房屋时，使用变色镜片可能会有危险。一个简单的策略是在进入或停止时更换眼镜，直到镜片调整。

在楼梯上，双焦也可能有问题，所以要谨慎。对于那些已经在弱视中挣扎的人，建议去咨询眼科医生以寻求充分利用视力的方法。

（4）关注他们走路时的姿势和步态

请注意，当他们走路时，是否扶在墙上、家具上或其他人身上，或者他们似乎在走路或从椅子上站起来有困难。这些都是可能是时候去看物理治疗师的迹象。一个训练有素的理疗师可以帮助老年人通过锻炼改善他们的平衡、力量和步态。他们还可能建议使用拐杖或助行器，并提供如何使用这些辅助工具的指导。一定要听从他们的建议。

（5）谈谈他们的药物

如果老年人很难追踪药物或出现副作用，鼓励他们与医生和药剂师讨论他们的问题。建议他们每次拿到新处方都要复查药物。另外，要注意含有助眠药的非处方药，包括以“PM”命名的止痛药。这些都会导致平衡问题和头晕。

（6）对他们的家进行一次安全评估

有很多简单而廉价的方法可以让家更安全，例如：

①照明：增加整个房间的照明，尤其是楼梯的顶部和底部。确保半夜起床时有充足的照明。

②楼梯：确保所有楼梯上都有两个安全扶手。

③浴室：在浴缸 / 淋浴间和卫生间附近安装扶手，确保它们安装在老年人实际使用的地方。考虑使用淋浴椅和手持淋浴器。

④地板：保持地板整洁。取下小地毯或使用双面胶带防止地毯滑动。

6.3.2 居家防摔建议表

针对居家的防摔倒，还给出了以下具体的建议（表 6–13）：

表 6–13 居家预防摔倒的建议

序号	部位及要点	
	前门	
1	检查门前台阶	如果家门口有台阶，应确保台阶没有破损或不平坦。尝试尽快修复损坏有裂缝或晃动的台阶
2	检查前门周围的照明	确保所有入口都照明良好，这样您就可以看到踩到的地方。最好有感应灯，这样就不必担心打开灯了，还可以节约用电

续表

序号	部位及要点	
3	考虑安装扶手	将钥匙放在门的一侧时，将把手放在门的一侧可以提供平衡，或者一旦门打开就握紧，特别是在携带行李或台阶光滑的情况下
厨房		
4	将最常用的物品移到可及范围内	将每天使用的厨房用品（如盘子、玻璃杯甚至调味料）放在最低的架子上。这将帮助您避免使用脚踏工具和椅子（可能容易失去平衡的东西）来拿取较高架子上的物品。每隔几个月左右向亲人或访客寻求帮助，以将季节性食物移到可及的范围内，如仅在假日使用的烤盘等
5	用橡胶地毯代替小块地毯	小块地毯有绊倒的危险。如果您想在水槽或火炉附近的地板上放一块垫子，请确保将其牢固地放在地板上，并且没有拐弯的地方或边缘，以免绊倒。最好用有厚橡胶底的地毯，这样可以牢牢固定在原地
6	立即清理泄漏物	厨房地板可能很滑，潮湿时非常危险！将抹布或墩布放在容易拿到的地方，以帮助您轻松快速地清理地面溢出物
楼梯		
7	保持台阶整洁	确保将诸如鞋子和书本之类的东西收起，而不要放在台阶上，给自己上下留出一条清晰的道路
8	添加对比色条带，以帮助更好地识别楼梯	在每个踏步的边缘添加彩色胶带将有助于区分单色的楼梯。选择一种颜色的胶带，使其与楼梯的颜色能明显区分出来。确保将胶带贴在每个台阶的顶部和边缘
9	尝试在楼梯的顶部和底部设置照明	顶部和底部的吸顶灯是理想的选择。楼梯顶部和底部的电灯开关使您无论走哪个方向都可以随时操控
10	添加第二个扶手	大多数楼梯只有一个扶手，但两侧的扶手将帮助您能更好地保持平衡
门厅		
11	检查照明，但不要自己更换灯泡	良好的照明是家庭所有区域的关键，但不要自己上椅子或梯子更换灯泡。在需要时询问您的家人、朋友或邻居，并考虑使用 LED 灯泡来减少您解决此问题的次数。它们使用寿命更长，从长远来看可以更省钱
卧室		
12	确保靠近床的照明	如果您必须在黑夜里起床，那么只需按一下即可获得更好的照明

续表

序号	部位及要点	
13	保持从床到卫生间的路径畅通	确保光线充足且无杂物。在路线上放置小夜灯，这样您就可以看到您要行走的地方。一些夜灯带有传感器，在天黑或响应运动后会自行点亮
14	考虑安装床栏	在您的床垫和弹簧之间可以安装栏杆或扶手，可以在您上下床时提供支撑。当您从躺姿到坐姿、站姿时，姿势的改变会使人头晕目眩，床栏杆也能保持身体稳定
15	将手机和电话移到床头可以触及的范围内	您可能需要在半夜寻求帮助，因此在附近拥有电话是安全的选择
浴室		
16	在淋浴或浴缸中添加防滑橡胶垫	垫子或橡胶自粘带的牵引力可帮助您避免在潮湿的表面上踩滑
17	在马桶和浴缸旁边安装扶手	浴室的坚硬表面可能使跌倒更加危险。在马桶和浴缸周围正确安装扶手可提供所需的支撑和平衡。记住，毛巾架不是扶手，但扶手可以是毛巾架。扶手应由专业人员安装，以确保它们处于正确的位置并正确固定在墙壁上
18	考虑洗澡椅和手持淋浴喷头	这些可以帮助您避免在淋浴时伸手或拉伤

6.4 跌倒风险评估工具

6.4.1 跌倒行为 FaB 量表

跌倒行为 FaB 量表（The Falls Behavioural Scale）（表 6–14）是澳大利亚悉尼大学 Lindy Clemson 教授等人开发的一套评价老人跌倒倾向的表格。FaB 量表包含 30 项描述性语句，描述了我们在日常生活中所做的事情，用“从不（Never）”“偶尔（sometimes）”“经常（often）”“总是（always）”对每个问题进行回答。

表 6–14 跌倒行为 FaB 量表

描述你在日常生活中所做的事情		回答				
1	当我站起来时，我会停下来保持平衡	从不	偶尔	经常	总是	不适用

续表

描述你在日常生活中所做的事情		回答				
2	我做事的速度比较慢	从不	偶尔	经常	总是	不适用
3	我和一个我认识的人谈我做的事，也许会有助于我防止摔倒	从不	偶尔	经常	总是	不适用
4	只有当我握紧手时，我才会弯腰去拿东西	从不	偶尔	经常	总是	不适用
5	我需要用手杖或助行器	从不	偶尔	经常	总是	不适用
6	当我感到不舒服时，我特别注意做日常的事情	从不	偶尔	经常	总是	不适用
7	我做事很匆忙	从不	偶尔	经常	总是	不适用
8	我转身速度很快	从不	偶尔	经常	总是	不适用
这些是你在室内做的事						
9	为了爬到高处，我用附近的椅子，或者任何方便的家具爬上去	从不	偶尔	经常	总是	不适用
10	我着急地去接电话	从不	偶尔	经常	总是	不适用
11	当我需要换灯泡时，我会得到帮助	从不	偶尔	经常	总是	不适用
12	当我需要拿高处的东西时，我会得到帮助	从不	偶尔	经常	总是	不适用
13	当我感觉不舒服时，我会特别注意如何从椅子上站起来走动	从不	偶尔	经常	总是	不适用
14	当我从梯子或凳子上下来时，我会想到最底层的梯级	从不	偶尔	经常	总是	不适用
这些是关于照明和视力的						
15	我注意到地板上有溅落物	从不	偶尔	经常	总是	不适用
16	如果我在晚上起床，我就用灯	从不	偶尔	经常	总是	
17	我调整家里的灯光以适应我的视力	从不	偶尔	经常	总是	
18	我经常擦眼镜	从不	偶尔	经常	总是	不适用
19	当佩戴双焦或三焦时，我会误判一个台阶，或者看不到地板的变化	从不	偶尔	经常	总是	不适用
关于鞋子的						
20	当我买鞋时，我会检查鞋底是否滑	从不	偶尔	经常	总是	不适用
这些是关于室外的						
21	我会在大风天外出	从不	偶尔	经常	总是	不适用

续表

描述你在日常生活中所做的事情		回答				
22	当我在户外散步时，我会留意潜在的危险	从不	偶尔	经常	总是	不适用
23	我避开斜坡和其他坡道	从不	偶尔	经常	总是	不适用
24	当我外出时，我会仔细考虑如何走动	从不	偶尔	经常	总是	不适用
25	我尽可能在红绿灯或人行横道处过马路	从不	偶尔	经常	总是	不适用
26	我爬楼梯时会抓住扶手	从不	偶尔	经常	总是	不适用
27	我避免在拥挤的地方走动	从不	偶尔	经常	总是	不适用
28	我在通往前门 / 后门的路上修剪灌木和植物	从不	偶尔	经常	总是	不适用
29	我只带少量的杂货上楼梯	从不	偶尔	经常	总是	不适用
关于用药的						
30	我问药剂师或医生关于我的用药的副作用	从不	偶尔	经常	总是	不适用

6.4.2 跌落风险评估工具 iSOLVE

iSOLVE 是悉尼大学、新南威尔士州临床卓越委员会（NSW Clinical Excellence Commission）和悉尼北部初级卫生网络（Sydney North Primary Health Network，SNPHN）之间建立的合作项目，旨在综合实践、专职医疗服务和计划之间建立整合的流程和途径，以识别老年人的跌倒风险，并采取方法来预防跌倒。iSOLVE 项目组织架构，如图 6–8 所示。

图 6–8 iSOLVE 项目组织架构

悉尼大学的 Lindy Clemson 教授和包括 GP 在内的多学科研究人员团队已基于最新研究证据，并以美国 STEADI 为基础，开发了临床决策工具和资源。还开发了学习活动

（主动学习模块和临床审核），以帮助全科医生、执业护士和其他卫生专业人员在一般实践和可能的其他初级保健环境中实施决策工具（表 6–15）。

表 6–15　全科医生跌倒风险评估工具 iSOLVE

向患者询问他们的跌倒史		
过去一年中你跌倒了吗?	是	没有
你担心跌倒吗?	是	没有
平衡，力量与步态		
建议使用拐杖或建议使用助行器?	是	没有
不稳定（例如，走路时感觉不稳定或在家中走路时扶住家具才能稳定）?	是	没有
虚弱、平衡和活动性问题（例如，需要用手推动以从椅子上站起来，踩到路边时会遇到一些麻烦）?	是	没有
药物治疗		
镇静剂，抗抑郁药或抗精神病药?	是	没有
4 种或以上药物?	是	没有
视力		
严重损害（黄斑变性、青光眼、糖尿病性视网膜病变）?	是	没有
白内障?	是	没有
体位性低血压或头晕		
从躺着或坐着到站着，收缩压降低≥ 20mmHg 或舒张压降低≥ 10mmHg?	是	没有
头晕?	是	没有
其他医疗条件		
足部疼痛持续至少一天?	是	没有
尿失禁（如着急上厕所）?	是	没有
最近住院（如过去 6 个月内）?	是	没有
认知障碍（已诊断或可能的障碍）?	是	没有

6.4.3　居家跌倒评估工具 HOME FAST

Home FAST（Home Falls and Accidents Screening Tool）是澳大利亚悉尼大学 Lynette Mackenzie 博士和纽卡斯尔大学研究人员开发的一种家庭评估工具，旨在识别由于家庭环境中造成老年人有跌倒风险的危险因素。该工具包括 25 个项目，其中包括一系列室内和室外环境和功能问题。二分评估，用户标记是否存在危险。分数越高，跌倒的风险就越大（表 6-16）。

表 6-16　HOME FAST 评估工具

序号	项目	说明	回答
1	走道上没有电线和其他杂物吗?	人行道 / 门口没有电线或杂物。包括妨碍门口或走廊的家具和其他物品、防止门完全打开的门后物品、门口的高门槛	□是 □否
2	地板覆盖物是否完好?	地毯 / 垫子平放 / 无撕裂 / 未磨损 / 无裂纹或缺失瓷砖，包括楼梯覆盖物	□是 □否
3	地板表面防滑吗?	如果厨房、浴室或洗衣房内有亚麻布或瓷砖，以及其他地方的抛光地板或瓷砖 / 亚麻布表面，则得分“否”。只有当厨房、浴室和洗衣房的地板表面防滑或防湿时，才能得分“是”	□是 □否
4	松散的垫子是否牢固地固定在地板上?	垫子具有有效的防滑背衬 / 被粘或钉在地板上	□是 □否 □不涉及
5	可以轻松安全地上下床吗?	床有足够的高度和牢固度，无须靠床头或家具等支撑	□是 □否
6	可以轻松地从椅子上站起来吗?	椅子有足够的高度，可以从中向上推椅子扶手，坐垫不太软或太深	□是 □否 □不涉及
7	所有的灯都足够明亮，可以使人清楚地看到吗?	没有小于 75W 亮度灯泡，没有阴影投射到房间，没有多余的眩光	□是 □否
8	能否从床头轻松地关灯?	人们不必起床就可以打开灯，有手电筒或床头灯	□是 □否
9	外部道路、台阶和入口夜间照明是否良好?	前门和后门都装有照明灯，灯至少 75W，人行道、公共大堂照明良好	□是 □否 □不涉及
10	能否轻松地去卫生间?	马桶的高度足够，人无须扶着水槽 / 毛巾架 / 厕纸架，如果需要，马桶旁边有扶手或助力架	□是 □否 □不涉及
11	人是否能够轻松安全地进出浴缸?	人能够无风险地跨过浴缸的边缘，并且可以自己下到浴缸中并再次站起来而无须抓住家具（或使用浴板或站立式淋浴器在浴池上无风险）	□是 □否 □不涉及

续表

序号	项目	说明	回答
12	人是否能够轻松安全地走进淋浴间?	人们可以跨过淋浴房挡台或淋浴帘轨道，而无须冒险，也无须任何支撑	□是 □否 □不涉及
13	淋浴间或浴缸旁是否有易于接近的坚固扶手?	牢固地固定在墙壁上的扶手，不是毛巾架，并且无须倾斜身子即可达到平衡	□是 □否
14	淋浴间是否使用了防滑垫?	维护良好的防滑橡胶垫，或固定在浴缸或淋浴间凹槽底部的防滑条	□是 □否
15	厕所是否靠近卧室?	不超过两个门口（包括卧室门），不涉及出门或开门才能到达	□是 □否
16	是否可以轻松地拿到厨房中经常使用的物品，不必爬高而丧失平衡?	橱柜可在肩膀和膝盖的高度之间进行取放，不需要椅子或梯子就能拿到东西	□是 □否
17	可以方便、安全地从厨房到用餐区用餐吗?	餐食可以安全地携带，也可以用手推车运送到人们通常吃饭的地方	□是 □否
18	室内台阶/楼梯是否具有可沿台阶/楼梯的全长延伸的可抓握的坚固扶手?	扶手必须易于抓握，牢固固定，足够坚固并且可用于整个台阶或楼梯	□是 □否 □不涉及
19	室外台阶/楼梯是否具有可沿台阶/楼梯的全长延伸的易抓握的坚固扶手?	扶手必须易于抓握，牢固固定，足够坚固并且可用于整个台阶或楼梯	□是 □否 □不涉及
20	可以轻松安全地在室内或室外的台阶/楼梯上上下行走吗?	台阶不要太高、太窄或太平坦，以至于无法将脚牢固地放在台阶上，使用台阶/楼梯的人不太可能会感到疲倦或呼吸困难，并且不会发生踏空、脚感觉丧失、运动控制受损等	□是 □否 □不涉及
21	是否易于识别台阶/楼梯的边缘（室内和室外）?	没有图案的地板覆盖物，瓷砖或油漆可能会遮盖台阶的边缘，台阶/楼梯的足够照明	□是 □否 □不涉及
22	可以安全轻松地使用入口门吗?	不需要弯身开锁和把手，也不需要过度伸展手臂，门口有平台可以使人不必站在台阶上努力保持平衡去开门	□是 □否

续表

序号	项目	说明	回答
23	房屋周围的道路是否维修良好且整洁？	没有开裂/松动的道路，植物/杂草过度生长，树木悬垂，花园水管侵入人行道等	□是 □否 □不涉及
24	当前是否穿着合身的拖鞋或鞋子？	低跟和防滑鞋底，牢固合脚。没有磨损的拖鞋，可以将脚支撑在适当的位置。没有鞋子得分为“否”	□是 □否
25	如果有宠物，可以照料它们而不会弯身或有跌倒的危险吗？	宠物＝该人负责的任何动物。得分为“是”，不需要为跳起来或地上走路时的宠物喂食，也不必弯腰在地板上为宠物补充食物，宠物不需要大量的运动	□是 □否 □不涉及

室内管线管路

7.1 电气电路

老年人居住的老旧小区，电气线路老化现象严重，开关插座设置数量和位置也不一定合理，对于老人的用电安全和便利也有很大的影响。所以，应该对于电气电路进行安全评估，确保老人用电安全。

7.1.1 开关插座

1. 入户过渡空间内应设置照明总开关。起居室、长过道及卧室床头宜安装多点控制的照明开关，卫生间宜采用延时开关。照明开关应选用带夜间指示灯的宽板开关，开关高度宜距地 1.10m 左右。

入户过渡空间内设置照明总开关可方便老年人在出门前关闭所有照明设施，同时方便进门时打开照明设施，避免在室内黑暗的情况下行动（图 7–1）。当过道距离长时，安装多点控制开关可避免老年人关灯后在黑暗的走廊中行走。在浴室、厕所采用延时开关可帮助老年人安全返回卧室（图 7–2）。老年人因视力障碍和手脚不灵活等问题常常在寻找电气开关时发生困难或危险，因此需要采用带指示灯的宽板开关。为了兼顾老人站立时和坐在轮椅上都能够到开关，开关离地高度在 1.10m 左右是老年人最顺手的地方。

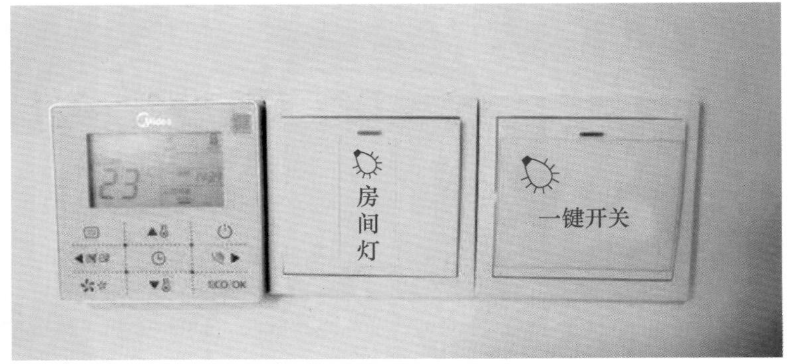

图 7–1　玄关总控开关（带夜光单板开关）

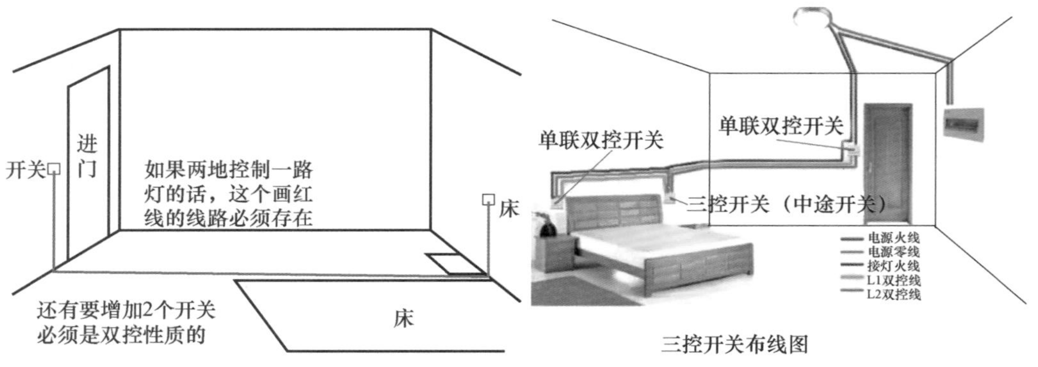

图 7-2 卧室多点控制开关

2. 房间内的插座数量、位置应满足老年人的日常生活需要。卧室床头、厨房操作台、卫生间洗面台、洗衣机及坐便器旁应设置电源插座。各部位电源插座均应采用安全型插座，插座插排尽量固定位置放置，常用插座高度宜为 0.6 ～ 1.2m。电源插座应满足主要家用电器和安全报警装置的使用需求。

老年人居住建筑对强、弱电插座的设计要求，高于国家标准《住宅设计规范》（GB 50096—2011）规定的插座的设置数量和部位的最低标准。常用插座主要是指插拔频率高的插座，对于普通人来说，在插座上插拔插头是一件非常容易的事情，可是对于视力不太好的人，比如说上了年纪的老年人来说，需要戴上老花镜自己观察才能插拔插头，非常不便。

一般住宅中的低位插座距地在0.3m左右，对于老年人来说，这个高度是比较低的。因为可能存在弯腰过度的情况，特别是对于轮椅老年人来说，在弯腰去拔插座的时候，可能会出现身体前倾的危险。便于老年人使用的常用插座高度不应太低，一般宜在距地 0.6 ～ 0.8m 较为方便老年人使用（图 7-3）。比如，床头插座一般高于床头柜、低于床头。

图 7-3 常用插座高度

7.1.2 灯具

老年人床边、卧室至卫生间的过道应设置脚灯，脚灯距地宜为 0.4m。卫生间洗面台、厨房操作台、洗涤池应设置局部照明。

脚灯作为夜间照明灯，既不会产生眩光，又能使老年人在夜间活动时减少羁绊和摔倒等危险（图 7–4）。在厨房操作台和洗涤池前常会使用玻璃器皿和刀具，老年人的视力减弱，因此增加局部照明可以减少被划伤的危险。

图 7–4　床边和过道设置感应脚灯

7.1.3 使用安全

1. 检查房屋配电箱功率配置能够满足常用家用电器使用要求，检查电线老化程度和接头保护，电线尽量避免裸露在地面。

老旧房屋一般存在电线老化、过载、安装配置不合理等事故隐患。需要检查老人家中的各种电器和线路。用户应采用通过 3C 认证、质量合格，且具有过压保护、过电流保护和短路保护功能的漏电保护器。漏电保护器安装在用户用电的进线侧。

要养成良好的消防安全习惯，不私拉乱接电线，及时更换老旧线路，不超负荷用电。家用电器成倍增加导致用电量急剧上升，若超过原电气线路和开关的最大承载能力，极易引发火灾。另外电线长期受热、受潮、失去绝缘能力、年久失修、绝缘层老化或破损，也极易引发火灾，需要专业人员进行检查评估房屋电线老化程度（图 7–5）。

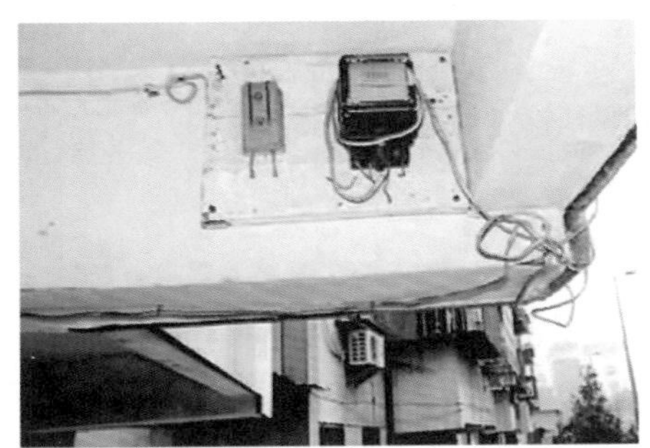
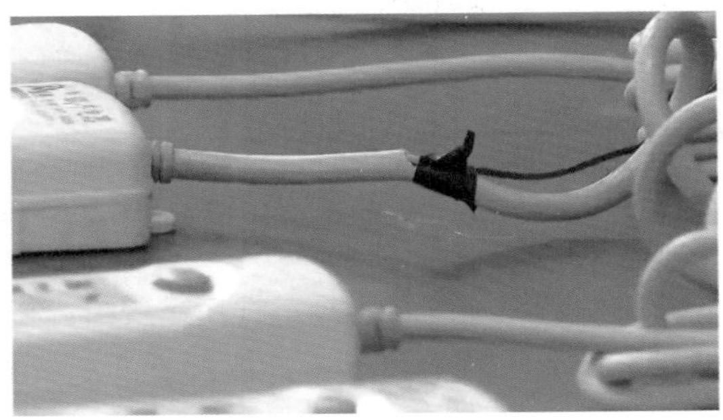

图 7–5　家用电线线路老化

2. 使用时产生热量的家用电器应避免与电线直接或近距离接触。

电暖器、煤气灶等发热设备要远离家具、电线、电器等可燃物品，避免发生火灾。离开家时，要关闭用电设备。

7.2 给排水管路

《建筑给水排水设计标准》（GB 50015—2019）规定“室内生活排水管道系统的设备选择、管材配件连接和布置不得造成泄漏、冒泡、返溢，不得污染室内空气”。房屋的给排水管路最常见的问题是管道堵塞、接头老化漏水等问题，如果上下水管路出现问题，不仅对老人的日常生活造成不便，对楼下住户也有可能造成影响。所以，应对老人居住房屋的给排水管路进行评估，确保使用安全。

7.2.1 管道接头

1. 检查给排水管路、接头和开关的老化锈蚀情况，接头、开关不应在拧动过程中有发生断裂的风险。

一些老旧小区的房屋由于楼龄较长，给排水管路老化严重，用户室内的管路锈蚀，尤其在穿墙位置锈蚀严重。开关、接头锈蚀老化，甚至锈死无法使用，非常容易发生漏水问题。所以，应对房屋内的给排水管路接头进行评估，避免发生漏水、跑水的风险（图 7–6）。

图 7–6 家用给排水管路老化

2. 排水管路不应发生经常性堵塞现象，排水地漏无反味、飞虫等问题。

房屋内异味的来源之一是排水管道反味，包括卫生间和洗衣机地漏、洗手池和厨房下水管等，严重时，管道中的飞虫还会从管道进入室内（图 7–7）。

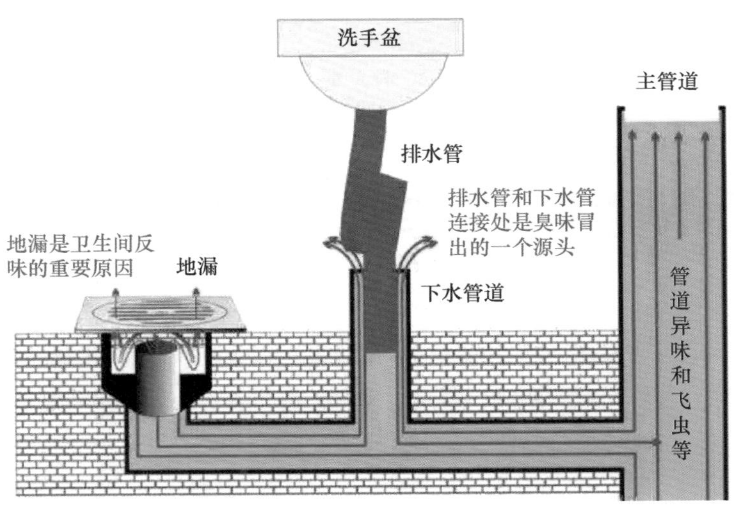

图 7–7　排水管道异味的原因

（1）地漏反味

检查地漏是否反味，首先可以靠近地漏闻有无异味，以确认是否从地漏反味；进一步检查时可以用装满水的塑料袋，完全覆盖在地漏上，如果异味消失则可以证明是地漏反味（图 7–8）。

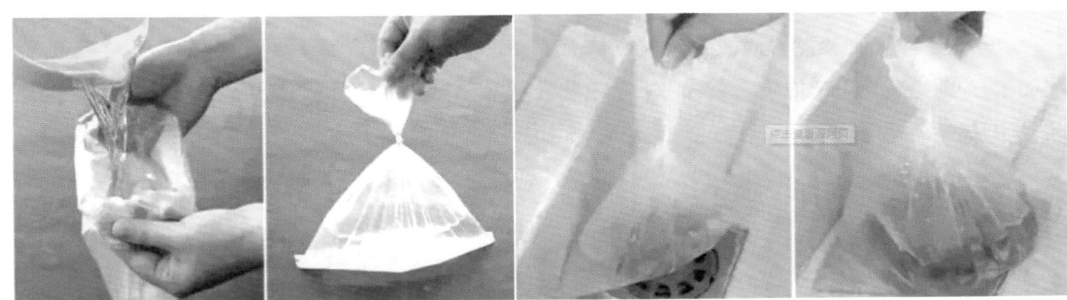

图 7–8　检查地漏是否反味

地漏的构造和性能应符合行业标准《地漏》（CJ/T 186—2018）的规定。卫生间地漏反味可将普通地漏更换为防臭直通密闭地漏。直通密闭地漏是当有水流通过时，地漏底部的密封垫会自动打开，直通排水，排水完毕后，密封垫靠内部装置自动闭合，形成全密封，以隔绝臭气以及蚊虫的侵入（图 7–9）。

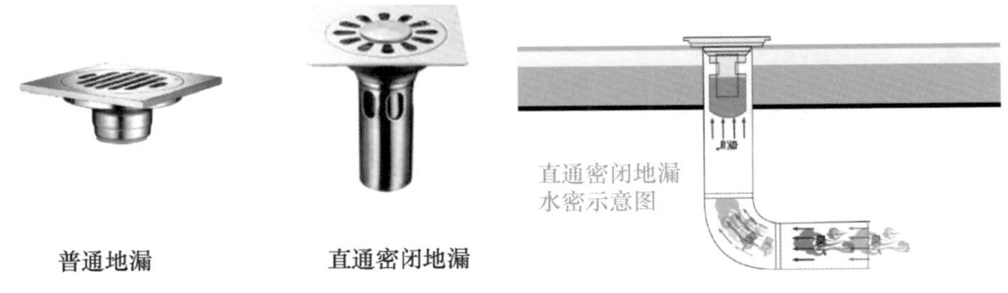

图 7–9　地漏

（2）水槽下水

卫生间和厨房水槽下水处也容易反味。水槽下水管道如果没有S形存水弯，再加上下水管和排水管连接处密封不严，就容易发生异味逸出的现象（图7-10）。

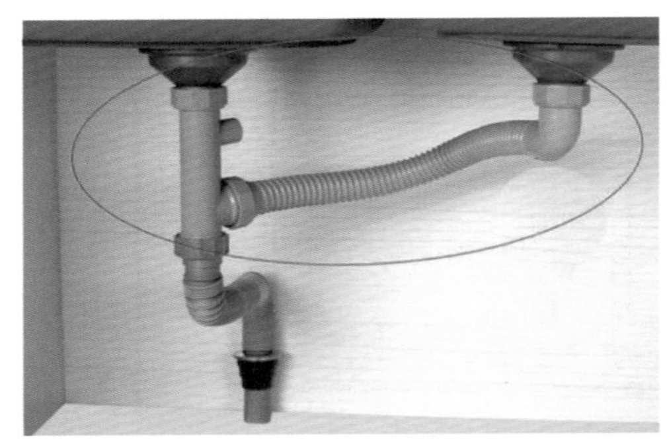

图7-10　水槽排水管（没有存水管/自带S形存水弯）

水槽自带的S形存水弯可以起到防臭作用。存水弯水封必须保证一定深度，考虑到水封蒸发损失、自虹吸损失以及管道内气压波动等因素，规范一般规定存水弯水封深度为50～100mm。此外，下水管末端与排水管之间的连接也应该密封严实，采用橡胶塞或带密封圈的接头，保证两者之间无缝隙，防止臭气外露和蚊虫侵入。

（3）马桶下水

卫生间马桶也是容易发生异味的位置，应检查马桶与地面的周围接缝密封胶是否完好；如果密封完好仍有异味，则有可能是马桶安装时密封圈法兰没有安装到位，可拆除马桶重新安装（图7-11）。

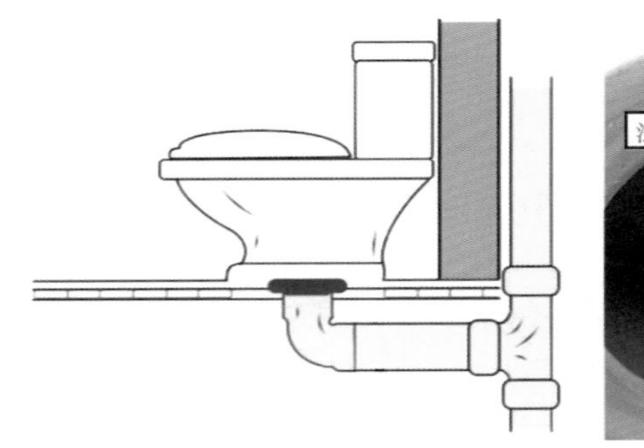

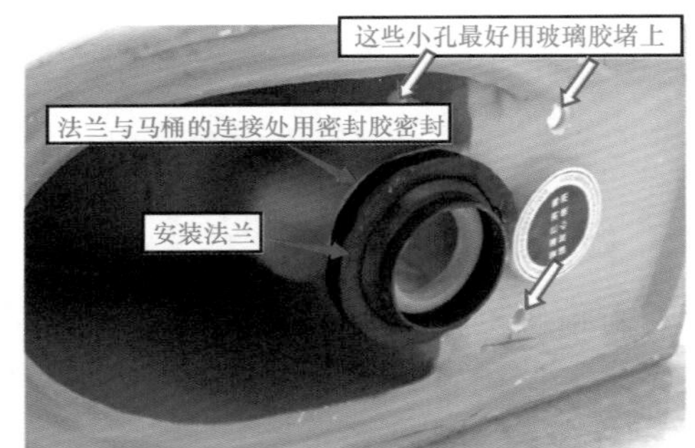

图7-11　马桶安装密封法兰

7.2.2 管道噪声

检查给排水管道噪声是否影响老人生活和休息。

给排水管道产生噪声的原因很多，管路设计方案的不同、建筑措施和设备布置的差异，以及施工方法、材质、水力等条件的不同是使得管道在不同的环境和条件下产生噪声的各种可能原因。

给水管道噪声根据噪声的产生方式分为流水噪声、汽蚀噪声、振动噪声、压力冲击噪声和摩擦噪声等，一般正常使用时给水管的噪声不太明显，影响用户生活和休息的多来自排水管道噪声。排水管道噪声主要来源有以下几个方面：

（1）排水横管的水流冲击弯管、T形管、十字形弯管引起的噪声，这种噪声是排水管道常见噪声。

（2）污水在排水立管内流动时管内空气压缩、抽吸产生的噪声。临界流量选择不当，排水立管管径不合适，都会造成此类噪声产生。

（3）立管的横干管排水工况不理想，流向的急剧改变和水跃产生噪声。

（4）卫生器具排水时，当支管较长或同一支管所接卫生器具较多时，会因水跃产生噪声。

（5）洗涤器具及地漏在排水终了时带入空气也会导致噪声。

（6）排水管在正、负压绝对值大于水封高度时，水封冒气泡、涌动产生的噪声。这类噪声在立管的底层应予以注意。排水管道噪声随着流量和流速的增大而增大，并因共鸣而加强。

如果管道噪声较大，老人的睡眠又较轻易醒，频繁的噪声不仅对老人的日常生活带来十分严重的影响，也会影响老人的身心健康。需要对管道噪声采用噪声测试仪器进行测评，如果噪声较大，则需要用吸声棉进行包裹处理，降低管道噪声（图7–12）。

图7–12　给排水管道接口噪声采用隔声棉包裹进行消声处理

7.2.3　使用安全

热水供应系统应有防烫伤措施，冷热水管道应有明显标志。

老年人居住建筑的卫生间的热水管道应有明显的标志，避免老人在如厕、洗浴时身体裸露部位直接接触热水管道，发生烫伤的危险。

7.3　燃气管路

7.3.1　管路

1. 检查燃气管道是否漏气、锈蚀，管道支撑是否稳固、有无搭挂重物、有无违规

暗埋、暗封，与周围其他设施要有一定的安全间距等。

燃气管道上严禁搭挂重物，以免使管道接头松动。更严禁在管道上缠绕电线，以免电气火花引起燃气爆炸事故（图 7–13）。

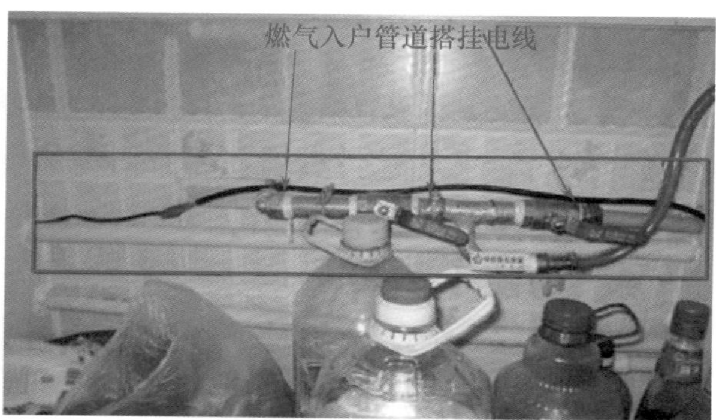

图 7–13　燃气管道严禁搭挂重物和缠绕电线

2. 检查燃气阀门有无锈蚀、漏气，阀门部件是否齐全、启闭是否灵活等。检查是否安装有燃气漏气电磁切断装置，并验证装置是否能够正常使用。

阀门是燃气管道上安装的重要控制装置，通过阀门的启闭，可以控制燃气管道中燃气的供应，一旦发生燃气泄漏，能够顺利关闭表前阀门。另外，安装燃气漏气报警切断阀门可以在探测到有燃气泄漏时，自动切断阀门，避免发生危险（图 7–14）。

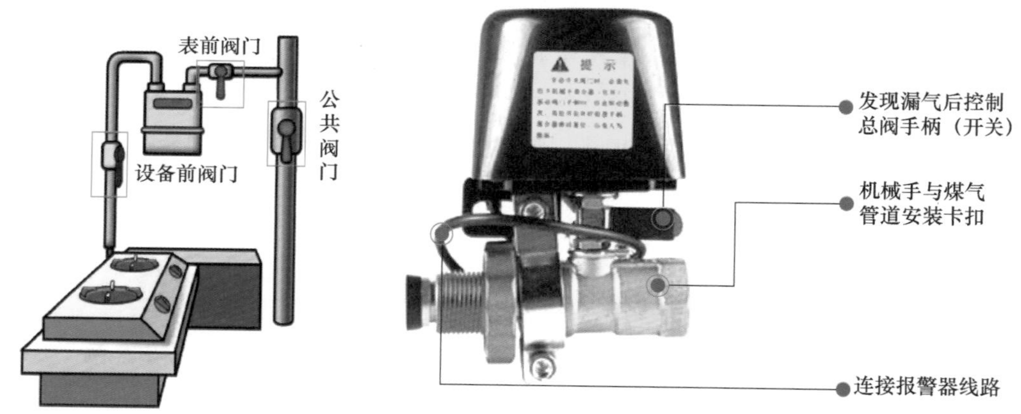

图 7–14　燃气阀门和报警切断阀门

3. 检查燃气表是否完好，识读卡是否正常，电池仓有无电池电解液泄漏痕迹，接头有无漏气、锈蚀等。

燃气表是燃气计量工具，需要对燃气表的使用功能进行检查，包括燃气表与管线的接头部位，确保正常安全使用（图 7–15）。

图 7-15　燃气表及接头锈蚀

4. 检查连接燃气管道和用气设备的专用燃气软管是否符合国家标准，有无漏气，是否超过使用年限，长度是否超过标准，安装是否稳固，有无适当喉箍固定，有无老化、龟裂，有无违规暗埋及穿墙、穿窗和门等现象。

室内燃气管道宜选用钢管，也可选用铜管、不锈钢管、铝塑复合管和连接用软管，连接燃气管道和用气设备一般采用专用燃气软管。《城镇燃气设计规范》（GB 50028—2006）规定室内燃气管道采用软管时应符合国家标准《家用煤气软管》（HG 2486—1993）或国家标准《燃气用具连接用不锈钢波纹软管》（CJ/T 197—2010）规定的软管，并要求：

（1）软管与家用燃具连接时，其长度不应超过 2m，并不得有接口。

（2）软管与移动式的工业燃具连接时，其长度不应超过 30m，接口不应超过 2 个。

（3）软管与管道、燃具的连接处应采用压紧螺帽（锁母）或管卡（喉箍）固定。在软管的上游与硬管的连接处应设阀门。

（4）橡胶软管不得穿墙、顶棚、地面、窗和门。

燃气软管在使用的过程中有可能会发生紧固件松动、被小动物啃噬等问题，所以需要检查软管的连接、老化和破碎情况，尤其在柜体内隐蔽部位的燃气软管，避免老年人使用时发生安全隐患（图 7-16）。

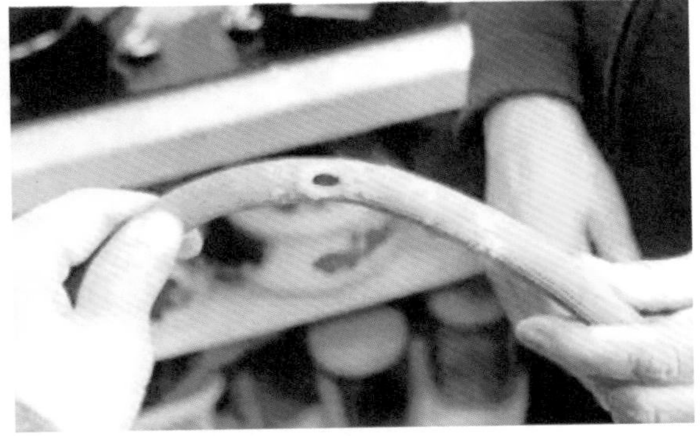

图 7-16　检查燃气软管是否存在问题

7.3.2 燃气设备

检查燃气灶、热水器、壁挂炉等燃气燃烧设备安装位置是否符合规范，通风换气是否顺畅，有无漏气，是否带有熄火保护装置，是否超过使用年限等。

《家用燃气燃烧器具安装及验收规程》（CJJ 12—2013）规定了燃气燃烧设备不应设置在卧室内，应安装在通风良好、有给排气条件的厨房或非居住房间内。应检查燃气燃烧设备的换气通风装置是否运行良好，避免堵塞或失效（图 7–17）。

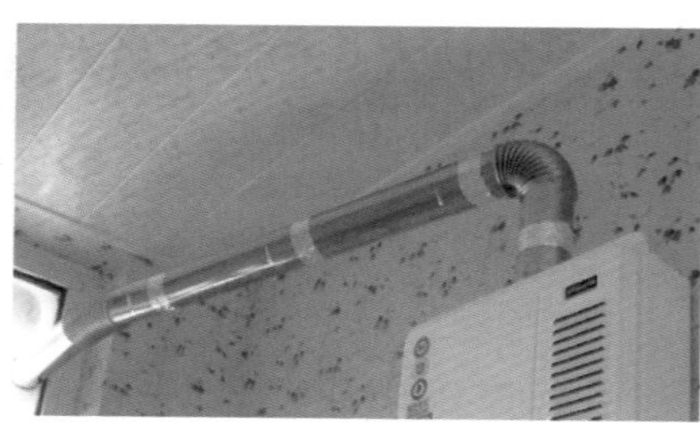

图 7–17 检查燃气设备安装是否存在问题

特别需要注意的是，禁止使用直排式热水器，非强制平衡式热水器禁止安装在浴室内，热水器排烟道禁止穿越卧室或卫生间，热水器烟道禁止排入公共烟道。

7.4 暖通管路

7.4.1 管路

1. 检查供暖管路、阀门和接头处在采暖季是否存在漏水现象或痕迹，穿墙立管是否腐蚀老化。

由于暖气部件老化腐蚀等原因，随着水压升高，暖气管道中的注水会从部件接头处呈细流或喷洒而出，对室内装修造成影响。在每个采暖季试供暖时，应及时检查户内所有暖气管路是否存在漏水现象，一旦发现应通知相关单位及时维修（图 7–18）。

图 7–18 暖气片漏水

2. 调查冬季采暖时室内温度是否合适，并检查暖气片排气孔是否能够灵活拧动，排气是否顺畅，供、回水管阀门是否开启自如。

当暖气管道中存在气体时，热水则不能完全充满暖气管道，室内温度难以达到舒适温度。有相当大比率的暖气不热就是由于暖气窝气造成的，原因可能有两种：一种是暖气片中存有气体；另一种是楼内管网存有气体。简单的判断方法是，查看家中的暖气片是否为一半热一半凉，若是这种情况，则很有可能是窝气了，需要进行排气处理。只需将排气阀逆时针拧松，听到有排气的声音时，停止拧动，让暖气中的气体自己排尽；气体排尽后，再轻轻拧松阀门，直到有稳定的水流流出，然后将放气阀拧紧即可（图 7-19）。

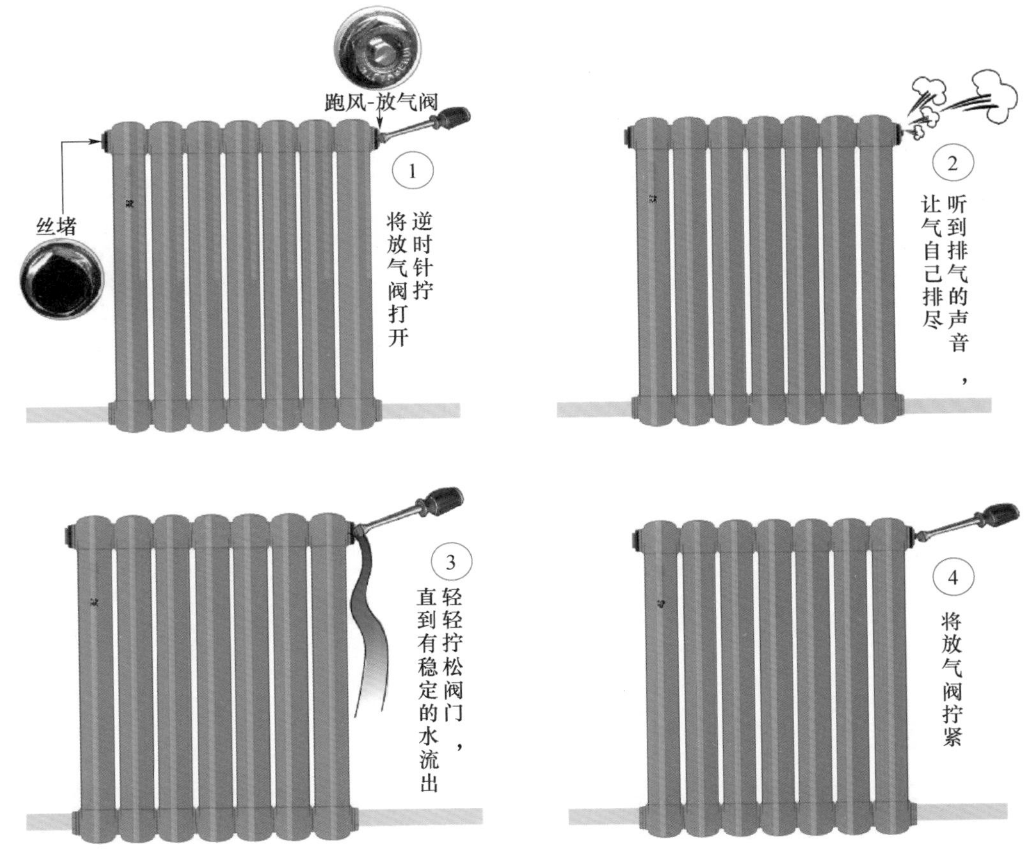

图 7-19　暖气排气

7.4.2　管道清洗

检查暖气管道是否堵塞，当采用地暖供热时，检查分集水器管壁的颜色来判断管壁污染堵塞程度。

由于水中的矿物质存在以及微生物在高温下产生的絮状物，地暖管路在运行一个采暖期之后会沉积一定厚度的水垢、生物黏泥。集中供暖外网管道中的生物黏泥、杂质、水垢、铁锈、污染物等也有可能进入自家的管道，并相应地降低室内采暖温度，水质差的地区则会更加严重（图 7-20）。

图 7-20　地暖管道污垢与清洗

据有关资料统计，在采暖过程中地暖管内壁每增加 1mm 污垢，就会使环境温度降低 6℃，这不仅影响了正常采暖温度，而且也造成了能源的浪费。加之地暖盘管形状复杂、管路较长等，一定时期后就会形成管垢，严重的可能会造成管路堵塞，无法疏通，导致地暖管路永久失效，不可逆转，甚至需破坏地面、拆除或更换地暖管路系统来解决问题，给地暖用户造成财产损失及生活不便。所以，需要定期对地暖管路进行清洗保养。

家具及电器

8.1 家具

随着年龄的增长，老年人站立和运动的时间大大缩短，坐与卧的时间会逐渐增加。每个人都不免受到老年综合征的影响，视力下降，握力降低，少肌症和衰弱如影随形。家具的选配和适老化有着专业的要求。除了家具应有的坚固、环保等功能外，适老化的产品应该从老年人的生活习惯出发，轻便、适高、色彩简洁明快、材质方便打理将成为适老化家具的重点考虑要素。

8.1.1 配置评价

老年人居家活动一般时间相对较长，室内活动随时与家具接触，由于老年人的行动与反应功能衰退，如果家具配置不当，不仅使用时吃力，甚至造成老人磕碰。

1. 进门玄关处是否配置换鞋凳或可供换鞋时手扶的鞋柜或扶手。

老年人进出门换鞋时需要使用鞋凳，或者有稳定的可以手扶的家具，比如鞋柜、玄关柜或扶手等。老年人弯腰困难，在换鞋时尽量采用坐姿换鞋，避免站立不稳摔倒摔伤。鞋凳不可太矮难以起身，凳面可以稍长、稍宽，便于老年人随手临时置物（图 8-1）。

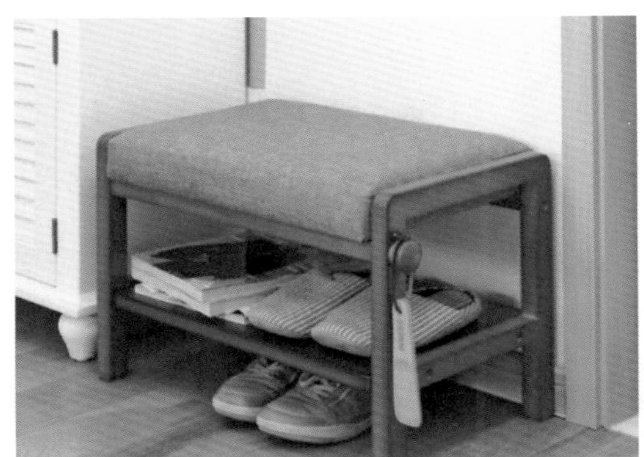

图 8-1　配置鞋凳

2. 应配置符合老年人身体条件和居家生活特点的适老化家具，包括常用的餐桌椅、沙发和床具，必要时需对厨卫家具等进行适老化改造，以满足老年人日常使用和活动需求。

适老化家具是最近几年刚刚兴起的一个细分的家具品类，目前从事适老化家具研发、设计与生产的企业数量还很少。适老化的家具设计，应充分考虑老年人的居家生活特点，既有家的温馨，又兼具功能性、实用性和安全性，从而提升长者生活品质。适老化家具的设计应考虑以下几点：

（1）家具本身稳固性和安全性

应考虑到老年人的行为方式对家具稳固性和安全性的要求，如家具过轻可能会导致老人扶握和支撑家具时翻倒，太高或太矮都会让老人起坐、操作困难等。此外家具的造型尽量避免尖锐形状以防止老人磕碰，从而保证老人使用时安全又便利。

（2）根据老年人日常生活习惯进行设计

老年人居家时间较长，对于各类家具的使用也比较频繁，所以家具是否适老直接影响着老年人的起居生活的安全和舒适。应根据老年人的日常生活习惯进行家具的设计。

（3）辅助老人完成基本活动

此外，考虑到部分老年人因为身体原因，通常需要一些特殊的设计来辅助他们完成如上卫生间、做饭等日常生活起居动作。适老家具要考虑到老年人的这些特点，使家具成为他们的帮手，帮助他们独立完成一些基本的起居活动。如家具对老人站立的支撑帮助作用，坐具坐面的高度等。

（4）解决居家养老治疗的需要

考虑到部分居家养老的老人会时常需要输液、打针，同时伴随半卧、翻身、上厕所、洗澡等日常问题，因此，适老化家具中如床、座椅等往往需要考虑升降、翻转、折叠和移动等医疗辅助功能。

（5）充分考虑家具的拆换清洁

手抖是老年人群体比较常见的问题。因手抖导致咖啡、茶、汤、粥等泼洒而污染家具，因此老年家具的配件应具有较好防水性或易拆洗功能。

（6）照顾老年人心理感受

随着老年人生理发生变化，心理会比较敏感，太过“医疗化”的家具或辅具产品往往会让老年人的自尊心受到伤害。因此，适老化家居要充分考虑使用者的心理感受，做到隐形或适当的适老设计。

8.1.2 人体工效学

家具的操作和尺寸是否与老年人身材、健康状况相匹配。

尺寸就是尺度和分寸。尺度是一个范畴概念，是对老龄长者不同阶段划分的不同范畴。基本上可以分为健康型、介护型、长期照料型。同时，它还是对不同的养老方式划分的不同范畴。不同的尺度范畴，会有不同的适老家具需求。这里的分寸是一个标准概念，也就是我们讲的人体工学，是对老龄长者特定人群使用的合理尺寸和合理设计。比如随着年龄的增长，人体的身高会逐渐变矮 2 ~ 4cm，有的女性老人甚至能减少 6cm，但其腰围尺寸却会有所增加。因此，在柜台类家具设计时，尺寸要有所降低。而坐具类家具设计时，其坐面空间要适当加大。老年人身高普遍较低，手抬高度、臂展、蹲高有限，因此柜体开门设计不仅要考虑易操作，高度和深度尺寸也是重点，开门方式及角度、配合关门反馈等也需考虑。

（1）坐具类

沙发。平时老年人不用工作，多数时间都是在家里打发时间，加上老年人特别喜欢坐在沙发上看电视、看报纸、听收音机等，因此沙发是否适老非常关键。老年人因与年轻人的生活习惯不一样，身体机能退化，身体衰弱，行动也不太方便，对于沙发的需求比较特殊。部分沙发因太软与太低对老人来说起身较为费力难以使用，加上高度太低，脚跟无法后缩则不易形成起身的生理曲线（10cm）。

在沙发尺寸的选择上，应该选择较大一些的尺寸，因为人到老年其体形一般比较偏胖，宽大尺寸的沙发使他们坐起来更加方便，活动起来更加自由；在高度方面，由于人到老年，身高相对青年、中年时偏矮，再加上臂力和腿力都有所下降，老人的腰部需要更多的支持，腿部肌肉退化，膝盖功能退化，坐垫一定要采用硬度较高、深度较浅的设计方式，方便老人起身。扶手也很有讲究，老人起身，往往需要手部力量的辅助。一个有着高低配置细节的扶手，可以很好地起到让老人放松时候手臂可以搭放，起身时候可以扶握的效果（图 8-2）。

图 8-2　适老沙发

沙发面要柔软适中，这样坐起来更加方便舒适。另外，根据老年人身体的变化，沙发的背倾角和坐倾角都应偏大一些，以增加其舒适性。此外，还可以为老人配备电动助起沙发（图 8-3）。

图 8-3　适老电动沙发

座椅凳。国家标准《家具桌、椅、凳类主要尺寸》(GB/T 3326—2016)规定了家庭常用座椅、凳的主要尺寸，并没有特别针对老年人给出合适的尺寸要求，但是对于老年人使用座椅高度宜在 450mm 左右，若有使用轮椅时，椅面的高度则需与轮椅座面高度一致；带扶手的椅子更适用于老人使用，扶手的高度以手臂轻松自然摆在扶手上为准。对于老人辅助起身椅，包括坐椅高度需有可调整的功能并与用户膝窝等高，且必须有扶手便于起身与坐下，在心理层面也有安心的作用，可倾斜的坐面在起身时能分散脚部承受的压力，在坐下时能够提供依靠（图 8-4）。

图 8-4　适老椅

一般对于椅子，采用更宽更高的靠背，更加贴合老人身体机能，靠背与靠背面宽高适中，让老人持续保持肌肉平衡，避免发生血液循环受损，足部温度下降，或过度劳累等情况，并且有两侧的包裹设计，倾斜有支撑，给老人以安全感。座垫要有一定的弹性，表面包裹材料要紧致，防止渗漏，方便清洁。坐面高度与深度需以老人上身与大腿呈垂直角度，脚掌平放地面后大小腿可维持约呈直角为佳。对于经常需要移动的座椅，要方便提放，总重量不宜过重，后面最好设把手，方便提拿和拖动，或者采用活动滚轮的前轮，拖动时候方便，坐下去时候又可以很好地缩回到卡槽中，稳定不移动。这样独特的设计既可以保障方便老人移动，又可以很好地方便老人使用（图 8-5）。

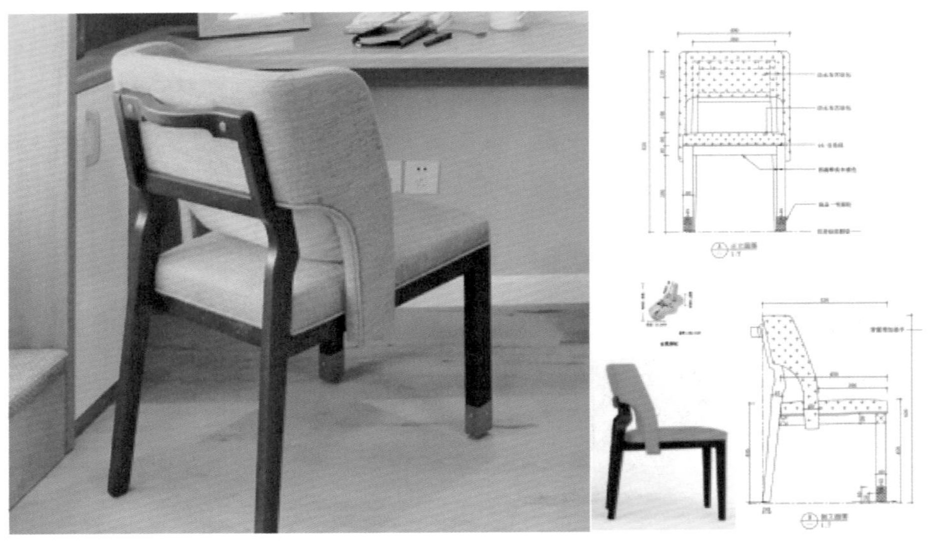

图 8-5　移动式适老椅

（2）床

《家具床类主要尺寸》（GB/T 3328—2016）规定了床的铺面长、宽和高度尺寸，对于单层床，床铺面高度不超过450mm（图8-6和表8-1）。

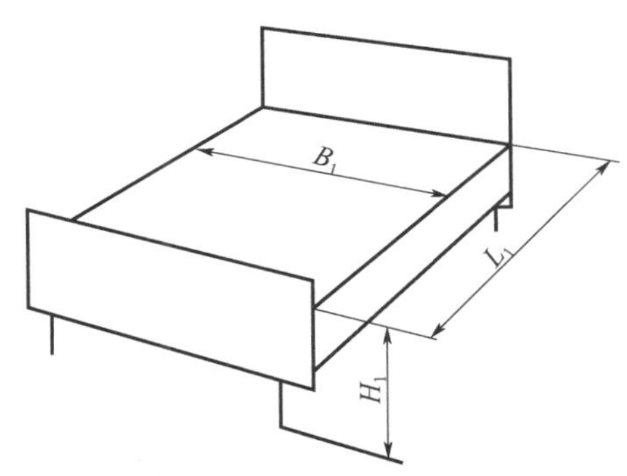

图8-6　国家标准规定的床

表8-1　国家标准国家标准规定的床的尺寸

床铺面长 L_1（mm）		床铺面宽 B_1（mm）		床铺面高 H_1（mm）
嵌垫式	非嵌垫式			不放置被垫（褥）
1900～2220	1900～2220	单人床	700～1220	≤450
		双人床	1350～2000	

床的高度不能太高或太低，老年人睡眠质量下降且半夜常会起夜，床太高的话会让老人上床吃力。老人床的适宜高度应该以40～50cm为宜，由于人的身材不一，可以以床高度到达正常成年人膝盖骨稍上方为准。若有使用轮椅的老年人，床面高度则需要与轮椅坐面高度齐平。过高或过低只会给上下床带来不便，过高导致上下不便，太矮则易受潮，容易在睡眠时吸入地面灰尘，增加肺部的工作压力。

对于老人来说床太窄会感觉不到放松，宽点的床更为舒服，翻身时不用缩手缩脚，活动没有太大限制。宽广的床面会使人的精神得到很大的放松，能有效减轻老年人的压力。夏季更不会感到热气逼人。床的宽度要比老人平躺时宽30～40cm，以方便他们在床上翻转伸缩自如，既有利于舒展筋骨，促进血液循环，又能解除疲劳（图8-7）。

图8-7　适老床

床垫设置要较硬，床头宜软包，方便老人的坐卧需求。卧室睡眠区宜设置双床，可分可合，满足老人夜晚起夜互不打扰的需求。床头应设拉绳报警，满足老人紧急报警需求。

此外，根据老年人的身体情况，判断是否更换为电动床或适老电动护理床（图 8–8），便于老人自身或照护人员使用。电动护理床的选用宜符合中国建材市场协会和中国健康管理协会共同制定的《适老电动护理床技术要求》（T/CBMMAS 001—2019 T/CHAA010—2019），尤其应关注电动护理床栏杆开口尺寸，开口尺寸不当易对卧床老人带来危险。

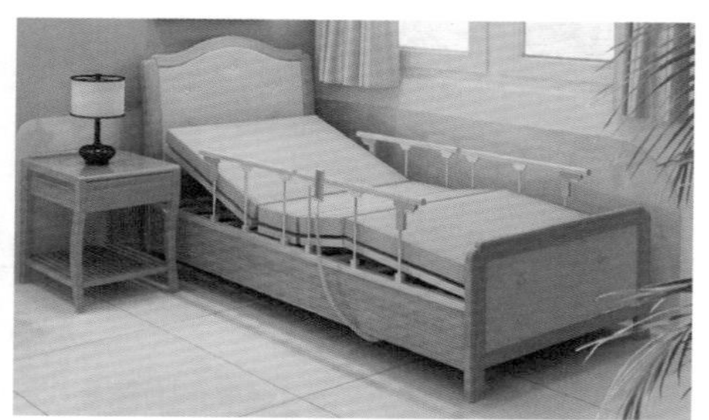

图 8–8　适老电动护理床

适老化床头柜应比普通产品设计高度要高，适宜的高度可以减少老人晚上起夜弯腰，避免摔伤或者跌下床的情况的发生；其次，床头柜的表面宜进行起沿设计，避免茶杯等器物滑落，引发危险；最后，敞口的空间要让老人容易看，看到容易够，够到容易取。老年人视力往往不佳，晚上看东西不方便，对距离的感受不准确，放置物品一定要有容易取用的凹槽，避免全部采用抽屉的设计（图 8–9）。

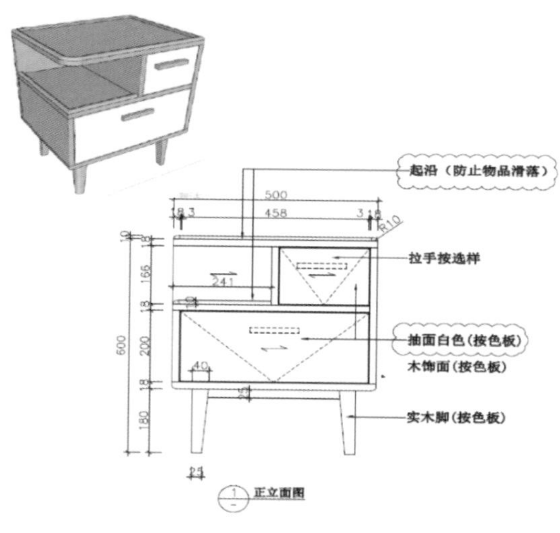

图 8–9　适老床头柜

（3）桌几类

国家标准规定餐桌高度一般在 680 ～ 760mm 之间。对于使用轮椅的老人而言，餐桌的高度应在 800mm 以上，餐桌下方空置，方便轮椅进入。部分老人存在起身不便的问题，可以采用座位周边有围合的花瓣桌，方便老人起身时双手撑扶，但同时也应注意撑扶位置不能距离过远以致老人够不到。桌面四边向里凹，让老人更加靠近桌子。桌面有导水槽镂线，能防止洒落的水流到地面造成隐患（图 8-10）。

图 8-10　适老餐桌和茶几

适老茶几以椭圆、圆形为主，防止棱角碰撞伤害。边缘设置边沿，防止水杯倾倒后水流烫伤，或物品掉落。茶几还应该适当地提高高度，这样一来，老年人从桌面上取物会更加轻松，避免弯腰过大。

（4）贮存类

国家标准《家具柜类主要尺寸》（GB/T 3327—2016）规定了衣柜、书柜、床头柜等家用柜类的主要尺寸。对于老人使用的柜类，储物、收纳高度应能与老人身高和身体状况相协调（图 8-11）。

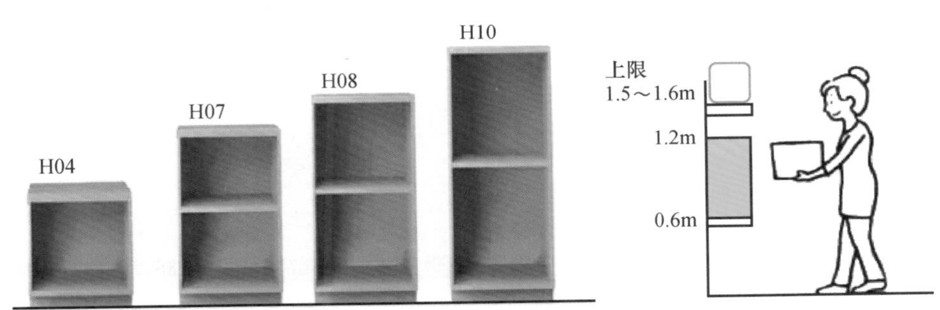

图 8-11　柜体类操作高度

老人大部分会在主卧室选择高柜当作衣柜，少部分则是选择中型柜。在衣柜内装置可调整高度的横杆与架子（图 8-12），能方便所有身高的使用者使用，衣柜把手高度不宜超过 1.2m。而在把手上的设计，木质材料把手比金属制品较舒服温馨；形状为比较容易抓握的长形握柄以及少棱角的圆顺造型；并且要选用容易识别的把手。

适老贮存类家具设计需将老人常用的物品放置于容易伸手拿到的位置，避免过多攀高或弯腰动作。对于使用手杖或助行器的老人，摆放物品的高度应在离地面 70 ～ 140cm 的高度之间；对于使用轮椅的老人，摆放物品的高度应在离地面 40 ～ 120cm 的高度之间。

图 8-12　衣柜可升降挂衣架

厨房吊柜推荐使用升降类五金，增加可下拉的拉篮以方便坐轮椅以及身材矮小的老人使用，减少踮起脚时平衡不当的危险（避免爬高）。收纳的设计应满足方便拿取的设计，设置适老化开敞空间以方便老人减少开门次数。对于使用轮椅的老人，橱柜台面、浴室台面盆下方应留有轮椅进入空间，离地高度不低于 250mm，便于老人日常操作使用（图 8-13）。

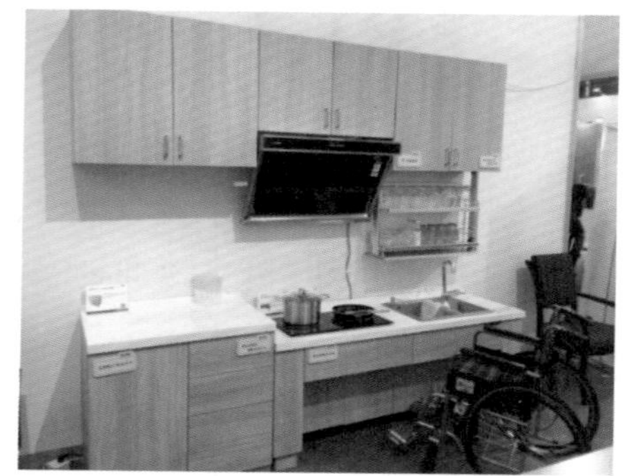

图 8-13　橱柜高度

8.1.3　安全性

1. 检查木质、金属家具的边缘、棱角是否圆角或粘贴有防撞条、防撞贴或防撞角套。

由于老人随着年龄的增长活动变得缓慢、应急反应能力有所下降，在家中摔倒的概率也较大。一旦发生摔倒，周围的家具棱边、棱角就成为致伤甚至致命的重要因素（图 8-14）。

图 8-14　家具圆角设计或包角处理

2. 家具摆放、安装牢固，不会发生倾倒、滑动、晃动等风险，家具的摆放位置不应影响老人在室内的活动路线。

家具应摆放稳固，尽量靠墙放置，必要时与墙面固定，防止翻倒压伤老人。对于带抽屉的家具，抽屉拉至尽头不应脱落，关门五金尽量采用带阻尼的五金配件，避免夹伤。检查时，可手动晃动或扳试家具，以确定放置是否牢固可靠（图 8–15）。

图 8–15 家具摆放不当容易产生风险

此外，家具的放置尽量避开老人频繁活动的路线，对老年人在室内的日常活动不造成不便或安全影响。

8.1.4 舒适性

1. 家具垫面应符合老人的使用习惯，不应太软，宜具有弹性。

老人使用的床垫与沙发应符合老人的人体工学和使用习惯。根据老人的睡眠习惯和生理特征，床垫选择宜硬不宜软。太软的床垫，人体体重的压迫会使床中间低、周围高，影响老人腰椎的正常生理屈度，造成腰部肌肉、韧带的收缩、紧张及痉挛，进而加重腰部不适。况且，老人的体质已经开始退化，太软的床垫易陷落，会让其起床、躺下时缺少支撑力，造成起身困难。对于沙发也是如此，太软的沙发对于老人身体支撑和起身都不方便（图 8–16）。

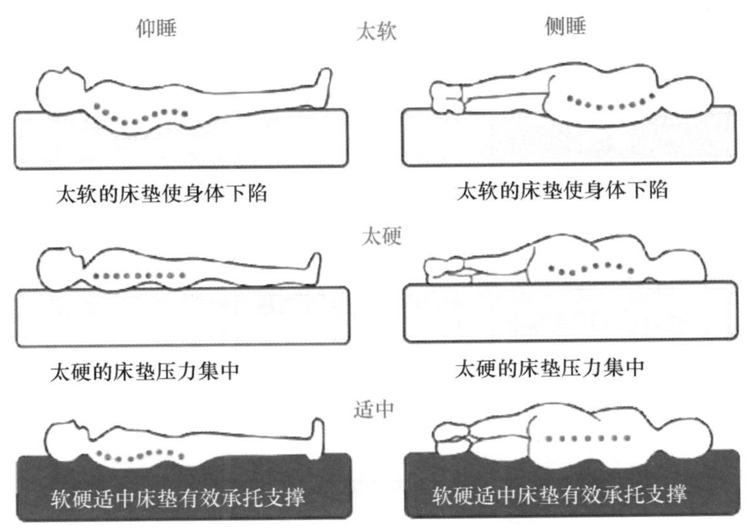

图 8–16 床垫软硬对身体的影响

2. 家具的颜色应柔和，不应过于绚丽。

心理学家认为，人的第一感觉就是视觉，而对视觉影响最大的则是色彩。人的行为之所以受到色彩的影响，是因为人的行为很多时候容易受情绪的支配。颜色源于大自然的先天色彩，蓝色的天空、鲜红的血液、金色的太阳……看到这些与大自然先天色彩一样的颜色，自然就会联想到与这些自然物相关的感觉体验，这是最原始的影响。

从心理学角度上来说，色彩对于人的身体、健康影响比较大。室内家具装饰的色彩要有利于老年人的心理与健康，老年人一般喜爱典雅、洁净、安宁、稳重，加之体弱、心律减缓、视力减弱，一般宜采用浅色，如浅米黄、浅灰、浅蓝等。忌用红、橙、黄，因为红色会引起心率加速，血压升高，不利于健康。浅米黄是最接近皮肤色及剥开树皮里的木肌色，最易使人感觉放松，给人以温馨感觉，有利于休息，消除疲劳，所以很多布类沙发、榻榻米则多用此色。浅蓝则给人以安宁感，适合减缓心率，消除紧张（图 8-17）。

彩色色系		关键词	心理效应	适用区域
暖色系	红色系	刺激 热情 能量的迸发	醒目、强烈、刺激神经系统使血液循环加快，增加肾上腺素分泌	儿童活动区 青年运动区 重要景观节点 主要出入口 开敞的公共交流区
	橘色系	温暖 动感 行动力	克服疲劳和抑郁，改善紧张、犹豫、惊恐和害怕的情绪	
	粉色系	和谐 幸福感 女性	使人的内分泌系统更活跃，起到防止衰老甚至“返老还童”的作用	
	黄色系	希望的 明亮的 勇气	提高人的警觉，有助于集中注意力，提高记忆力	
中性色系	绿色系	回归 放松 自然生态	可降低心率，减慢血流速度，减轻心脏负担，改善神经功能	健身康体活动区 观赏性为主的花园 观赏性为主的庭院
	紫色系	高贵 明亮的 治愈力	刺激组织生长，有助于消除偏头疼	
冷色系	蓝色系	平静 镇定的精神状态	降低心率和血压，稳定呼吸，平心静气，有助于克服失眠	老人活动区 安静为主的休息区 户外阅读区 半围合交流区 空间较小的环境边缘
	白色系	神圣 清洁 纯粹	治疗大脑或神经系统等疾病	

图 8-17　色彩心理效应

8.2 家电

老年人平时在家主要从事的家务活动包括做饭、收拾屋子、洗衣服和看电视。因此，在老年人群中，使用频率较高的电器包括电视、冰箱和洗衣机，此外还有电饭煲、电磁炉等日用小电器。如今家电产品朝着智能化发展，产品的智能化一方面给人带来了一定的便利，对于一些老人也带来了使用上的困扰。

8.2.1 易用性

家电的易用性，人机交互的便利性。

市场上推出了一些适老的电器产品，比如老年手机，基本是以放大字体、放大音量、减少功能为特点，给老人带来了很多的便利。更加深入的适老电器还应从人体功效学方面，真正去研究、理解老年用户的视力、体力等特点，做到信息接收无障碍，要让老年用户看得见、听得见、听得清楚、摸得着，做到人机交互无障碍，操作界面简单易懂，容错性好，操作要省力、舒适（图 8-18）。

图 8-18　适老遥控器与老年人冰箱

以电视机为例，统计发现老年人的大拇指手指腹宽度均值在 12mm，随着年龄的增长，老年人的手指灵活程度也在下降，遥控器操作按键不宜太小，要按照老年人的手指腹宽度设定按键图标的尺寸大小，方便他们使用。按键功能设置方面最好也要简单易懂，并具备一键存储老年人常看的节目频道，至于一些不常用的功能则越少越好。

适老洗衣机要符合老年人的肌体运动水平，一些需要技巧的手部动作，以及下蹲等动作都会使老年人感到十分不便。故洗衣机产品的按钮，应该降低对手部灵活度和力度的要求，增加按钮感应的灵敏度，使老年人轻松操作；要设置一键清洗功能，简单易操作，减轻老人洗衣疲惫。适老生活小家电要设计轻便，像一些需要经常移动或举起的小家电如电水壶、搅拌机等，在体积和质量设计方面要更轻巧，利于老年人用较小的力气就可以完成动作。

8.2.2 安全性

家用电器的安全性。

一般家用电器都是采用 200V 交流供电，用电安全是家用电器产品日常使用的最主要方面，要检查电器接头、电源线是否完好，电器周围是否有堆砌物影响散热和使用。

适老厨电产品要考虑使用安全性。因为老年人记忆力的减退，适合用自动断火功能、防干烧功能、无锅空烧关气熄火功能的灶具。燃气灶防干烧技术原理是智能感温探头，能自动检测锅底的温度，一旦发现锅底温度超过 298℃，会自动熄火保护。同时，当灶具意外熄火和长时间大火不坐锅，燃气灶也能检测到，并能在第一时间切断气源，避免意外发生。配备烟雾感应系统的油烟机，当感应到烟雾浓度过高时，会自动报警提醒，从而确保老年用户的烹饪安全（图 8-19）。

图 8-19　防干烧燃气灶

09

室内环境

老年人随着身体机能的退化，对于居住环境条件的变化比其他年龄段人群更为敏感，如更加喜欢晒太阳，怕风怕冷，睡眠浅，耐噪声能力低，对于空气质量污染耐受力低等。所以，健康舒适的室内环境对于老年人日常生活和身心健康都有重要的意义。

室内环境舒适度评估主要包括采光与视野、人工照明、声环境、温湿度、风环境、排烟、室内空气质量。

9.1 光环境

9.1.1 采光与视野

评估项目：

1. 老年人居住套型应至少有一个居住空间（卧室或起居室）能获得冬季日照，且冬至日日照时间不应低于 2h。

2. 卧室和起居室具有良好的天然采光。

3. 至少有一个居住或活动空间（卧室、起居室和阳台）具有广阔的室外视野。

4. 老年人居住的卧室、起居室（厅）宜有良好的朝向。除严寒地区外，卧室、起居室（厅）东西朝向外窗应采取外遮阳措施。

国家标准《住宅设计规范》（GB 50096—2011）中规定“每套住宅至少应有一个居住空间能获得冬季日照”，即至少一个卧室或起居室能获得冬季日照，卧室和起居室（厅）具有天然采光条件是居住者生理和心理健康的基本要求，也有利于降低人工照明能耗。

老年人活动能力有限，所以在老年人居住的卧室、起居室（厅），应考虑可获得良好的景观、采光或日照，给老年人提供舒适的室内环境，以及在家中接触户外的可能性。西向或东向外窗采取外遮阳措施能有效减少夏季射入室内的太阳辐射对夏季空调负荷的影响和避免眩光（图 9-1 和图 9-2）。

图 9-1　较差的自然采光

图 9-2　较好的自然采光

9.1.2　人工照明

评估项目：

1. 公共空间应有良好的自然采光，当光线不足时应设置人工照明，照明设施正常，照度应符合表 9-1 的要求。

表 9-1　公共空间照明照度值

公共空间	参考平面	照度值（lx）
出入口、门厅、电梯前厅、走廊	地面	150
楼梯间	地面	50

2. 室内空间应提供与其使用功能相适应的人工照明，其照度应符合表 9-2 的要求。

表 9-2　室内空间照明照度值

房间		参考平面	照度值（lx）
起居室（客厅）	一般活动	0.75m 水平面	150
	书写、阅读时	0.75m 水平面	300
卧室	一般活动	0.75m 水平面	100
	床头、阅读时	0.75m 水平面	200
过道、门厅		0.75m 水平面	75
餐厅		餐桌面	200
厨房	一般活动	0.75m 水平面	150
	操作台	台面	200
卫生间	一般活动	0.75m 水平面	150
	洗面台	台面	200

3. 由于老年人视觉明暗适应能力下降，相邻空间不应有太大的明暗差，以防老年人在光环境变化的瞬间无法适应。

4. 照明灯具的显色性 $R_a \geq 80$。

5. 室内空间照明设施应选用合适的照明方式、光源和灯具，应采用均匀的漫射光照明，避免灯源过于裸露或直射造成眩光。

6. 起夜时应有方便安全的辅助照明或床头照明开关。

老年人的视觉退化除了会视物不清，还会瞳孔变小，对光的感知能力大大降低；晶状体老化变黄，对颜色的辨别能力降低；同时老化的眼睛也易引起光线散射，产生光影变幻，因此眩光也会造成老年人视物困难。所以，老年人居住空间的照明应特别注意。

老年人居住空间照明标准值应符合《老年人照料设施建筑设计标准》（JGJ 450—2018）和国家标准《建筑照明设计标准》（GB 50034—2013）。国家标准《建筑照明设计标准》（GB 50034—2013）将门厅、电梯前厅、走廊、楼梯、平台、车库等公共空间的照明标准值分为普通和高档两个层级。老年人随着年岁增长视觉功能逐渐退化，需要较高的照度来保障其视物清晰，因此选取两个层级中较高的标准值进行规定。对于室内空间的照度，参考国家标准《建筑照明设计标准》（GB 50034—2013）的规定，并在其规定的基础上适度提高，同时应考虑在一般活动情况下，尽量减小相邻空间照度差，避免因照度急剧变化引起的视觉不适应。

显色性好的光源有利于老年人对色彩的正确分辨，照明灯具的显色性 $R_a \geq 80$，可以让人视物更鲜艳，对颜色的判断也更加准确（图 9-3）。

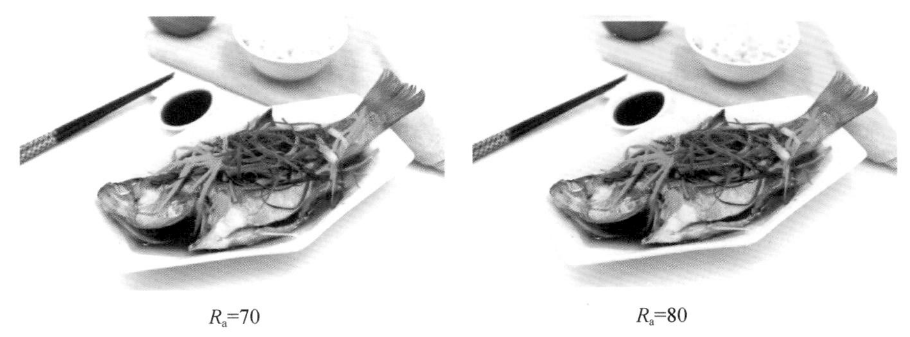

图 9-3　不同显色性的光源物体颜色变化

眩光会引起不舒适感觉，降低人们观察细部或目标的能力，在照明设计时要予以避免。老年人视力减弱，又易患眼疾，喜欢温和的照明方式，对眩光尤其敏感，在选择照明方式、光源和灯具时要慎重考虑。此外，蓝光对于人眼有严重的伤害，选择的灯具应是正规合格产品。

走廊、楼梯、床头以及厨卫局部，如厨房操作台和卫生间化妆镜等细节处的照明，应满足老年人的临睡、起夜、烹饪、洗漱等各种生活需求。对于老年人来说，多数都有起夜的习惯，摸开关、找鞋、打开过道灯等，容易造成老年人磕碰或跌倒，所以老年人房间应配备人体感应起夜灯，或者床头位置应有可易于触及的房间照明开关（图 9-4）。

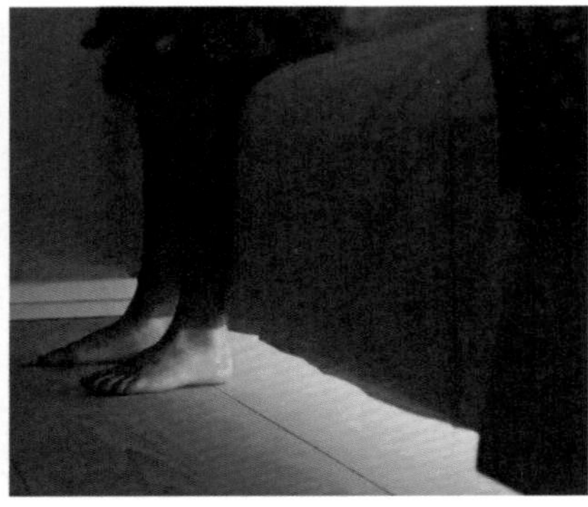

图 9-4　起夜人体感应灯

9.2 声环境

9.2.1 交通噪声

评估项目：

1. 房间应能有效隔绝周围的交通噪声，房间的噪声级不应低于表 9-3 的规定。

表 9-3　室内噪声级

房间	噪声级（A 声级，dB）	
	昼间	夜间
卧室	≤ 40	≤ 30
起居室（厅）	≤ 40	

2. 卧室应安装隔声良好的中空玻璃窗或双层窗。

噪声是一类引起人烦躁、或音量过强而危害人体健康的声音。衡量声音音量变化的单位，符号为 dB（分贝），它是两个声音的音量之比。人的耳朵对于 60 ～ 70dB 的声音感觉是比较适宜的，音量达到 80 ～ 90dB 就会感觉很吵闹，神经细胞将会受到破坏；而音量超过 100dB，则足以使耳内部听力的毛细胞死亡或损伤，造成听力的损失。噪声尤其对人的睡眠影响极大，人即使在睡眠中，听觉也要承受噪声的刺激。噪声会导致多梦、易惊醒、睡眠质量下降等，突然的噪声对睡眠的影响更为突出。一般声音在 30dB 左右时，不会影响正常的生活和休息。而达到 50dB 以上时，人们有较大的感觉，很难入睡。一般声音达到 80dB 或以上就会被判定为噪声（图 9-5）。

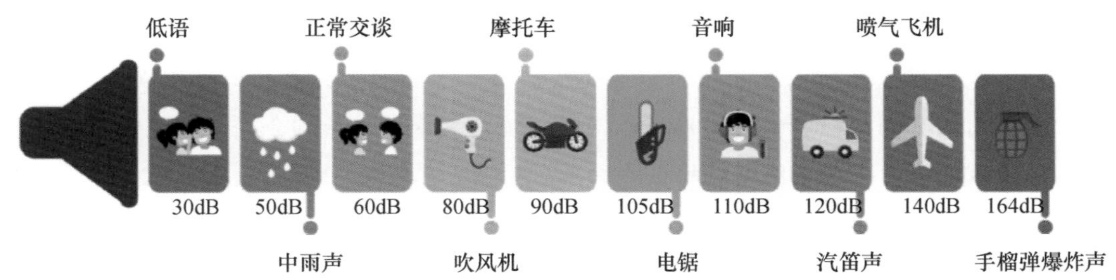

图 9–5　日常生活噪声水平

噪声污染按声源的机械特点可分为：气体扰动产生的噪声、固体振动产生的噪声、液体撞击产生的噪声以及电磁作用产生的电磁噪声；噪声按声音的频率可分为：<400Hz 的低频噪声、400 ～ 1000Hz 的中频噪声及 >1000Hz 的高频噪声；噪声按时间变化的属性可分为稳态噪声、非稳态噪声、起伏噪声、间歇噪声以及脉冲噪声等。

人耳能听到的噪声频率为 20 ～ 20000Hz，高频声听起来尖锐，波长很短，随着距离的加长或遭遇障碍物，能迅速衰减；而低频噪声音量分贝不高，却递减得很慢，波长很长，能轻易穿越障碍物，因此能够长距离直入人耳。人体内器官固有频率基本上在低频和超低频范围内，很容易与低频声音产生共振，所以人会烦恼、感觉不适，交感神经紧张，导致心跳过速，血压升高，内分泌失调。低频噪声对人体是一种慢性损伤，容易使人烦躁、易怒，甚至失去理智，长期受袭扰，还可能造成神经衰弱、失眠等神经官能症，甚至影响孕妇腹中胎儿的发育。

老年人随着年龄的增长体质一般都会下降。会出现听力及视力的减退，有的还患有多种老年性疾病，如高血压、心脏病、胃肠道疾病、糖尿病、失眠等。所以，老年人一定要防止噪声的干扰。噪声刺激人的听觉，使听觉的灵敏度下降。90dB 以上的严重噪声会引起耳膜疼痛，甚至耳聋。噪声对神经系统和心血管系统的影响也很大，可引起老年人头晕、失眠、心神不安、心跳加速和血压增高。

老年人需要安静的居住环境，老年人白天长时间在家，夜晚睡眠更需要安静。老年人居住建筑中卧室和起居室（厅）是老年人主要的活动空间，为了给老年人提供安静、舒适的室内生活环境，应评价室内各房间的噪声级。所提卧室和起居室（厅）噪声级指标参照了国家标准《民用建筑隔声设计规范》(GB 50118—2010)。

9.2.2　生活噪声

评估项目：

1. 住宅周围无影响老年人日常生活和休息的环境噪声污染。

2. 卧室卫生间或紧邻卧室的卫生间、厨房等下水管道噪声不应影响老年人睡眠和休息。

3. 其他设备（楼房设备间、电梯井、泵房、机房等）运行噪声不应影响老年人睡眠和休息。

社会生活噪声，是指人为活动所产生的除工业噪声、建筑施工噪声和交通运输噪声之外的干扰周围生活环境的声音。在城市市区噪声敏感建筑物集中区域内，商业经营活动、文化娱乐场所以及在城市市区街道、广场、公园等公共场所组织娱乐、集会等活动使用的音响器材和家庭室内娱乐活动、室内装修活动等都会产生环境噪声污染。所以，应该评价老年人居住环境的生活噪声影响。

老年人居住空间的声环境是由室内到室外一系列因素共同构成的。套内的管线设备如果没有选用低噪声产品，安装不妥当，或者设置在邻近老年人休息的位置，都会长期对老年人的身体、精神产生不良影响。电梯井、水泵房、风机房、管道井等都是振动源、噪声源，极易产生持续噪声，老年人对此类噪声反映强烈，应评估这类噪声对于老年人生活的影响。

9.3 室内微气候

9.3.1 温湿度

评估项目：

1. 室内温度宜在 16 ～ 24℃（冬季采暖）和 22 ～ 28℃（夏季空调）。
2. 室内湿度应在 30% ～ 60%（冬季采暖）和 40% ～ 80%。
3. 严寒、寒冷、夏热冬冷地区老年人房间冬季应有采暖措施。
4. 空调不应直吹卧室床头和客厅沙发等老年人长时间休息的区域。

人体在不同的外界环境条件下，皮肤、眼、神经等器官因受环境刺激而产生不同的感觉，经过大脑神经系统整合后形成的总体感觉的适宜或不适程度，就是人体舒适度。舒适与否是一种感觉和状态，具有主观和客观双重特性和标准。从感觉的角度来讲，舒适度是人的主观认知和感受，标准因人而异，具有较强的主观性；从生理学角度分析，舒适度是人体机能在一定环境条件下保持正常运转时的一种状态，伴随一系列的生物物理和化学过程。舒适或不适所伴随的生物过程是客观存在的，并以一定的生物指标或生物过程特征为判别标准，所以说舒适度又具有客观性。

在自然环境中，气象因素是影响人体舒适度的主要因子，温度、湿度、风、太阳辐射、气压等气象要素及其变化过程会影响人体的生理适应程度和感觉。环境对人体的影响有一个舒适或适宜的范围或区域，超出该范围则感觉不舒适，偏离舒适范围越远则舒适感越差。对于室内来说，最主要的是温度、湿度和环境风速。人们在室内环境中是否感觉舒适及其达到怎样一种程度的具体描述，就是以“舒适指数”的形式对“舒适”进行数字化定义，用来反映不同的温度、湿度等气象环境下人体的舒适感觉（图 9-6）。

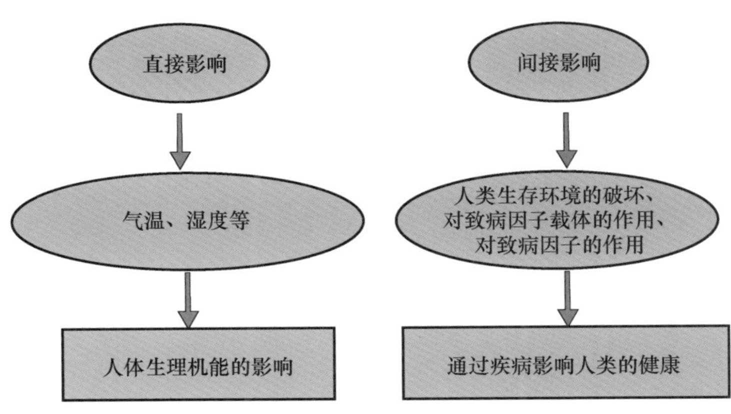

图 9-6　温湿度对人体的直接、间接影响

室温对人体的生理平衡有重要影响。室温过高，人会因散热不良而引起体温升高，血管扩张，脉搏加快，情绪烦躁，出汗，血容量减少，甚至发生循环障碍；室温过低，血液会从皮肤流向内脏，周身寒战，以及必须用力收缩才能保持身体温暖，增加心脏负担，对老年人尤为不利。我国大部分老年人希望"冬季室温高一些，夏季不希望室温过低"，所以室内温度应高一些。此外，老年人的居室还要特别注意室温恒定，避免忽高忽低。

居室的湿度对人体健康是有影响的。室内保持一定的湿度，有助于维持呼吸道的正常功能。空气湿度低于 30% 时，上呼吸道黏膜的水分会大量散失，使人感到咽喉干燥，并导致呼吸道的防御功能减低。空气湿度达到 80% 以上时，又会使人感到沉闷。一般湿度以 40% ～ 70% 为宜（图 9-7）。

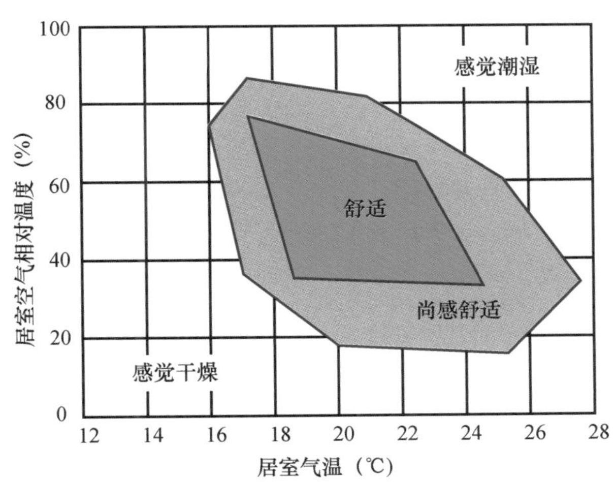

图 9-7　室内舒适温湿度范围

日本庆应义塾大学伊香贺俊治教授研究表明"65 岁以上的人要提防室温低于 18℃"，家庭室内低温往往造成老年人病患和病故比率加大，一般冬季老年人病故概率要大于暖和的季节。室内"温差"会引起心率和血压的快速变化。一般来说，血压在室温下降时上升，而在室温上升时下降。例如，从温暖的房间走到寒冷的走廊、洗澡时从脱的赤裸裸到洗热水澡。与这种行为相关的温度变化所导致的人体休克称为热休

克，会导致血压波动并迅速改变心率，从而导致脑出血、脑梗死、心肌梗死等。因此，在老年人洗澡时发生了很多事故，浴室内的温差越大，这种危险就越大。从日本的浴室事故统计中可以看出，超过65岁的浴室事故突然增加，沐浴事故中的死亡人数最多，其最主要的原因就是由于温度差异引起的热冲击（图9-8）。

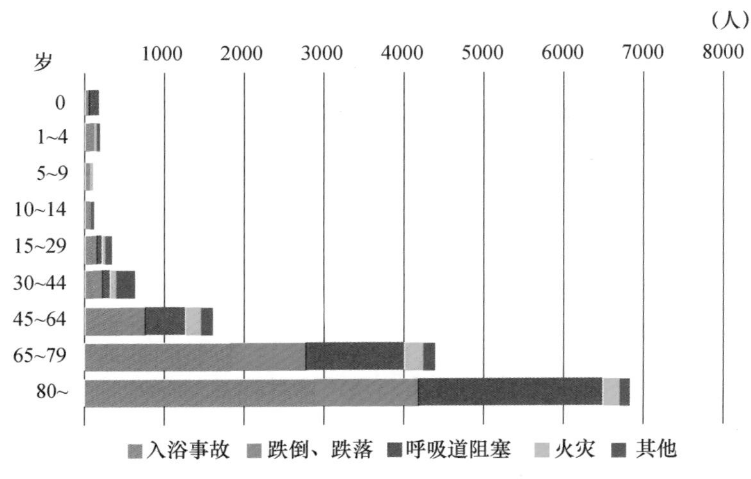

图9-8　日本浴室事故统计

（日本厚生劳动省人口动态调查2014）

英国卫生部统计也表明，室内温度越低，引发各种疾病的风险就变得越高。在英国，规范要求建造的房屋室内温度不能低于18℃，以减轻国家医疗负担，并且这是一个严格的标准（图9-9）。

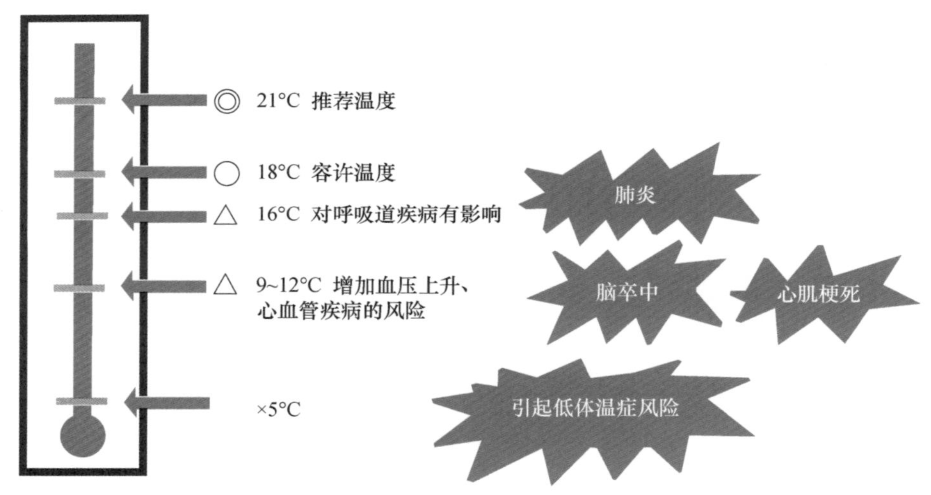

图9-9　在低于18℃的室温下各种疾病的风险增加

（来自英国卫生部年度报告，2010年3月）

室温的升高确保了血压维持正常，减轻了洗澡时的心脏负担。伊香贺俊治教授做的一项研究，观察了高知县一个小镇的房屋，客厅接近20℃，但走廊和浴室的温度都在10℃左右，温度差异很大。一个70岁的老年人从温暖的客厅进入走廊时，在更衣室脱衣服时心率突然增快，在热水中浸泡 10min 后心率急剧下降（图 9-10），室内温度的变化使人身体的负担很大。但是，当同一个人在保温很好的房间内洗澡时，心率的变化减少了 1/2，大大减轻了身体的负担。

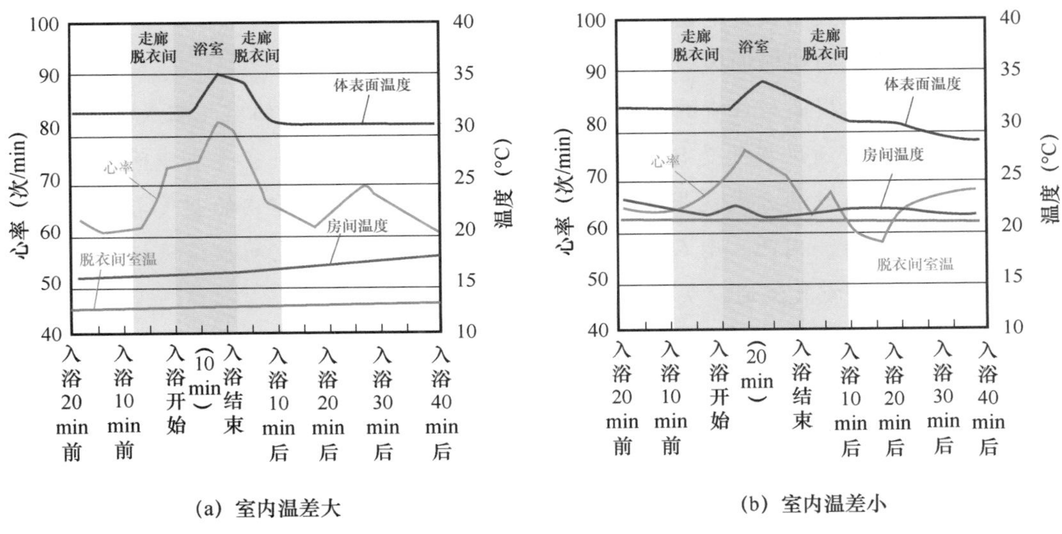

图 9-10　不同室内温差对于洗浴时心率的变化对比

此外，他还通过对一间拥有 37 年历史的木制房屋进行隔热装修来研究其与血压的关系。测量了一名 70 岁妇女在翻新前后分别醒来大约两周时的血压。醒来之前的平均室温约为 8℃，平均收缩压为 146mmHg（高血压）。经过翻新后，醒来后平均室温会升高到 20℃，平均收缩压降至 134mmHg 并处于正常范围内（图 9-11）。这意味着许多人生活在寒冷的房屋中，容易患上各种疾病。

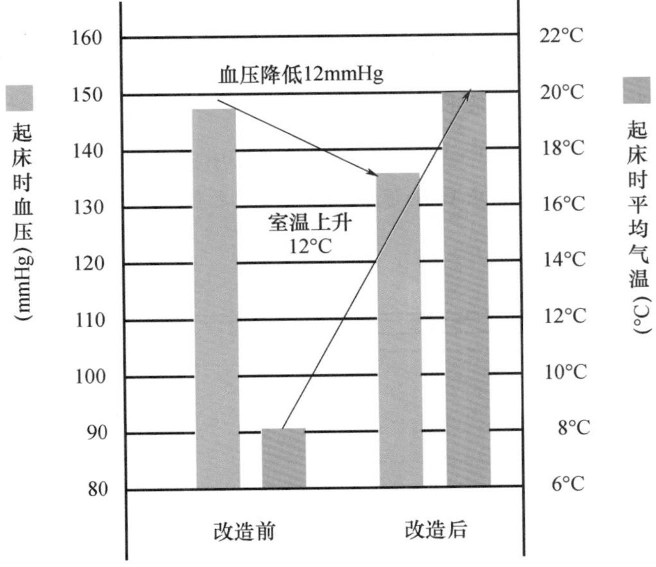

图 9-11　晨醒时的血压与改造前后室内温度的关系

9.3.2 风环境

评估项目：

1. 卧室、起居室（厅）、厨房等空间应能采用自然通风。

2. 卧室外窗应具有良好的密封性，避免漏风。

3. 卫生间应具有机械通风设施。

自然通风可以提高居住者的舒适感，有助于健康。室外周边的空气组成相对稳定，含氧量充足，开窗通风换气是日常最简单的一种通风方式。解决空气质量问题，保证室内空气质量最有效的方式就是置换，开窗通风 20 ～ 30min，室内的空气与室外就可以完成一次全置换。因此，老人居住的卧室、起居室（厅）等空间应该保证能够开窗通风，保持室内外空气流通，实现自然通风。

自然通风也存在较大的局限性。一是大环境空气品质下降。温室效应加剧、雾霾天气频发、环境污染严重，室外环境质量下降，开窗换气的机会越来越少。二是气流温度无法控制。尤其是在北方地区，冬天室内外温差大，开窗通风导致室温降低，免疫力相对较低的老人容易因此受凉，引发疾病。三是气流速度无法控制。风速不均匀，或者大风冲击，会破坏屋内空气组织，使人产生不适，还可能引起老年人风湿、关节炎等疾病发作，严重时引发其他并发症。在选择采用自然通风的方式置换室内空气时，应注意避免室外寒风侵袭，床头不宜对着窗户，保证窗户具有良好的密封性。

另一种常见的老年建筑换气方式是通过机械通风换气。机械通风换气无须开关窗，规避了自然通风的局限性，同时还能保证含氧量充足的新鲜空气的输入。室内机械换气的方式常规有上部送风换气系统、下部送风换气系统以及单向流通风。

上部送风换气系统（图 9-12）又称混合式送风，它是将调节好的空气以高于人体舒适所能接受的送风速度从房间的上部（顶棚或上侧墙高处）送出。送入的高速紊动的空气射流，与房间空气产生强烈的混合，送风射流的温度迅速趋近整个房间的温度。当射流流入房间时，射流诱导房间空气进入主射流，引起射流尺寸的不断扩大，流速也随之降低。所以上部送风一般设计送风射流在进入人员活动区的时候，风速需要降到人员所能接受的速度范围之内（一般不高于 0.25m/s）。此种送风形式应用在养老建筑的时候应该注意控制好风口出口风速、送回风口之间的距离，最好采用恒温设计的空调系统。

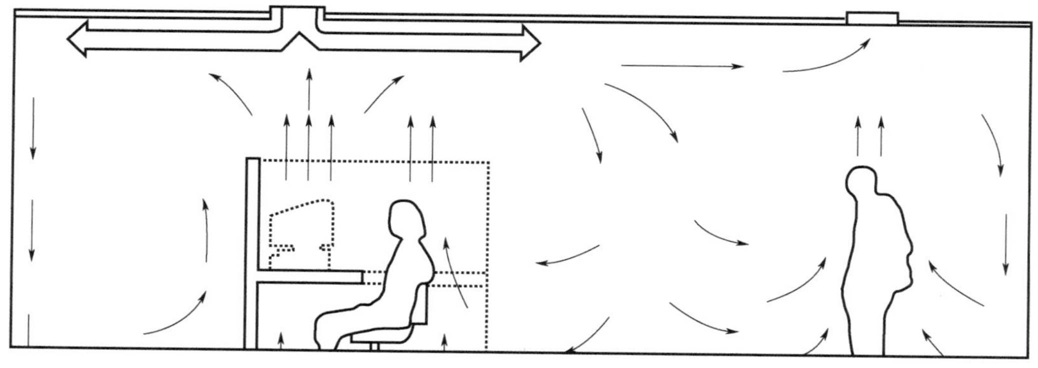

图 9-12　上部送风换气系统

下部送风换气系统一般有置换通风（DV 系统）、工位与环境相结合的调节系统（TAC 系统）、地板下送风系统（UFAD 系统）等。置换通风系统（图 9-13）在北欧国家应用比较广泛，它是将经过热湿处理的新鲜空气直接送入室内人员活动区，并在地板上形成“空气湖”。置换通风系统一般是将排风口布置在房间内顶部，随着“空气湖”组织充满整个房间，室内人员及设备等内部热源产生的向上对流气流整体随着新鲜空气向室内上部流动，从而达到整个房间空气的整体置换。置换通风系统相对风速较低，风速约 0.25m/s，进入人们活动区域时降为无感风速，对室内主导气流无任何影响，老人在这样的环境下感受不到空气的流动。置换通风系统将温度相对较低的新鲜空气送到室内地面，热源（包括设备或人的身体）引起的热对流气流将污染物和热量带到房间上部，并使室内产生垂直的温度梯度和浓度梯度。所以对于老人来说，与混合通风（上送风系统、工位与环境相结合的调节系统、地板下送风系统等）相比，置换通风系统在改善室内空气品质及减少空调能耗上更胜一筹。

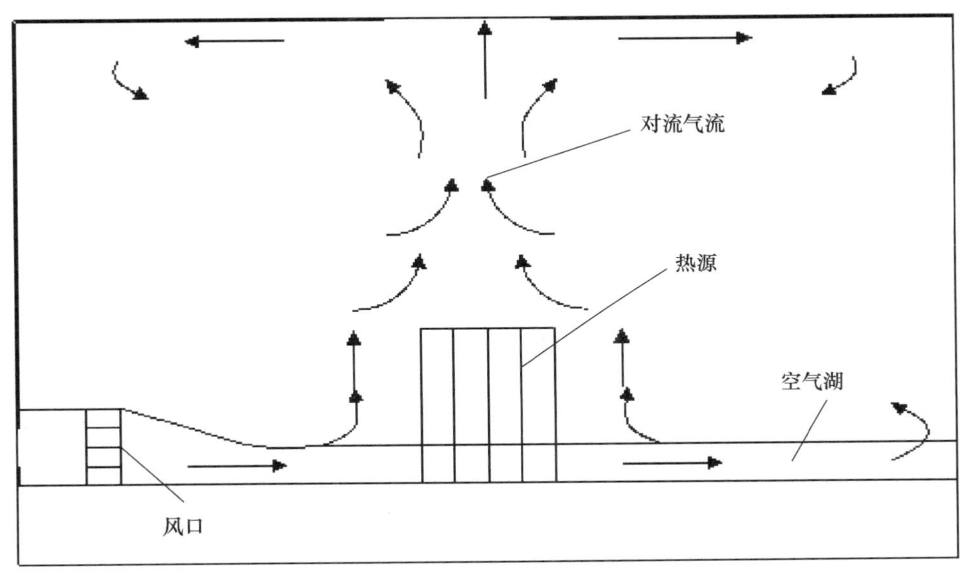

图 9-13　置换通风系统

置换通风系统的原理是基于空气密度差形成的热空气上升和冷空气下降。新风以极低的风速从房间底部送入，形成空气流充满整个房间。室内人员和其他室内热源加热新风，产生上升的气流，气流带着新鲜空气上升，置换带走浑浊气体及污染物，最后到达房间上部，从排风口排出。全置换通风新风系统（图 9-14）直接将空气置换，使老人活动区具有较高的空气品质和热舒适性，实现无风感、无温差感等，为老年人提供一个真正舒适的环境，适合用于老年人居室设计。

同时，防寒风侵袭对老年人也很重要，老人卧室应避免受到室外寒风侵袭，床头不宜对着窗户，窗户应具有良好的密封性，不应漏风。卫生间应排风良好，避免潮湿发霉。

图 9-14 全置换通风新风系统

9.3.3 排烟

评估项目：

1. 厨房应具有良好的油烟排放设施。

2. 燃气热水器排烟管道通畅，直通室外。

3. 采用燃煤采暖炉的老年人房间应具有安全可靠的排烟系统。

厨房燃料和食用油等在燃烧和加热过程中会产生大量的“热氧化分解产物”，其中分解产物以烟雾形式散发到空气中，形成油烟气，其中包括苯并芘、挥发性亚硝胺、杂环胺类化合物等已知高致癌物，从而加重室内的空气污染。当人们长期呼吸这些被污染的空气时，有可能引发哮喘、咽炎、鼻炎、肺气肿等疾患，严重者还会导致肺癌。

根据《家用燃气快速热水器国家标准》的规定，燃气热水器的排烟管不得安装在楼房的换气风道及公共烟道上。公共烟道没有排风设备，只能靠自然抽力或浮力排烟，在遇到复杂气候时，公共烟道内的烟气存在倒灌风险，存在严重的安全隐患。所以，应对安装有燃气热水器的老年人居室排烟管的安装是否符合要求进行检查。

此外，对于没有集中供暖和不具备燃气采暖条件的城乡结合部和广大的农村地区，采暖费用较低的燃煤采暖炉是理想的选择。目前使用的采暖炉，经常会因为排烟不顺畅而使烟气回流，致使室内烟气较重，影响用户的生活质量，严重时造成生命安全危险（图 9-15）。

图 9-15 采暖炉排烟

9.4 室内空气质量

9.4.1 颗粒物

评估项目：

1. 室内可吸入颗粒物 PM_{10} 应不高于 150μg/m^3（日均浓度）。

2. 室内可吸入颗粒物 $PM_{2.5}$ 应不高于 50μg/m^3（日均浓度）。

可吸入颗粒物，通常是指粒径在 10μm 以下的颗粒物，又称 PM_{10}。可吸入颗粒物在环境空气中持续的时间很长，对人体健康和大气能见度的影响都很大。通常来自在未铺沥青或水泥的路面上行驶的机动车、材料的破碎碾磨处理过程以及被风扬起的尘土。可吸入颗粒物被人吸入后，会积累在呼吸系统中，引发许多疾病，对人类危害大。

细颗粒物指环境空气中空气动力学当量直径小于等于 2.5μm 的颗粒物。与较粗的大气颗粒物相比，$PM_{2.5}$ 粒径小，比表面积大，活性强，易附带有毒、有害物质（例如：重金属、微生物等），且在大气中的停留时间长、输送距离远，因而对人体健康和大气环境质量的影响更大。因为直径越小，进入呼吸道的部位越深。10μm 直径的颗粒物通常沉积在上呼吸道，2μm 以下的可深入到细支气管和肺泡。细颗粒物进入人体到肺泡后，直接影响肺的通气功能，使机体容易处在缺氧状态。

表 9–4　世界卫生组织（WHO）2005 年《空气质量准则》中对于 PM_{10} 和 $PM_{2.5}$ 的规定

项目	年均值		日均值	
	PM_{10}	$PM_{2.5}$	PM_{10}	$PM_{2.5}$
准则值	20μg/m^3	10μg/m^3	50μg/m^3	25μg/m^3
过渡期目标 1	70μg/m^3	35μg/m^3	150μg/m^3	75μg/m^3
过渡期目标 2	50μg/m^3	25μg/m^3	100μg/m^3	50μg/m^3
过渡期目标 3	30μg/m^3	15μg/m^3	75μg/m^3	37.5μg/m^3

9.4.2 空气污染物

1. 老年人居住房间的室内污染物浓度应符合表 9–5 的要求。

表 9–5　室内污染物浓度

污染物	浓度限值（mg/m^3）
甲醛 HCHO	≤ 0.08
苯	≤ 0.09

续表

污染物	浓度限值（mg/m^3）
甲苯	≤ 0.2
二甲苯	≤ 0.2
总挥发性有机物（TVOC）	≤ 0.5

2. 老年人居住房间的 CO_2 浓度不应超过 $700cm^3/m^3$。

3. 老年人居住房间不应有明显的异味。

人的一生约有 80% 的时间是在室内度过的，老年人在室内的时间会更长。因此，室内空气质量对人们的健康有着重要影响。

室内空气中的甲醛、苯和总挥发性有机化合物（TVOC）等污染物对人体的健康危害很大，特别是对于身体机能和免疫力下降的老年人危害更大。甲醛已经被 WHO 确定为致畸物质，也是潜在的强致突变物之一；WHO 及国际癌症机构也将苯确定为致癌物，长期接触中低浓度苯会出现头痛、失眠、精神不振等，重者则损害肝脏，引发白血病和再生障碍性贫血；TVOC 是室内空气污染中较为严重的一种，能引起机体免疫水平失调，影响中枢神经系统功能和消化系统功能。

若人体长期吸入浓度过高的二氧化碳时，会造成人体生物钟紊乱，因为二氧化碳浓度高时能抑制呼吸中枢，浓度特别高时对呼吸中枢还有麻痹作用。长此以往人们会有气血虚弱、低血脂等症状，很容易感到大脑疲劳，严重影响人们的生活。室内空气中二氧化碳浓度在 $700cm^3/m^3$ 以下时属于清洁空气，人们会感觉很舒适；当浓度在 700 ～ $1000cm^3/m^3$ 时也还算正常，属于普通空气，但一些比较敏感的人会有不太好的感觉；当二氧化碳的浓度达到 $1000cm^3/m^3$ 时，人们会感到沉闷，注意力开始不集中，心悸；二氧化碳浓度达到 1500 ～ $2000cm^3/m^3$ 时，人们会感到气喘、头痛、眩晕；当二氧化碳浓度处于 3000 ～ $4000cm^3/m^3$ 时，会导致人们呼吸加深，出现头疼、耳鸣、血压升高等症状；二氧化碳浓度达到 $5000cm^3/m^3$ 以上时人体机能严重混乱，使人丧失知觉、神志不清；当二氧化碳浓度高达 $8000cm^3/m^3$ 以上时就会出现死亡现象。所以空气中二氧化碳浓度也是衡量室内空气是否清洁的标准之一。

10

养老辅具与智能系统

随着年龄的增长，身体健康状态不断变化，有些老年人需要配备合适的养老护理器具以辅助其日常生活。

10.1 养老辅具评价

10.1.1 养老辅具的必要性

需要根据老年人身心状况和居住环境条件，评估老年人配备养老辅具的必要性。

目前，我国适老辅具品类还不够完善，随着我国老龄化的加剧和失能、半失能老年人数量的增加，养老辅具产业将会得到快速发展。

根据使用者的不同，养老辅具一般包含以下几类：

（1）供老年人自行使用，用于改善老年人的日常生活，帮助老年人实现生活自理的器具；

（2）供护理人员使用，可以减轻护理人员护理强度的器具和辅助设备；

（3）既可以帮助老年人实现生活自理，又能减轻护理强度的器具和辅助设备；

（4）帮助老年人进行身心功能恢复训练的器具。

按照功能和使用场景，养老辅具分为以下类别：

（1）生活起居类辅具：包括起居辅助类（护理床、床垫等）、助食助饮类（筷、勺等）、助浴类（沐浴凳、防滑垫等）、卫生辅助类（坐便椅、马桶助力架等）；

（2）移动助行类辅具：助行辅具（拐杖、轮椅、老年人电动车等）、上下楼梯辅具（爬楼机等）、移位类（移位机、升降机等）；

（3）沟通交流类辅具：听力辅具（助听器）、视力辅具（放大镜、老花镜等）、交流辅具（老年人手机等）；

（4）康复训练类：运动功能障碍康复训练辅具、家用理疗体疗设备、智障患者康复训练辅具等。

在评估老年人身体状况后，应针对老年人的健康状况，评估是否需要配置相应的

养老辅具。

1. 护理床

护理床是专门供身心功能衰退或需短期卧床照护的老年人使用的起居设备，尤其对于半身不遂和需要长期卧床的老年人，使用护理床可以自由改变身体姿态，调整身体部位高度和位置、预防褥疮和促进血液循环，预防浮肿，从而改善生活质量。对于护理人员，也能降低护理强度和负担（图 10-1）。

图 10-1　电动护理床

护理床品类众多，按照操作方式分为手动护理床、电动护理床。按照功能，电动护理床又有不同的功能，包括抬背功能、屈膝抬腿功能以及联动调节功能等，可实现不同姿态的调整。我国一般认为应尽量让老年人的一切生活都在护理床上解决，吃喝拉撒睡都不离床，而日本的理念是尽量让老年人能够下地离床，实现自立，所以日本的养老护理床一般不配置洗头、便孔等功能。

2. 洗浴凳

洗浴是保持身体清洁的主要方式，而很多老年人不愿意洗澡，一方面因为手脚不灵活需要家人协助，不愿意麻烦人；另一方面，害怕浴室滑倒摔伤，也会影响老年人洗澡的频次。对于 60 岁以上老年人，建议浴室地面都要进行防滑处理，配置洗浴凳和防滑垫，采用坐姿洗浴可有效防止浴室跌倒（图 10-2）。

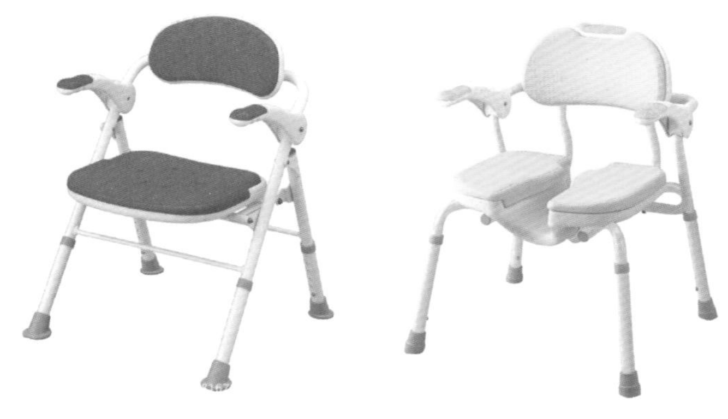

图 10-2　洗浴凳

3. 助行器

老年人的日常生活，都离不开身体的移动。随着年龄的增长，老年人的骨骼、关节、肌肉和神经系统都会发生退化，导致行走平衡感变化，身体移动不自由，需要使用合适的助行器具帮助老年人行走，在确保身体安全移动的同时，保障正常的日常生活和外出（图 10-3）。

图 10-3　老年人步行器、助行器和电动车

助行辅具包括拐杖、步行器、老年助行器、老年电动车等。行走稳定性开始变差的老年人，可以优先考虑使用拐杖来保持平衡，辅助移动。步行器是针对上肢力量较好、下肢力量下降的老年人，适用于室内移动使用。老年助行器适用于外出行走不稳的老年人，能够帮助支持老年人身体，也能起到步行训练的目的。老年电动车适用于各种年龄阶段的老年人，但是老年人要具有良好的手部操作能力，行进过程中要注意周围环境是否安全。

10.1.2　养老辅具的适配性

评估老年人在用养老辅具的适配性以及老年人使用的正确性。

我国有养老辅具上千种，日本更是多达 4 万种。因为老年人身体体型和特性（如身高、体重、手的长度、脚的长度等）及生理技能都不相同，应根据老年人不同的身体条件和家庭环境，配备合适的养老辅具。养老辅具配置不当，还有可能对老年人造成意外伤害。应综合评估老年人的身体状况、现有辅具对于老年人的适用性、安全性以及老年人是否掌握正确使用养老辅具的方法。

为老年人配备辅具的目的是增进老年人的移动能力、独立性、效率、安全性及提供参与日常生活、家务、工作、休闲、学习、社交活动的机会，以及增强家属或其他照顾者照顾身心障碍者的方便性及安全性。辅具的选用必须由专业人员针对身心障碍者本身、居家条件与周围环境进行完整的考量，选择适用、安全、方便、经济的养老辅具。

首先，应对使用者选择辅具的目的进行评估，即选择辅具想要实现哪些目的，完成什么样的日常生活功能。

其次，对使用者的个人身心条件进行评估，例如：

（1）生理能力：是否有肌力或耐力上的衰退，肢体的缺失、瘫痪、不协调、疼痛等，这些因素会造成使用者在移动能力、抓握能力、活动耐力及平衡上出现问题，影响老年人在日常生活、工作或休闲娱乐活动上的顺利进行。

（2）生理特性：老年人的身高、体重、宽度、手脚长度等，会影响选择辅具的长度、宽度或高度等尺寸。

（3）感觉功能：视觉、听觉、嗅觉、触觉、本体觉的功能保持水平，会影响老年人选择和使用辅具的形式及方法。

（4）认知、知觉及心理社会功能：可以依此选用复杂或简单使用的辅具。

（5）文化及个人喜好与价值观：影响使用者的动机及日常生活、工作、休闲娱乐活动的选择。此外，家属及老年人本身对于辅具的接受度有多高，往往会影响辅具买回来后的实用性。

再次，还应该考虑老年人在日常生活中可以获得哪些支持，包括家属、看护、家事服务、医护服务、治疗人员的治疗或其他社会团体服务，这些支持的稳定性及安全性在购买辅具前也需要仔细考虑。

最后，就是经济因素。在当前国内养老辅具产品品类和品质还有待提升的现状下，很多进口养老辅具进入国内，但是价格昂贵，在购买时也要考虑自身的经济承受能力和可获得政府补助的可能。

总之，养老辅具的选择必须能够配合老年人的身体和活动能力，让老年人及其家属接受，且乐意使用，才能最大限度发挥辅具的作用，改善老年人的生活品质。

10.2 智能养老装备与系统评价

10.2.1 智能访客系统

应安装可视对讲系统或智能门禁系统，或可视智能猫眼，可使老年人独自在家期间或独居老年人能够识别来访人员身份（图 10–4）。

智能门禁系统不仅能够为住户提供安全，还能预警老年人进出。例如，在北京太平桥西里社区有200多户空巢老年人，“刷脸”门禁对这部分老年人做了特殊标签，目前设定的功能是空巢老年人如果两天没有进出门行为，就会触发预警，居委会工作人员要第一时间上门询问帮扶，确定老年人安全。除了对空巢老年人的特殊照顾外，门禁系统还对精神疾病患者和失智人员设置了“电子护栏”。比如失智老年人家属可提前带老年人进行人脸信息采集，系统通过特殊设定，一旦出现特定老年人单独离开单元门的情况，会立即通过预警通知家属，同时向小区门卫处发送信息，提醒其关注老年人情况以便拦阻。

图 10-4　智能门禁系统

10.2.2　智能报警系统

1. 老年人卧室床头、卫生间和客厅应设紧急报警求助系统，如果是按钮式紧急报警求助系统，居室床头和公共活动场呼叫装置高度宜为 0.80 ～ 1.20m（图 10-5），卫生间内安装高度距地宜为 0.40 ～ 0.50m（图 10-6），按钮宜有明显标注且宜采用按钮和拉绳结合的方式，采用拉绳方式时，拉绳末端距地不宜高于 0.3m。老年人应熟悉报警求助系统的安装位置和使用方式，能够独立熟练操作。各种报警系统需经实际验证功能正常。

图 10-5　床头紧急报警求助系统

图 10-6　卫生间紧急报警求助系统

该系统为突发情况下老年人用于紧急求助的报警系统，是居家养老必备的智能化系统。卧室、卫生间是老年人发生滑倒或疾病的重点部位，应设置紧急报警求助装置（图 10-7）。求助按钮应有明显标注且宜采用按钮和拉绳结合的方式，便于老年人在紧急情况下识别并使用，拉绳末端距地不宜高于 0.3m，便于老年人倒地时使用。

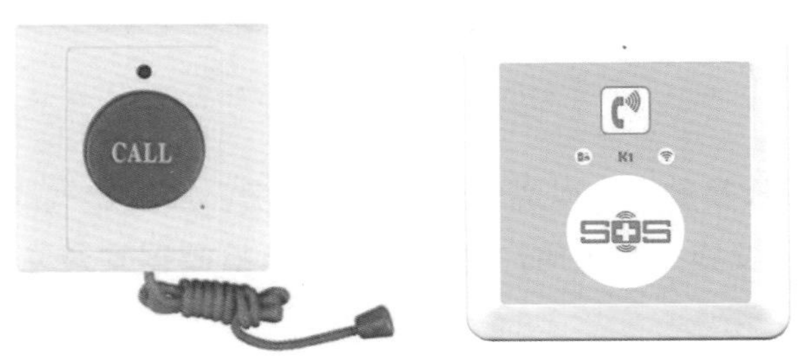

图 10-7　紧急报警求助装置

紧急求助报警系统形式通常分为以下几种：

（1）采用在户内（卧室床头侧，起居室沙发侧，卫生间淋浴区、马桶旁等位置）和公共区域（公共走廊、公共活动空间、室外园区等）设置固定式求助报警按钮，按钮、按键的色彩宜醒目，优先选择大按键、带拉绳面板的形式，有条件可选择带语音通话功能的类型，系统组成为固定式呼叫报警器＋服务台主机。报警按钮的设置高度分别按老年人站姿、坐姿或卧姿的不同状态来考虑。

（2）采用可穿戴呼叫设备求助报警，如手环、手表、胸卡等，系统组成为可穿戴呼叫设备＋服务台主机／手环。相比固定式的报警按钮，穿戴类设备更加灵活，但也存在一定缺陷，往往需要重复定时充电和反复穿戴，给使用者带来一定的困扰（图 10–8）。

图 10–8　穿戴式呼叫设备和手环

（3）采用语音呼叫，主要应用于户内，通过在户内设置智能语音音箱（图 10–9）的方式实现报警，系统组成为可穿戴呼叫设备＋服务台主机／手环，这种报警方式适用于对第一种方式的补充，在用户肢体活动受限无法移动至固定报警点时实现求助报警。

图 10–9　智能语音音箱

2. 厨房宜设烟感报警装置；以燃气为燃料的厨房，应设燃气浓度检测报警器、自动切断阀和机械通风设施；宜采用户外报警式，将蜂鸣器安装在户门外或管理室等部位。

老年人由于操作燃具失误较多，难以及时发现燃气泄漏，十分危险，因此要求以燃气为燃料的厨房应设燃气浓度检测报警器、自动切断阀和机械通风设施。同时由于老年人反应能力和自救能力弱，因此要求燃气泄漏报警装置采用户外报警式，将蜂鸣器安装在户门外以便其他人员帮助（图 10-10 和图 10-11）。

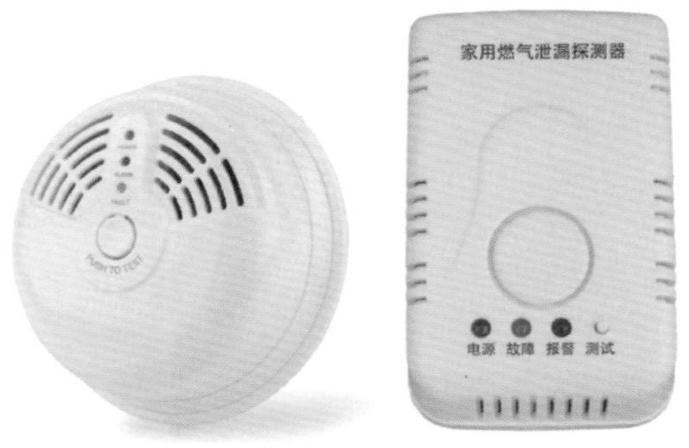

图 10-10 燃气泄漏报警装置

图 10-11 燃气报警关闭系统

3. 独居老年人应有其他智能监控方式，比如网络摄像头、可视机器人和联网式报警求助系统等，可对老年人长时间在家状态进行实时监测和感知，发生异常时能够主动或被动发出求助信息。

及时发现老年人出现的各种突发事故并及时救助，是老年人居住建筑的重要功能。在老年人主要活动区域，特别是易发生危险的位置设置报警装置，便于及时发现老年人的各种突发事故并及时救助。

常见的老年人智能风险报警系统有：

（1）离床报警系统

该系统是老年人在户内离开床的情况下采取的自动报警系统，实现方式是将红外信号探测器安装于床的正上方，通过红外感应确认老人是否离床，还有就是通过设置智能床垫，监测老年人是否离床，通常离床时间超过半小时后进行报警。通常该系统应用于协护区，针对长期卧床、有高跌倒风险的老年人以及有失能失智风险的老年人（图 10-12 和图 10-13）。

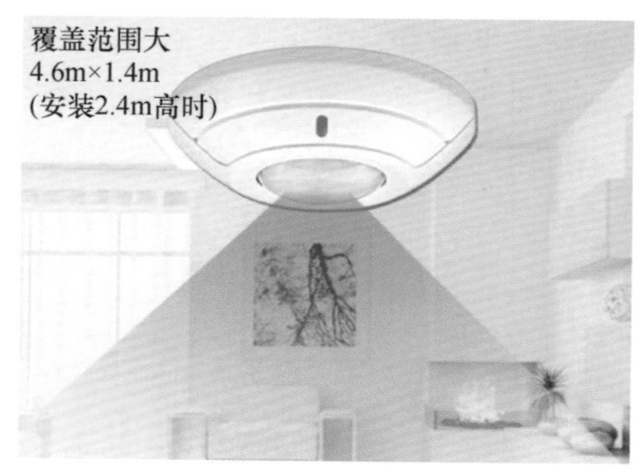

图 10-12　生命体征探测器

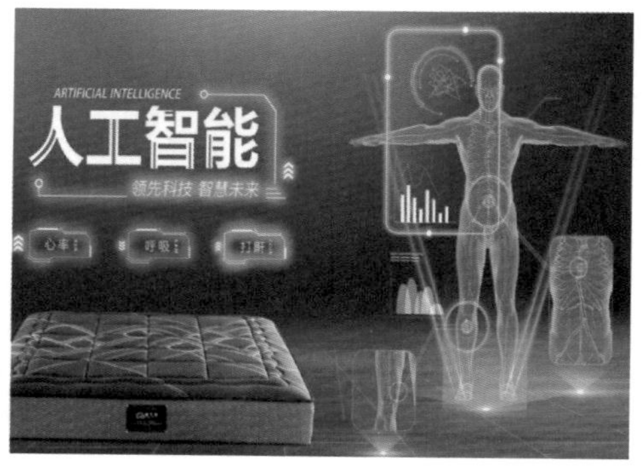

图 10-13　智能床垫

（2）长期滞留报警系统

该系统是老年人长期滞留于户内某特定区域的自动报警系统，主要用于卫生间，可设置于独立居住的老年人房间的卫生间内（图 10-14），主要为了防止如厕老年人发生风险所设。但是因老年人的生活习惯各异，滞留时间的设定应尽量减小误报率。

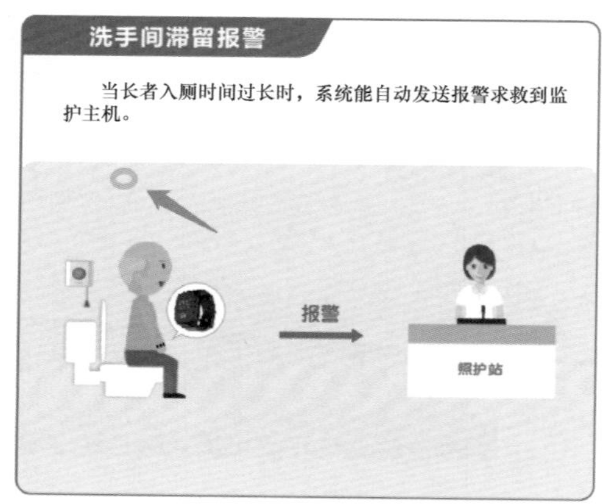

图 10-14　洗手间滞留报警探测器

（3）生命感知系统

针对高风险的失能失智，或者长期卧床，重度介护的老年人。在卫生间门口、入户玄关、床位正上方等位置设置生命感知探测器，结合后台算法判断，超过预定时间未探测到人员活动即自动报警。此系统往往结合了定位器手环、定位天线，可以在发现高危老年人发生风险后，第一时间确定位置，以防更大的风险出现。

（4）跌倒自动报警系统

跌倒自动报警系统即当老年人意外跌倒后触发报警信号至管理中心或特定联系人。实现方式主要包括以下 3 种：

采用跌倒报警监控摄像机，通过计算机算法以及捕捉到的画面进行后台计算分析，将确认后的报警信号传至主机，主要用于公共区域，建议设置于非活力老年人社区或特定区域，如走廊等（图 10-15）。

采用穿戴设备（图 10-16），通过计算穿戴设备的运动轨迹或采用重力感应芯片判断老年人是否跌倒，户内和公共区域均可应用，但该设备目前在实际应用中的误报率偏高。

图 10-15　老年人意外摔倒监控

图 10-16　老年人跌倒报警手环

人员定位系统，即在某一特定区域内对目标人群进行实时定位的系统，系统组成通常为可穿戴定位设备＋定位信标＋基站，亦有单独的可穿戴设备，可集成定位及通信等功能。该系统不仅可实时了解老年人的位置，还可衍生出电子围栏、电子签到、历史轨迹计算等信息，亦可为社区管理人员提供数据支撑，如园区配套公共场所在不同时段的人员密度、老年人的日常喜好、夜间查房等。最关键的是，在紧急情况下，可在第一时间找到老年人，以减少意外的发生（图 10-17）。

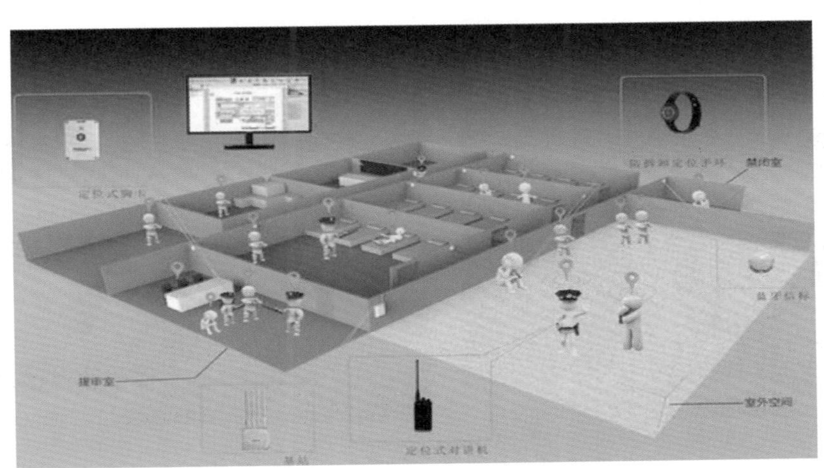

图 10-17　人员定位系统

（5）健康检测系统

利用固定房间内设置的固定设备、可移动式便携设备以及实时监测设备等对老年人的健康数据进行档案式管理，通过数据对比分析可为老年人提供饮食以及生活习惯上的建议，帮助老年人合理管理自身健康。常用固定式设备为在社区养老服务中心、健康小屋或康复中心设置的健康检测一体机、血压仪等可移动便携设备，以及手环、智能床垫、智能魔镜等可实时监测设备（图 10-18）。

（6）智能机器人系统

智能养老机器人是指用于养老的智能机器人，具备提醒、监测、陪护、远程医疗等功能，不仅适用于养老机构，更适用于独居老年人（图 10-19）。IBM 公司生产的“沃森”人工智能系统，既能轻松听懂人类语言，也可储存信息给老年人诊断病情。新加坡在全国很多老年人活动中心部署名为 Robocoach 的健身机器人，帮助老年人进行身体锻炼。在日本，养老机器人的发展最为迅速，聊天和养老陪护机器人市场也逐渐扩大，Telenoid、Robear、Paro、RoBoHoN、PALRO 等各种功能的机器人在养老领域得到了很好的应用。

图 10-18　智能魔镜 + 体脂秤组合

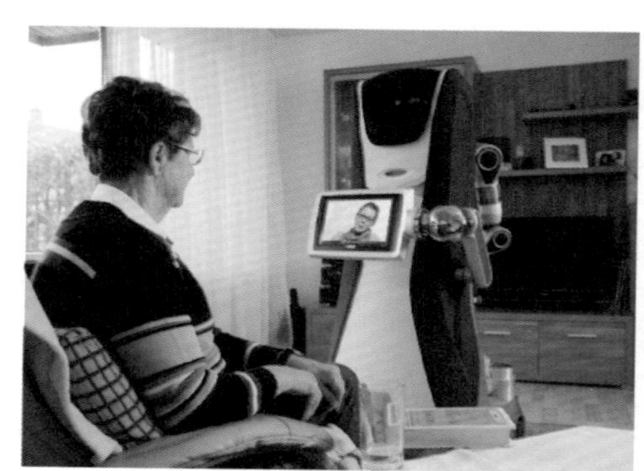

图 10-19　养老机器人

适老化设计与改造项目案例

11.1 北京劲松北社区居家适老化改造示范项目

11.1.1 项目概况

项目名称：北京劲松北社区居家适老化改造示范项目

项目地点：北京市朝阳区

项目规模：适老化改造 9 户

设计施工单位：北京安馨在家健康科技有限公司

改造时间：2019 年 10 月 17 日—2019 年 11 月 14 日

11.1.2 项目简介

北京市朝阳区劲松街道劲松北社区是改革开放后北京市第一批成建制住宅区，迄今已超过 40 年，社区总面积 0.26km^2，总户数 3600 多户，户籍居民 9000 多人，其中 60 岁以上老年人占比近 36.9%，比较集中地反映了老旧小区存在的基础设施陈旧、生活服务不足、人际关系疏离等问题。2018 年 7 月以来，劲松街道紧紧围绕“七有”要求和“五性”需求，会同战略合作企业共同推进劲松北社区老旧小区改造。

11.1.3 项目亮点

本次居家适老化改造是由物业公司发起的老旧小区改造配套服务项目，改变了以往依赖于政府买单的模式，由社会企业承担设计、改造等全部费用，减轻了政府负担。

本项目引入安馨居家适老化改造创新服务模式，区别于传统工程装修理念，将居家适老化改造作为一项为老服务，首先依据咨询师的入户调研，对老年人的居住环境、健康状况、自理能力、照护条件等进行咨询评估，结合每位老年人的不同需求，再由企划中心定制专属方案，然后由安全师进行部品改造，严格遵守“匠心守则”，遵循“不动不离、适度及时”的原则，改善和提高居住环境的便利与安全，减少“摔、滑、绊、掉”等居家风险，重点提高老年人自立、自理的生活能力，并减轻照顾者负担与压力（图 11–1~ 图 11–10）。

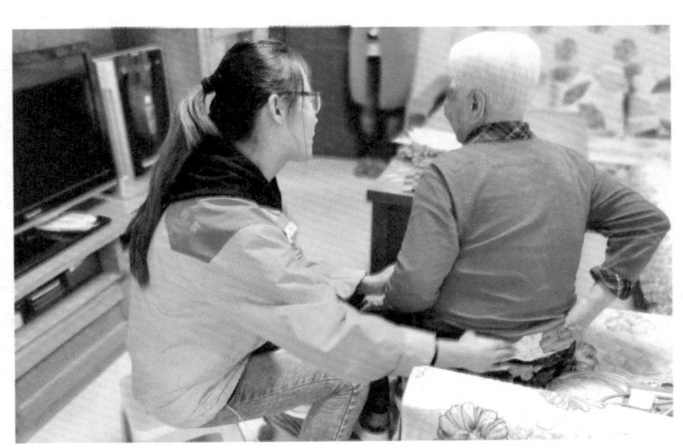

图 11–1　咨询师入户评估

图 11-2　企划中心定制专属方案

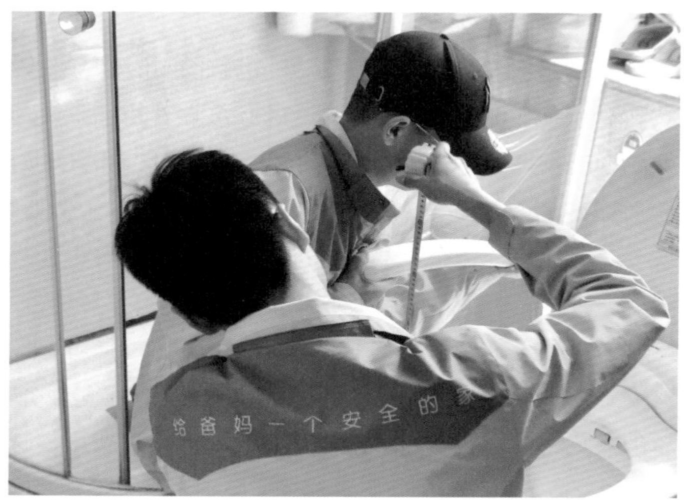

图 11-3　安全师改造实施

图 11-4　持续关爱

图 11-5　入户门门槛消除高差（改造前后对比）

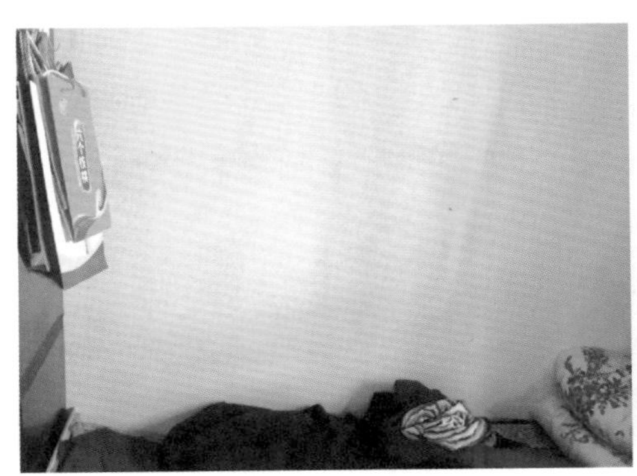

图 11-6　床周（改造前后对比）

图 11-7　卫生间门槛消除高差（改造前后对比）

图 11-8　如厕区（改造前后对比）

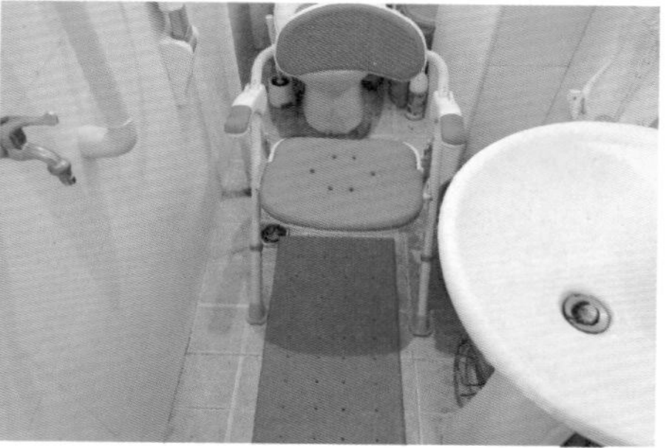

图 11-9 淋浴区（改造前后对比）

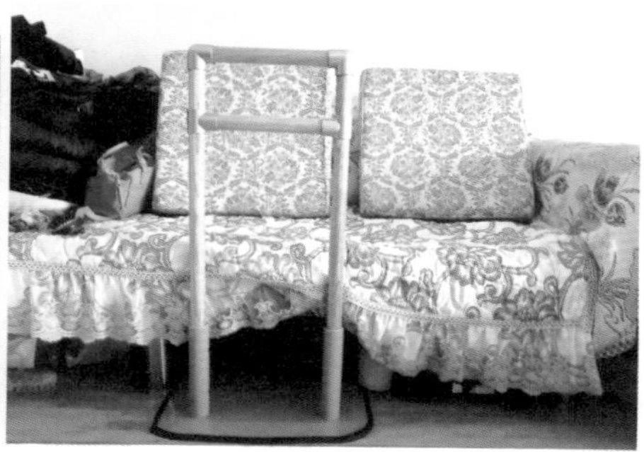

图 11-10 沙发区（改造前后对比）

居家适老化改造让老人在安全、温馨的居家环境中安心养老，让不能时时陪伴在父母身边的子女更安心。本次居家适老化改造服务，不仅获得社区老人及其家人一致好评，还被央视《新闻直播间》和《朝闻天下》报道（图 11-11、图 11-12）。

图 11-11 央视《新闻直播间》报道（一）

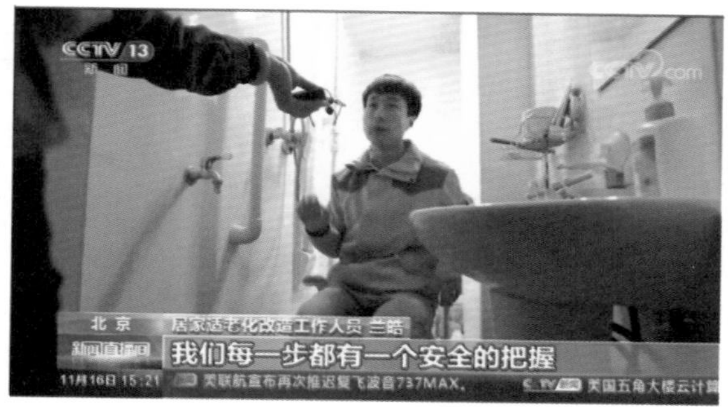

图 11-12 央视《新闻直播间》报道（二）

11.2 今朝装饰适老装修标准体验中心

11.2.1 项目概况

项目名称：今朝装饰适老装修标准体验中心

项目地点：今朝装饰老房装修设计创意中心 3 楼

项目规模：80m^2

设计单位：今朝装饰集团设计部

施工单位：今朝装饰集团工程部

11.2.2 项目简介

2018 年，今朝装饰联合清华大学建筑学院周燕珉居住建筑设计研究工作室，针对现代老年人的居住环境，展开了全面的研究和设计，经过近一年的筹备，2019 年初，今朝装饰适老装修标准体验中心正式落成。实景适老装修体验中心（图 11–13），在厨房、卫生间、客厅、卧室、阳台等空间提供全方位的场景展示，1∶1 实景还原适老场景，沉浸式体验交互过程，旨在为老人打造一个安全、舒适、便利、智能的适老家居环境。

图 11-13　今朝装饰适老装修标准体验中心客厅一角

11.2.3 项目特色

为了满足老年人安全、便利、舒适的居住基本需求，避免在适老装修过程中对老年人的身心状况考虑不足而产生装修问题或隐患，在适老装修体验中心的建设过程中，我们遵循了 9 个适老装修设计原则，即“四通一平、两多两匀”。“四通一平”指视线通、声音通、路径通、空气通、地面平；“两多两匀”指储藏多、台面多、光线匀、温度匀（图 11-14 ~图 11-18）。

图 11-14 符合人体工程学的家具

图 11-15 不同空间消除高低差（一）

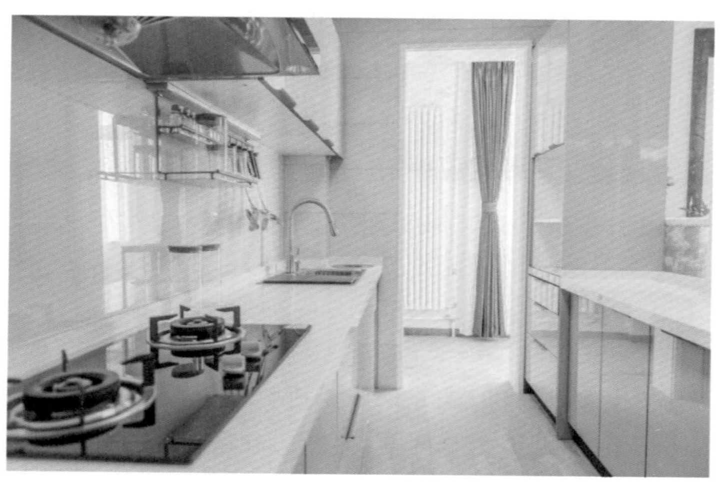

图 11-16 不同空间消除高低差（二）

图 11-17　卫生间增加扶手防跌倒

图 11-18　绿植墙改善室内空气

在 9 大原则基础上，今朝装饰还将智能化家居引入了适老装修改造中来。通过智慧设计和智能远程呵护，将智能家居成功引入到适老化装修中（图 11–19、图 11–20）。

图 11-19　一键呼叫

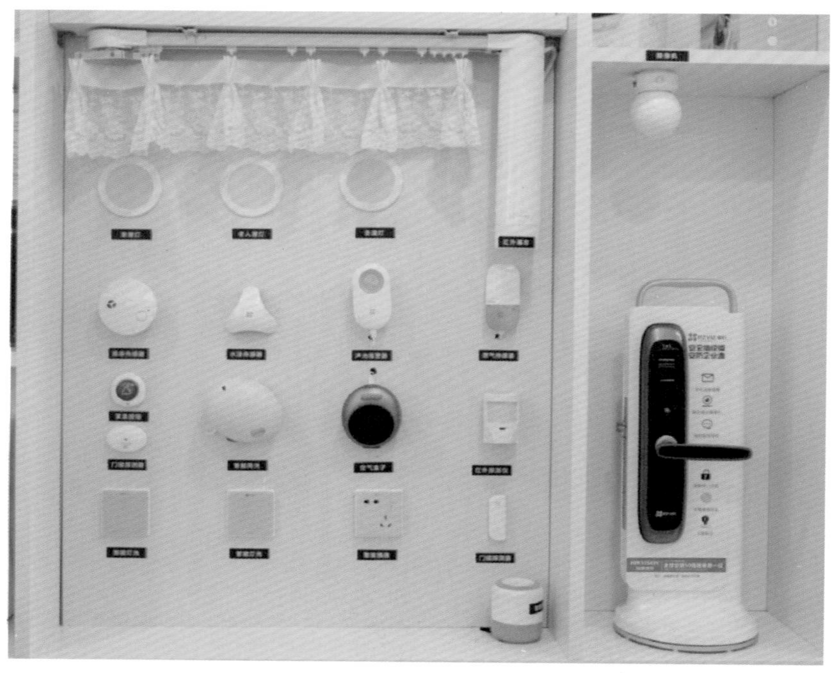

图 11-20　智能语音控制系统

11.3 当代时光里

11.3.1 项目概况

项目名称：当代时光里

项目地点：北京市顺义区李桥镇

项目规模：4.9 万 m^2

开发单位：北京当代久运置业有限公司

养老规划设计：Perkins Eastman

11.3.2 项目简介

当代时光里项目位于北京市顺义区，是当代置业国内布局养老产业，在北京打造的首个以“绿色科技为核心，首长式医护为保障，银发产业园为特色”的全生命周期产业家园。项目养老规划及精装方案由世界一流的 Perkins Eastman 设计。Perkins Eastman 养老设计在《世界建筑》排名世界第一，有六百多个已建成的项目，其养老设计理念强调创造一个自然身心平衡的生活环境，并与运营和住户共创高品质的生活与照护的养生环境。

项目（图 11–21）占地面积 4.9 万 m^2，社区建筑规模 17.7 万 m^2。社区分两期开发建设，一期规划有 1 号楼、2 号楼 574 套颐养居室，8 号楼康体文化中心及 9 号楼社区医院。社区 85% 以上的房间朝南，房间层高 3.2m，套内面积从 30.76m^2 到 61.66m^2 不等，满足老人的家居、会客、娱乐、休闲等不同需求。项目整体规划 1700 余户，建成后将成为北京市东北部户数最多、最具规模的颐养社区。

图 11–21　项目效果图

11.3.3 项目亮点

当代时光里颐养社区以“绿色、健康、创享”为主旨，医学乐养设施全覆盖，房间标配当代置业专业的绿色科技系统——天棚辐射系统（图 11–22）、同层排水系统、外围护结构保温系统、置换式全新风系统（图 11–23），做到室内“恒温、恒湿、恒氧、恒静”。置换式全新风系统确保室内空气湿度 30% ～ 70%，PM2.5 净化率 95%，天棚辐射系统 + 外墙保温系统让室温保持在 20 ～ 26℃之间。房间格局方正开阔，视野通透明亮，家居温馨舒适，适老不显老，座椅自带锁扣滑轮，阳角均圆角处理（图 11–24 ～图 11–28），这些适老化设计让适老化关怀无处不在，却又不体现的那么刻意。结合智能化信息管理系统和以智能魔镜（图 11–29、图 11–30）为代表的室内智能终端，数字化服务无处不在。

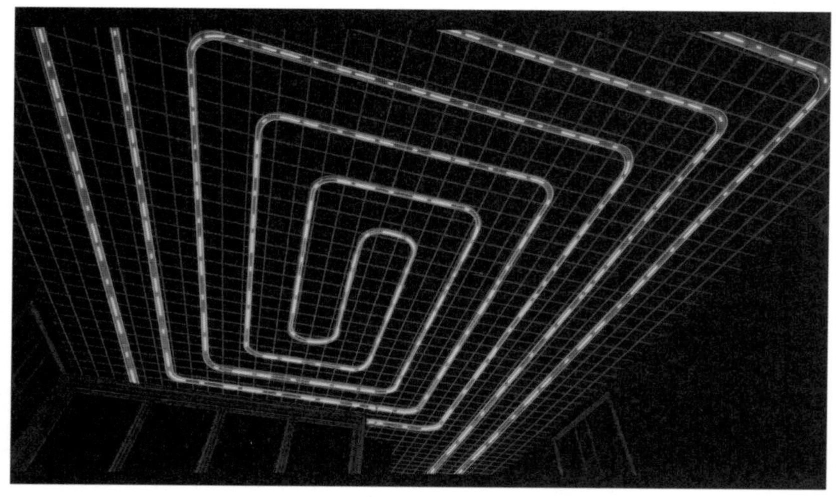

图 11–22 天棚辐射系统

图 11–23 置换式全新风系统

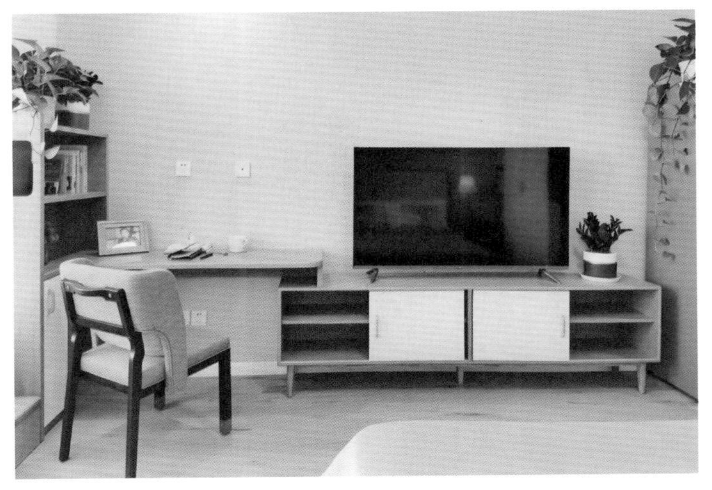

图 11-24　客厅一角（适老椅）

图 11-25　客厅全景（适老沙发与茶几）

图 11-26　橱柜适老化设计

图 11-27　卧室及家具

图 11-28　淋浴扶手与洗澡凳

图 11-29　卫生间（马桶助力架及智能魔镜）

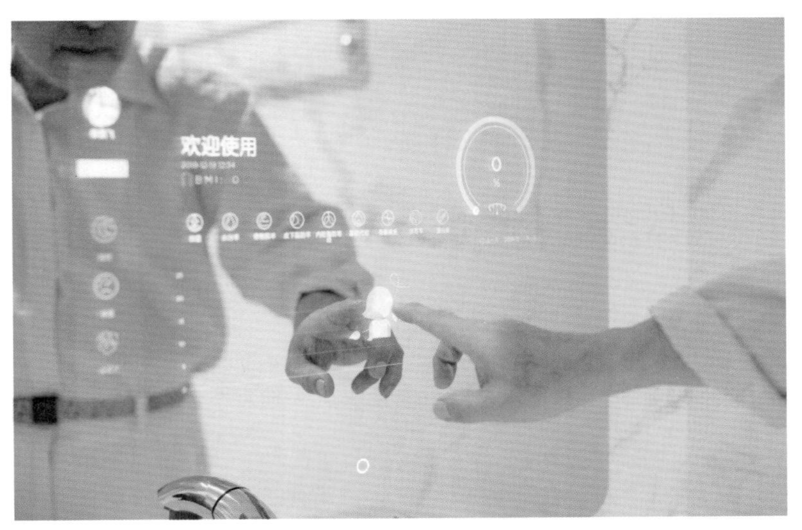

图 11-30　智能魔镜

2020 年 5 月 11 日，当代时光里项目获得了 LEED for Communities 社区规划设计金级预认证，是全国首个获此金级预认证的养老地产项目。项目还获得了由经国家科学技术奖励工作办公室颁发的“精瑞科学技术奖”和北京市“结构长城杯优质工程”等奖项，充分肯定了当代时光里的绿色及适老科技理念和实践。

附录 1　老年人家庭适老化改造需求评估量化表

[引自《温州市老年人家庭适老化改造实施方案》(2019 年)]

评估编号：					
姓名		性别		联系电话	
出生年月		身份证号码			
居住地址					
住宅类型	□电梯房	□楼梯房	□平房		
屋龄			60 岁及以上	(　　)位	
联络人	姓名	关系		联系电话	
一、身体状况评估					
家中是否有行动不便的人：□无　□有(　　)位					
自理能力	□完全自理	□基本自理	□轻度依赖	□完全依赖	
健康情况	现患有疾病 □心脏病　□高血压　□低血压　□糖尿病　□痛风 □胆固醇　□白内障　□帕金森症　□骨质疏松　□支气管哮喘 □老年痴呆　□风湿性关节炎　□中风　□其他				
曾经在家中跌倒过的案例	□无	□有(原因)			
进食	□完全自理	□基本自理	□轻度依赖	□完全依赖	
穿衣：包括扣纽扣、拉链及穿鞋	□完全自理	□基本自理	□轻度依赖	□完全依赖	
仪表：洗脸、梳头、剃须	□完全自理	□基本自理	□轻度依赖	□完全依赖	
洗浴	□完全自理	□基本自理	□轻度依赖	□完全依赖	
如厕	□完全自理	□基本自理	□轻度依赖	□完全依赖	
走动(可用助行器)	□完全自理	□基本自理	□轻度依赖	□完全依赖	
上楼梯	□完全自理	□基本自理	□轻度依赖	□完全依赖	

续表

视力	□完全自理 □基本自理 □轻度依赖 □完全依赖
使用电话	□能自己打电话 □能拨熟悉的电话 □能接但不能打电话 □不能使用电话
服药能力	□能主动准确服药 □能服用准备好的药物 □不能正确服药
听力	□听力下降 □使用助听器 □异常分泌物 □耳鸣 □眩晕
鼻部	□流涕 □异常分泌物 □鼻出血 □疼痛 □嗅觉异常 □鼻塞
口 / 咽喉	□疼痛 □溃疡 □嘶哑 □吞咽困难 □牙龈出血 □味觉迟钝 □龋齿 □义齿 □打鼾
意识状况	□清醒 □嗜睡 □模糊
情绪表现	□平静 □不安 □急躁 □激动 □忧虑 □冷漠
决断与认知	□独立，合理并一贯性 □需要他人提示或指引 □不能做任何决定
参加的社会活动类型	□公园 □居家照料中心 □老年大学 □其他（注明）
二、家庭成员评估	
子女是否在当地工作	□是 □否
紧急情况能否联系到直系亲属	□能 □否
与家庭成员情感关系	□亲密 □良好 □一般 □冷淡
有无照护者	□无 □有（ ）位
照护者是否有照护经验	□无 □有 会日常护理 □有 会专业级护理
照护内容	□进食 □穿衣 □仪表 □洗浴 □如厕 □走动 □服药 □其他
照护时间	□全天 24h □半天 12h □上午 6h □下午 6h □不固定

三、居家环境评估（请在对应的分数栏内打钩，分值越高，整体安全性及舒适性越好）

（一）居家环境整体评估	分数			备注
	1	2	3	1 不好 2 普通 3 良好
1. 照光够明亮，方便老年人看清屋内物品及家具、通道等位置				1. 白天需要开灯光才够明亮 2. 白天需要开灯光才够明亮，但通常不开灯 3. 白天不需要开灯，照光就够明亮

续表

2. 屋内的电灯开关都有明显的特殊设计（如有开关外环显示灯或荧黄贴条）				1. 无明显特殊设计 2. 有明显特殊设计
3. 光线强度不会让老年人感到眩晕或看不清物品位置				1. 光线较弱，看不清物品 2. 光线较强，使人感到眩晕 3. 光线强度适中，使人眼睛舒适且能看清楚物品
4. 若有小地毯，小地毯内有牢固的防滑地垫				1. 无牢固的防滑地垫 2. 有牢固的防滑地垫
5. 地板铺设不反光且防滑的材质				1. 铺设反光且不防滑的材质 2. 铺设不反光或防滑的材质 3. 铺设不反光且防滑的材质
6. 走道装设有扶手或安全绳可协助老年人行动				
7. 家具（椅子、茶几等）足够坚固，可依靠它，协助行动时可以提供支持				1. 尖锐直角，易绊倒人 2. 圆弧形，不易绊倒人
8. 家具（椅子、茶几等）边缘或转角处光滑无直角凸出（圆弧形），不易绊倒人				1. 尖锐直角，易绊倒人 2. 圆弧形，不易绊倒人
9. 家中老年人是否在床附近放有移动马桶或者便携式接尿器、插入式便器				1. 没有 2. 放有但须有家属辅助完成排泄 3. 放有且老年人自己使用
10. 家中老年人常使用的椅子高度（质地较硬）可使其容易起身及坐下，并配有扶手以协助移动				1. 椅子高度不适用老年人起身坐下且无扶手 2. 椅子高度适用老年人起身坐下并配有扶手
11. 家中老年人是否使用助起沙发，辅助老年人起身站立				1. 未曾配有 2. 配有助起沙发但须有家属辅助完成站起 3. 配有助起沙发且老年人自己操作无障碍

续表

12. 老年人所需使用的设备（如轮椅、拐杖、半拐杖、辅助车等）都放在固定位置方便使用				1. 设备缺少或损坏 2. 未放在固定位置 3. 放在固定位置
13. 运用对比的素色（非花色、波浪或斜纹）区分门内、楼梯及高度的变化（黄色和白色不易分辨，应避免使用）				1. 未做对比区分 2. 有对比区分
14. 无高度与地面落差太大的门槛				1. 落差超过 10cm 2. 落差在 10cm 以内 3. 无落差（0cm 平的）
15. 延长线与电线是否固定				1. 无固定且易绊倒人 2. 固定且不易绊倒人
16. 门距够宽，可让老年人容易进出				1. 宽度在 90cm 以下 2. 宽度在 90 ～ 100cm 3. 宽度在 100cm 以上
17. 门把采用 T 形把手				1. 不采用 T 形把手 2. 采用 T 形把手
18. 走道宽度在 120cm 以上，并维持畅通（方便轮椅在走道上有回转空间）				1. 宽度在 120cm 以下 2. 宽度等于 120cm 3. 宽度在 120cm 以上
19. 地面防滑				1. 防滑效果较差 2. 防滑效果良好 3. 防滑效果显著
整体安全性及舒适性评估合计 19 个测量项，总分值为 57 分。单项评估未达最高分，则需要进行相对应的适老化改造。				
（二）浴室	分数			备注
* 浴室与厕所分开 * 到浴室的通道能无障碍行动	1	2	3	1 不好　2 普通　3 良好
1. 门槛与地面落差不大，不会使人绊倒				1. 门槛在 20cm 以上 2. 门槛不在 15 ～ 20cm 3. 门槛在 10 ～ 15cm

续表

2. 地板经常保持干燥				1. 经常潮湿 2. 偶尔潮湿 3. 地板干燥
3. 浴室地板铺设防滑排水垫				1. 未铺设防滑排水垫 2. 铺设有防滑排水垫
4. 浴室是否使用洗澡椅				1. 不使用 2. 使用且需要家属照护 3. 使用且不需家属照护
5. 浴缸或淋浴间有防滑条或防滑垫				1. 无防滑条或防滑垫 2. 有防滑条或防滑垫
6. 浴缸高度低于膝盖				1. 高度>膝盖 2. 高度 = 膝盖 3. 高度<膝盖
7. 浴缸旁有防滑椅坐着休息				1. 无防滑椅 2. 有其他东西可以坐着休息 3. 有防滑椅
8. 浴缸旁设有抓握的固定扶手可用，且扶手高度 80 ～ 85cm，与墙壁间隔 5 ～ 6cm				1. 未设有扶手 2. 设有扶手，但高度不适当 3. 扶手高度在 80 ～ 85cm，与墙壁间隔 5 ～ 6cm
9. 马桶旁设有抓握的固定扶手可用，且扶手高度 42 ～ 45cm				1. 未设有扶手且高度不适当 2. 设有扶手或高度不适当 3. 高度适当约 40cm
10. 洗手台旁设有抓握的固定扶手可使用				1. 未设有扶手 2. 设有扶手可使用
11. 使用坐式马桶且高度适当，可方便老年人起身及坐下				1. 非坐式马桶 2. 坐式马桶但高度不适当 3. 高度适当约 40cm
12. 热水器应设置于室外通风的地方				1. 设置室内 2. 设置室外但不通风的地方 3. 设置室外且通风的地方
13. 加装夜间照明装置，如感应式或触控式小灯				1. 未装有夜间小灯 2. 装有夜间小灯

续表

14. 蹲坑加装坐便椅				1. 未装有坐便椅 2. 装有坐便椅
浴室安全性及舒适性合计 14 个测量项，总分值为 38 分。单项评估未达最高分，则需要进行相对应的适老化改造。				
（三）卧室	分数			备注
	1	2	3	1 不好　2 普通　3 良好
1. 夜灯或床侧灯光足够提供夜晚行动				1. 没有留夜灯 2. 留有夜灯但光度不足够 3. 光度足够
2. 从床到浴室的通道能无障碍行动（尤其是晚上） * 卧室放有便器				1. 通道有障碍且影响行走 2. 通道有障碍不影响行走 3. 通道无障碍
3. 床的高度合适（膝盖高度，45 ～ 50cm）上下床能安全移动				1. 坐在床上的人膝盖高度低于 45cm 或高于 50cm 2. 坐在床上的人膝盖高度 45 ～ 50cm
4. 床垫边缘能防止下跌，床垫的质地较硬（以提供良好的坐式支持）				1. 床垫较软，易在边缘处下滑 2. 床垫一般，有可能在边缘处下滑 3. 床垫较硬，不易在边缘处下滑
5. 地板不滑且平整无凸出，不会被绊倒				1. 两者均未符合 2. 地板不滑或平整无凸出 3. 地板不滑且平整无凸出
6. 老年人能从橱架上拿取物品，而不需踮脚尖或椅子				1. 需要椅子 2. 需要踮脚尖 3. 不需踮脚尖或椅子
7. 家具及墙壁有特殊防护设计（如铺设软布、转角处装有保护装置）				1. 无特殊防护设计 2. 有特殊防护设计
8. 床边放置手电筒与电话（手机）				1. 尚未放置两者 2. 放置手电筒或电话 3. 放置手电筒与电话

续表

卧室安全性及舒适性评估合计 8 个测量项，总分值为 22 分。单项评估未达最高分，则需要进行相对应的适老化改造。				
（四）厨房	分数			备注
	1	2	3	1 不好　2 普通　3 良好
1. 老年人能够拿到储藏室的东西，不需踮脚尖或椅子				1. 需要椅子 2. 需要踮脚尖 3. 不需踮脚尖或椅子
2. 地板保持干燥不油腻				1. 潮湿且油腻 2. 潮湿或油腻 3. 干燥不油腻
3. 有布制的防滑垫在地上，以吸收溅出的水分及油类				1. 无布制的防滑垫 2. 其他材质防滑垫 3. 布制的防滑垫
4. 厨房设计符合人体工学，操作台的高度不超过 79cm				1. 高度超过 79cm 2. 高度不超过 79cm
5. 如果要拿较高的东西，踏脚凳的高度适当				1. 高度超过 25cm 2. 高度 20 ～ 25cm 3. 高度 15 ～ 20cm
6. 踏脚凳的踏板无损坏且能防滑				1. 踏板已损坏 2. 踏板无防滑 3. 踏板无损坏且能防滑
7. 踏脚凳的脚架够坚固而无磨损				1. 踏板已损坏 2. 踏板够坚固 3. 踏板够坚固且无磨损
8. 照明充足，尤其是在夜间留有一盏小灯				1. 照明不足且未留小灯 2. 照明不足或未留小灯 3. 照明充足且留有小灯
厨房安全性及舒适性评估合计 8 个测量项，总分值为 32 分。单项评估未达最高分，则需要进行相对应的适老化改造。				
居家环境安全评估情况	整体	□ 1 分　□ 2 分　□ 3 分		
	浴室	□ 1 分　□ 2 分　□ 3 分		
	卧室	□ 1 分　□ 2 分　□ 3 分		
	厨房	□ 1 分　□ 2 分　□ 3 分		

续表

四、康复辅助器具需求评估	
助餐辅助	□喂食器　□软勺
助行辅助	□助行器　□拐杖　□轮椅
如厕辅助	□坐便器　□接尿器　□接便器（便盆）　□扶手
洗浴辅助	□沐浴椅　□洗头盆　□洗浴床　□扶手
感知辅助	□老年人放大镜　□助听器
康复辅助	□上下肢康复训练器　□穿衣板　□ OT 桌 □ PT 床　□康复脚踏车
照护辅助	□护理床　□褥疮垫　□床边桌　□转移板 □移位器　□尿垫　□口腔清洁刷
智能辅助	□智能家居系统　□紧急救援呼叫系统　□远程监控系统
用户对居家环境安全有何需求	1. 整体：□过道扶手　□防滑地垫　□安全护角 □家居挪移　□线路整理　□安全门把 2. 浴室：□坐便器　□组合扶手　□防滑垫 □沐浴辅具　□夜间照明灯 3. 卧室：□床旁辅助　□防撞垫　□夜间照明灯 4. 厨房：□防滑垫　□防撞垫　□夜间照明灯 5. 其他
居家环境适老化安全改善建议	

附录 2　居家适老化改造需求评估表

（引自《浙江省 2020 年生活困难老年人家庭适老化改造实施方案》）

<table>
<tr><td>老年人姓名</td><td colspan="2"></td><td>性别</td><td colspan="2"></td></tr>
<tr><td>身份证号码</td><td colspan="2"></td><td>联系方式</td><td colspan="2"></td></tr>
<tr><td>居住地址</td><td colspan="5">____________区（县 / 市）____________街道（乡 / 镇）____________</td></tr>
<tr><td colspan="6">一、居住条件需求评估（请在对应的栏内打钩，选择合理需求）</td></tr>
<tr><td colspan="6">基础改造服务包（共 8 条）</td></tr>
<tr><td colspan="5">评估事项</td><td>备注</td></tr>
<tr><td rowspan="3">如厕洗澡安全</td><td>1. 地面（地板）防滑处理
地面（地板）防潮处理</td><td>☐需要
☐需要</td><td colspan="2">☐不需要
☐不需要</td><td></td></tr>
<tr><td>2. 蹲坑加装坐便器</td><td>☐需要</td><td colspan="2">☐不需要</td><td></td></tr>
<tr><td>3. 浴室使用洗澡椅</td><td>☐需要</td><td colspan="2">☐不需要</td><td></td></tr>
<tr><td rowspan="2">室内行走便利</td><td>4. 室内通道、楼梯安装扶手
卫生间、浴室安装扶手</td><td>☐需要
☐需要</td><td colspan="2">☐不需要
☐不需要</td><td></td></tr>
<tr><td>5. 地面、门槛消除高低差无障碍改造</td><td>☐需要</td><td colspan="2">☐不需要</td><td></td></tr>
<tr><td rowspan="3">居家环境改善</td><td>6. 室内老化裸露用电线路改造</td><td>☐需要</td><td colspan="2">☐不需要</td><td></td></tr>
<tr><td>7. 加装夜间照明装置，提供夜晚行动（如感应式或触控式小灯）</td><td>☐需要</td><td colspan="2">☐不需要</td><td></td></tr>
<tr><td>8. 更换锈蚀的水管
更换适老化水龙头（加长或抽拉式龙头把手）</td><td>☐需要
☐需要</td><td colspan="2">☐不需要
☐不需要</td><td></td></tr>
<tr><td colspan="6">拓展改造服务包（共 12 条）</td></tr>
</table>

续表

智能监测跟进	9. 安装物联网门磁监测系统 安装紧急呼叫系统 安装燃气监测报警系统	□需要 □需要 □需要	□不需要 □不需要 □不需要	
	10. 防走失手环	□需要	□不需要	
如厕洗澡安全	11. 老年人在床附近放置移动马桶或者便携式接尿器、插入式便器	□需要	□不需要	
室内行走便利	12. 门距宽度满足让老年人轮椅进出（80cm）	□需要	□不需要	
	13. 门把采用T形把手	□需要	□不需要	
	14. 上下床能安全移动（安装床边起身扶手）	□需要	□不需要	
	15. 将厨房操作台改造为升降橱柜，便于轮椅进出	□需要	□不需要	
居家环境改善	16. 室内墙面（吊顶）严重脱落，灰暗需要粉刷	□需要	□不需要	
	17. 双控电灯开关、插座位置安装合理，有明显的标识（如开关外环有荧光贴条）	□需要	□不需要	
	18. 适老化床头柜（放置手电筒） 适老化衣柜方便老年人储藏衣物	□需要 □需要	□不需要 □不需要	
	19. 家具及墙壁做特殊防护设计（如铺设软布、转角处装上保护装置）	□需要	□不需要	
辅助器具适配	20. 康复辅助器具需求评估（请在对应的栏内打钩，选择合理需求）			
	助行辅助	□助行器 □拐杖 □轮椅		
	如厕辅助	□坐便器 □扶手		
	洗浴辅助	□洗澡床 □扶手		
	照护辅助	□护理床 □褥疮垫 □床边桌 □移位枕		
用户对居家条件安全有何需求		1. 整体：□过道扶手 □防滑地垫 2. 浴室：□沐浴辅具 □夜间照明灯 3. 卧室：□床旁辅助 □防撞垫 □夜间照明灯 4. 厨房：□防滑垫		
居家条件适老化安全改善建议				

附录 3　老年人居家适老化改造项目和老年用品配置推荐清单

［引自民政部等 9 部委《关于加快实施老年人居家适老化改造工程的指导意见》（民发〔2020〕86 号）］

序号	类别	项目名称	具体内容	项目类型
1	（一）地面改造	防滑处理	在卫生间、厨房、卧室等区域，铺设防滑砖或者防滑地板，避免老年人滑倒，提高安全性	基础
2		高差处理	铺设水泥坡道或者加设橡胶等材质的可移动式坡道，保证路面平滑、无高差障碍，方便轮椅进出	基础
3		平整硬化	对地面进行平整硬化，方便轮椅通过，降低风险	可选
4		安装扶手	在高差变化处安装扶手，辅助老年人通过	可选
5	（二）门改造	门槛移除	移除门槛，保证老年人进门无障碍，方便轮椅进出	可选
6		平开门改为推拉门	方便开启，增加通行宽度和辅助操作空间	可选
7		房门拓宽	对卫生间、厨房等空间较窄的门洞进行拓宽，改善通过性，方便轮椅进出	可选
8		下压式门把手改造	可用单手手掌或者手指轻松操作，增加摩擦力和稳定性，方便老年人开门	可选
9		安装闪光振动门铃	供听力视力障碍老年人使用	可选

续表

序号	类别	项目名称	具体内容	项目类型
10	（三）卧室改造	配置护理床	帮助失能老年人完成起身、侧翻、上下床、吃饭等动作，辅助喂食、处理排泄物等	可选
11		安装床边护栏（抓杆）	辅助老年人起身、上下床，防止翻身滚下床，保证老年人睡眠和活动安全	基础
12		配置防压疮垫	避免长期乘坐轮椅或卧床的老年人发生严重压疮，包括防压疮坐垫、靠垫或床垫等	可选
13	（四）如厕洗浴设备改造	安装扶手	在如厕区或者洗浴区安装扶手，辅助老年人起身、站立、转身和坐下，包括一字形扶手、U形扶手、L形扶手、135°扶手、T形扶手或者助力扶手等	基础
14		蹲便器改坐便器	减轻蹲姿造成的腿部压力，避免老年人如厕时摔倒，方便乘轮椅老年人使用	可选
15		水龙头改造	采用拔杆式或感应水龙头，方便老年人开关水阀	可选
16		浴缸／淋浴房改造	拆除浴缸／淋浴房，更换浴帘、浴杆，增加淋浴空间，方便照护人员辅助老年人洗浴	可选
17		配置淋浴椅	辅助老年人洗澡用，避免老年人滑倒，提高安全性	基础
18	（五）厨房设备改造	台面改造	降低操作台、灶台、洗菜池高度或者在其下方留出容膝空间，方便乘轮椅或者体型矮小老年人操作	可选
19		加设中部柜	在吊柜下方设置开敞式中部柜、中部架，方便老年人取放物品	可选

续表

序号	类别	项目名称	具体内容	项目类型
20	（六）物理环境改造	安装自动感应灯具	安装感应便携灯，避免直射光源、强刺激性光源，人走灯灭，辅助老年人起夜使用	可选
21		电源插座及开关改造	视情况进行高 / 低位改造，避免老年人下蹲或弯腰，方便老年人插拔电源和使用开关	可选
22		安装防撞护角 / 防撞条、提示标识	在家具尖角或墙角安装防撞护角或者防撞条，避免老年人磕碰划伤，必要时粘贴防滑条、警示条等符合相关标准和老年人认知特点的提示标识	可选
23		适老家具配置	如换鞋凳、适老椅、电动升降晾衣架等	可选
24	（七）老年用品配置	手杖	辅助老年人平稳站立和行走，包含三脚或四脚手杖、凳拐等	基础
25		轮椅 / 助行器	辅助家人、照护人员推行 / 帮助老年人站立行走，扩大老年人活动空间	可选
26		放大装置	运用光学 / 电子原理进行影像放大，方便老年人近用	可选
27		助听器	帮助老年人听清声音来源，增加与周围的交流，包括盒式助听器、耳内助听器、耳背助听器、骨导助听器等	可选
28		自助进食器具	辅助老年人进食，包括防洒碗（盘）、助食筷、弯柄勺（叉）、饮水杯（壶）等	可选
29		防走失装置	用于监测失智老年人或其他精神障碍老年人定位，避免老年人走失，包括防走失手环、防走失胸卡等	基础
30		安全监控装置	佩戴于人体或安装在居家环境中，用于监测老年人动作或者居室环境，发生险情时及时报警。其包括红外探测器、紧急呼叫器、烟雾 / 煤气泄露 / 溢水报警器等	可选

附录 4　适老化相关标准

1.《标志用公共信息图形符号 第 9 部分：无障碍设施符号》（GB/T 10001.9—2008）

2.《老年人、残疾人康复服务信息规范》（GB/T 24433—2009）

3.《公共信息导向系统 基于无障碍需求的设计与设置原则》（GB/T 31015—2014）

4.《信息技术 用于老年人和残疾人的办公设备可访问性指南》（GB/T 32417—2015）

5.《信息无障碍 第 2 部分：通信终端设备无障碍设计原则》（GB/T 32632.2—2016）

6.《社区老年人日间照料中心服务基本要求》（GB/T 33168—2016）

7.《社区老年人日间照料中心设施设备配置》（GB/T 33169—2016）

8.《城市公共交通设施无障碍设计指南》（GB/T 33660—2017）

9.《老年旅游服务规范 景区》（GB/T 35560—2017）

10.《信息技术 包括老年人和残疾人的所有用户可访问的图标和符号设计指南》（GB/Z 36471—2018）

11.《面向老年人的家用电器设计导则》（GB/T 36934—2018）

12.《面向老年人的家用电器用户界面设计规范》（GB/T 36947—2018）

13.《铁道客车及动车组无障碍设施通用技术条件》（GB/T 37333—2019）

14.《建筑装饰装修工程质量验收标准》（GB 50210—2018）

15.《住宅装饰装修工程施工规范》（GB 50327—2001）

16.《城镇老年人设施规划规范（2018 年版）》（GB 50437—2007）

17.《无障碍设施施工验收及维护规范》（GB 50642—2011）

18.《无障碍设计规范》（GB 50763—2012）

19.《住宅室内装饰装修工程质量验收规范》（JGJ/T 304—2013）

20.《建筑装饰装修职业技能标准》（JGJ/T 315—2016）

21.《住宅室内装饰装修设计规范》（JGJ 367—2015）

22.《建筑装饰装修工程成品保护技术标准》（JGJ/T 427—2018）

23.《老年人照料设施建筑设计标准》（JGJ 450—2018）

24.《养老服务智能化系统技术标准》（JGJ/T 484—2019）

25.《民用机场旅客航站区无障碍设施设备配置》（MH/T 5107—2009）

26.《老年人能力评估标准》（MZ/T 039—2013）

27.《无障碍开门喷水按摩浴缸》（QB/T 4769—2014）

28.《网站设计无障碍技术要求》（YD/T 1761—2012）

29.《信息终端设备信息无障碍辅助技术的要求和评测方法》（YD/T 1890—2009）

30.《信息无障碍 语音上网技术要求》（YD/T 2098—2010）

31.《信息无障碍 公众场所内听力障碍人群辅助系统技术要求》（YD/T 2099—2010）

32.《信息无障碍 术语、符号和命令》（YD/T 2313—2011）

33.《信息无障碍 视障者互联网信息服务辅助系统技术要求》（YD/T 3076—2016）

34.《移动通信终端无障碍技术要求》（YD/T 3329—2018）

35.《居家养老家居适老化改造通用要求》（DB37/T 3095—2018）

36.《居家养老服务规范》（SB/T 10944—2012）

37.《老年人设施室内装饰装修技术规 程》（T/CBDA 38—2020）

38.《适老电动护理床技术要求》（T/CBMMAS 001—2019 T/CHAA010—2019）

39.《老年人室内健身场所要求》（T/CSGF 009—2020）

参考文献

[1] 中华人民共和国住房和城乡建设部 . 无障碍设计规范：GB 50763—2012[S]. 北京：中国建筑工业出版社，2012.

[2] 中华人民共和国住房和城乡建设部 . 城镇老年人设施规划规范（2018 年版）：GB 50437—2007[S]. 北京：中国建筑工业出版社，2008.

[3] 住中华人民共和国房和城乡建设部 . 老年人照料设施建筑设计标准：JGJ 450—2018[S]. 北京：中国建筑工业出版社，2018.

[4] 周燕珉 . 住宅精细化设计 [M]. 北京：中国建筑工业出版社，2008.

[5] 全国老龄工作委员会办公室，中华人民共和国住房和城乡建设部住宅产业化促进中心 . 绿色适老住区建设指南 [M]. 北京：中国建筑工业出版社，2014.

[6] 中华人民共和国住房和城乡建设部标准定额司 . 家庭无障碍建设指南 [M]. 北京：中国建筑工业出版社，2013.